"十三五"示范性高职院校建设成果教材

建筑力学与结构
（下 册）

主　编　陈天柱
副主编　李学泉　许　奇　张立柱
主　审　刘　萍

北京理工大学出版社
BEIJING INSTITUTE OF TECHNOLOGY PRESS

内容提要

　　本书根据高职高专建筑工程技术专业人才培养目标、职业标准及岗位能力的要求编写而成。全书共分为9个项目，主要内容包括建筑结构基本知识的认知与计算、钢筋混凝土受弯构件的构造应用及承载力的计算、钢筋混凝土受压与受拉构件构造的应用及承载力的计算、预应力混凝土构件的认知及应力损失的计算、钢筋混凝土梁板结构的设计、多高层结构与排架结构的构造设计、砌体结构的构造应用与承载力的计算、钢结构的构造与设计、建筑结构施工图的识读等。本书以适应职业行动为导向，具有内容精炼、重点突出、针对性强、适用性强，易于读者学习和理解的特点。

　　本书可作为高职高专院校建筑工程技术等相关专业的教材，也可作为岗位培训及相关工程技术人员的参考用书。

图书在版编目(CIP)数据

建筑力学与结构.下册/陈天柱主编.—北京：北京理工大学出版社，2017.4(2017.5重印)
ISBN 978-7-5682-3841-0

Ⅰ.①建…　Ⅱ.①陈…　Ⅲ.①建筑科学－力学－高等学校－教材　②建筑结构－高等学校－教材　Ⅳ.①TU3

中国版本图书馆CIP数据核字(2017)第058083号

出版发行 / 北京理工大学出版社有限责任公司	
社　　址 / 北京市海淀区中关村南大街5号	
邮　　编 / 100081	
电　　话 / (010)68914775(总编室)	
(010)82562903(教材售后服务热线)	
(010)68948351(其他图书服务热线)	
网　　址 / http://www.bitpress.com.cn	
经　　销 / 全国各地新华书店	
印　　刷 / 北京紫瑞利印刷有限公司	
开　　本 / 787毫米×1092毫米　1/16	
印　　张 / 16.5	责任编辑 / 李玉昌
字　　数 / 370千字	文案编辑 / 瞿义勇
版　　次 / 2017年4月第1版　2017年5月第2次印刷	责任校对 / 周瑞红
定　　价 / 42.00元	责任印制 / 边心超

前　言

《建筑力学与结构》是高职高专土建类专业学生必学的职业岗位课程，为学生对后续专业课程的学习及从事本专业技术工作奠定了基础，本书根据高职高专建筑工程技术专业人才培养目标、职业标准及岗位能力要求，结合作者多年的教学实践经验，并紧密结合最新的规范，如《混凝土结构设计规范（2015年版）》（GB 50010—2010）、《建筑结构荷载规范》（GB 50009—2012）、《高层建筑混凝土结构技术规程》（JBJ 3—2010）、《建筑抗震设计规范》（GB 50011—2010）、《砌体结构设计规范》（GB 50003—2011）等编写而成。

本书力求知识构架合理、重点突出、论述准确、内容精炼，并且全书图文并茂、适用性强，易于读者学习和理解。以理论力学、材料力学、结构力学等基础知识及常见的建筑结构的材料、构件、结构的简单计算与构造应用等为项目主体由浅入深，由简单到复杂进行论述，以典型的工作任务为驱动形成了14个项目，并在项目中提出每个项目所涵盖的知识目标、能力目标、教学重点、难点、建议学时，每个项目中有若干个学习任务。本书本着应用为主的原则，将必要的理论知识与相应的实践案例相结合，以促进理论知识的理解与掌握。强化教学训练所必要的"拓展提高""拓展实训"及"课外学习指要"，提高学生分析问题及解决工程实践问题的能力。

本书由辽宁建筑职业学院陈天柱担任主编，李学泉、许奇、张立柱担任副主编。具体编写分工为：项目七、八、九、十、十一由陈天柱编写；项目十四由李学泉编写；项目十二、十三由许奇编写；项目六由张立柱编写。全书由刘萍主审。

本书在编写过程中，参考了大量近年来出版的建筑结构、建筑结构抗震方面的教材、规范等文献，在此对相关作者表示真诚的感谢！

　　由于编写作者水平有限，加之时间仓促，书中难免有遗漏和不妥之处，恳请专家和广大读者指正。

编　者

目 录

项目六　建筑结构基本知识的认知与计算

知识目标

1. 掌握荷载的取定及简支梁的内力计算方法。
2. 掌握结构的功能要求、极限状态、可靠度、承载能力极限状态、正常使用极限状态的概念。
3. 理解承载能力极限状态和正常使用极限状态的实用设计表达式及简支梁的内力计算方法。
4. 了解钢筋的种类、级别，钢筋的力学性能及强度、变形的知识。
5. 掌握结构对钢筋性能的要求及合理选用钢筋的方法。
6. 掌握受力钢筋的锚固与连接的构造知识。
7. 了解地震、震源、震中、震中距震源深度、等震线、地震强度等概念。
8. 掌握《建筑抗震设计规范（2016 年版）》（GB 50011—2010）中有关地震设防烈度及抗震设防烈度的知识。

能力目标

1. 具有结构的组成分类、荷载的分类与代表值的取定能力。
2. 具有结构功能与极限状态设计法的认知及简支梁的内力计算能力。
3. 具有合理选用钢筋、混凝土材料的能力。
4. 具有理解受力钢筋的锚固与连接构造的应用能力。
5. 具有区分地震烈度与地震震级的能力。
6. 具有对建筑结构的地震设防烈度及抗震设防目标的界定能力。

教学重点

1. 结构的功能要求、极限状态、可靠度、承载能力极限状态、正常使用极限状态的概念。
2. 承载能力极限状态和正常使用极限状态的实用设计表达式及简支梁的内力计算方法。
3. 建筑结构对钢筋性能的要求及合理选用钢筋的方法。
4. 受力钢筋的锚固与连接的构造。
5. 地震设防烈度及抗震设防烈度的确定方法。

教学难点

承载能力极限状态和正常使用极限状态的实用设计表达式及简支梁的内力计算方法。

12课时

建筑结构由板、梁、柱、墙、基础等基本构件组成,结构类型的识别与结构上的荷载取值与计算是后续结构构件计算的关键,学生应理解建筑结构抗震的基本概念及抗震设防目标,为后续掌握结构抗震构造措施奠定基础。

任务一 建筑结构构件荷载的取定与内力计算

任务描述

了解建筑结构及其所受荷载的分类方法,能够对常见的建筑结构的类别进行划定;能够依据《建筑结构荷载规范》(GB 50009—2012)合理取定不同类别建筑结构构件的荷载值并能够进行构件的内力计算。

任务分析

按所使用的材料不同,建筑结构可分为钢筋混凝土结构、砌体结构、钢结构、木结构等。建筑结构由板、梁、墙、柱、基础等基本构件组成。结构构件所受的荷载最基本的是按时间的变异分类,具体可分为永久荷载、可变荷载及偶然荷载三类;荷载的四种代表值为标准值、组合值、频遇值、准永久值。

相关知识

一、建筑结构的定义与组成

建筑是人们生活、生产和从事其他活动所必需的房屋或场所,是一种人工创造的空间环境。任何建筑都离不开构件相互连接形成的骨架。这种由各类构件连接而形成的能承受"作用"的体系,称为建筑结构。其"作用"是指施加在结构上的荷载或引起建筑结构外加变形或约束变形的原因。前者称为直接作用,如恒荷载、活荷载;后者称为间接作用,如地震、基础沉降、温度变化等。

建筑结构由板、梁、墙、柱、基础等基本构件组成。其中,板、梁是用以承受竖向荷载的水平构件;墙、柱是用以承受水平构件传来的竖向荷载或水平荷载的竖向构件;基础是用以承受竖向构件及其上部构造层传来的荷载并传给其下部的地基。

二、建筑结构的分类

1. 按建筑结构所使用的材料不同

按建筑结构所使用的材料不同,建筑结构可分为钢筋混凝土结构、砌体结构、钢结构、木结构等。

(1)钢筋混凝土结构。钢筋混凝土结构是由钢筋和混凝土两种材料制成的结构,也是应用最广泛的建筑结构形式。如多层、高层民用建筑,单层及多层的工业建筑,水塔、烟囱、核反应堆等特种结构。钢筋混凝土结构被广泛应用的原因在于其具有以下优点:

1)耐久性好。由于钢筋被包裹在混凝土中而不致锈蚀,采用特殊工艺还可以在侵蚀性介质条件下不致锈蚀,所以结构的耐久性得以保证。

2)整体性好。目前,大多采用现浇的钢筋混凝土结构,都具有一定的延性,使在地震区的建筑和抗冲击荷载要求较强的结构功能得以保证。

3)可模性好。由于混凝土浇筑时处于流塑状态,可根据工程需要制成各种形状的构件,因此,为选择合理的结构形式及构件断面创造了有利的条件。

4)耐久性好。由于混凝土是耐火性能较好的材料,钢筋受保护层混凝土的保护,火灾发生时,钢筋不致很快达到软化温度而导致结构瞬间破坏。

5)可就地取材。由于钢筋混凝土所需的大量砂、石材料可就地取材,水泥、钢筋产地分布较广,便于组织运输,因此为降低工程造价创造了有利的条件。

钢筋混凝土结构也有缺点,如自重大、抗裂能力差、耗费模板、工期长等。随着生产和科学技术的不断发展,这些缺点正在逐步克服。如采用轻质高强度混凝土、预应力混凝土构件、各类纤维混凝土、大规模尺寸人工板材做模板等。

(2)砌体结构。砌体结构是由块材(砖、砌块、石材)通过砂浆铺砌而成的以墙、柱作为主要受力构件的结构。

砌体结构具有就地取材,造价低廉;良好的耐火性能;良好的保温隔热性能、节能效果好;施工简单且便于组织施工等优点。其主要缺点是自重大、强度低、整体性能差、工人劳动强度大等。因此,砌体结构的应用受到一定限制。

(3)钢结构。钢结构是以钢材制成的主要承重骨架而形成的结构。

钢结构具有强度高、自重轻、材质均匀、塑性及韧性好、抗震性能好;适用于工业化生产,便于拼装、拆卸;工期短、无污染、可再生、适用范围广等优点。其主要缺点是结构易锈蚀、维修费用高、耐火性能差、造价高等。

(4)木结构。木结构是指全部或部分用木材制成的结构。木材可就地取材,制作简单,但易燃、易腐和结构变形大。由于环保所致,木材使用受到国家严格限制,因此,木结构已很少使用。

此外,还有组合结构。组合结构是指钢与混凝土共同承受"作用"的新型结构,其还处于理论研究技术尚未成熟阶段。

2. 按建筑结构的受力特点

按建筑结构的受力特点,建筑结构可分为混合结构、排架结构、框架结构、剪力墙结构、框架-剪力墙结构、筒体结构等,这些结构将在后述内容介绍。

三、荷载的分类

结构上的荷载可按作用时间或空间的变异分类,还可按结构的反应不同来分类。其中,最基本的是按时间的变异分类,具体可分为永久荷载、可变荷载及偶然荷载三类。

(1)永久荷载。在结构使用期间,其值不随时间而变化,其变化值与平均值相比可以忽略不计,或其变化是单调的并能趋于限值的荷载称为永久荷载。如结构自重、土压力、预应力等，永久荷载也称为恒荷载。

（2）可变荷载。在结构使用期间，其值随时间而变化，且其变化值与平均值相比不可忽略的荷载称为可变荷载。如楼面活荷载、屋面活荷载、吊车荷载、风荷载、雪荷载等，可变荷载也称为活荷载。

（3）偶然荷载。在结构设计使用年限内不一定出现，一旦出现其值很大且持续时间很短的荷载称为偶然荷载。如爆炸力、撞击力等。

四、荷载代表值

《建筑结构荷载规范》（GB 50009—2012）给出了荷载的四种代表，即标准值、组合值、频遇值、准永久值。

1. 荷载标准值

荷载标准值是代表其在结构使用期间可能出现的最大荷载值。它是荷载的最基本代表值。

永久荷载标准值是永久荷载的唯一代表值，对于结构自重，由于变异性不大，可按结构构件的设计尺寸及材料单位体积（或单位面积）的自重均值计算来确定；对于某些自重变异性较大的材料应根据其对结构有利或不利情况分别取其下限值或上限值。

可变荷载标准值，在结构设计基准期内按最大荷载概率分布的某分位值确定。由于它是随机变量，因此，确定可变荷载标准值时，必须考虑某种因素，并经过长期调查、统计，结合工程实践经验。《建筑结构荷载规范》（GB 50009—2012）已给出了各种可变荷载的标准值，见表 6-1 和表 6-2，其余可变荷载取值详见《建筑结构荷载规范》（GB 50009—2012）。

表 6-1　民用建筑楼面均布活荷载标准值及其组合值、频遇值和准永久值系数

项次	类别			标准值 /(kN·m^{-2})	组合值系数 ψ_c	频遇值系数 ψ_f	准永久值系数 ψ_q
1	住宅、宿舍、旅馆、办公楼、病房、托儿所、幼儿园			2.0	0.7	0.5	0.4
	试验室、阅览室、会议室、医院门诊室					0.6	0.5
2	教室、食堂、一般资料档案室、餐厅			2.5	0.7	0.6	0.5
3	礼堂、剧场、影院、有固定座位的看台			3.0	0.7	0.5	0.3
	公共洗衣房					0.6	0.5
4	商店、展览厅、车站、港口、机场大厅及旅客等候室			3.5	0.7	0.6	0.5
	无固定座位的看台					0.5	0.3
5	健身房、演出舞台			4.0	0.7	0.6	0.5
	舞厅、运动场					0.6	0.3
6	书库、档案馆、储藏室			5.0	0.9	0.9	0.8
	密集柜书库			12.0			
7	通风机房、电梯机房			7.0	0.9	0.9	0.8
8	汽车通道及客车停车库	单向板楼盖（板跨不小于 2 m）和双向板楼盖（板跨不小于 3 m×3 m）	客车	4.0	0.7	0.7	0.6
			消防车	35.0	0.7	0.5	0.0
		双向板楼盖（板跨不小于 6 m×6 m）和无梁楼盖（柱网不小于 6 m×6 m）	客车	2.5	0.7	0.7	0.6
			消防车	20.0	0.7	0.5	0.0

项次		类别	标准值/(kN·m⁻²)	组合值系数 ψ_c	频遇值系数 ψ_f	准永久值系数 ψ_q
9	厨房	餐厅	4.0	0.7	0.7	0.7
		其他	2.0	0.7	0.6	0.5
10	浴室、卫生间、盥洗室		2.5	0.7	0.6	0.5
11	走廊、门厅	住宅、宿舍、旅馆、病房、托儿所、幼儿园	2.0	0.7	0.5	0.4
		办公楼、餐厅、医院门诊部	2.5	0.7	0.6	0.5
		教学楼及其他可能出现人员密集的情况	3.5	0.7	0.5	0.3
12	阳台	可能出现人员密集的情况	3.5	0.7	0.6	0.5
		其他	2.5	0.7	0.5	0.5
13	楼梯	多层住宅	2.0	0.7	0.5	0.4
		其他	3.5	0.7	0.5	0.3

注：1. 本表适用于一般正常条件，如有特殊及专门要求应按实际情况确定。
2. 本表未含隔墙及二次装修的荷载。

当构件负荷面积越大，楼层越多时，楼面活荷载在同一时刻都达到标准值的可能性越小，因此，设计楼面梁、墙、柱、基础时，应按《建筑结构荷载规范》(GB 50009—2012)相关规定进行折减。

表 6-2　屋面均布活荷载标准值及其组合值、频遇值和准永久值系数

项次	类别	标准值/(kN·m⁻²)	组合值系数 ψ_c	频遇值系数 ψ_f	准永久值系数 ψ_q
1	不上人屋面	0.5	0.7	0.5	0
2	上人屋面	2.0	0.7	0.5	0.4

注：1. 不上人屋面，当施工或维修荷载较大时按实际情况确定。
2. 上人屋面兼作其他用途时，按相应功能楼面活荷载确定。

2. 可变荷载组合值

当两种或两种以上可变荷载同时在结构上作用时，由于所有可变荷载同时达到其单独出现时的最大值的概率极小，因此，除主导荷载(产生最大荷载效应的荷载)仍可以取其标准值作为代表值外，其他伴随可变荷载均应以小于标准值的组合值作为其代表值，即由可变荷载标准值乘以其组合值系数来确定。

3. 可变荷载频遇值

在设计基准期内，可变荷载超越的总时间为规定的较小比率或超越频率为规定频率的荷载值。其值是由可变荷载标准值乘以可变荷载的频遇值系数而得。

4. 可变荷载准永久值

在设计基准期内，出现的时间较长(不低于设计基准期的一半的时间)的可变荷载，其对结构的影响类似永久荷载。其值是由可变荷载标准值乘以可变荷载准永久值系数而得。

五、结构的功能要求和极限状态

(一)结构的功能要求

结构设计的目的就是使结构在预定的设计年限(一般为 50 年)内，在一定的经济条件下

满足设计所预期的各项功能要求。建筑结构的功能要求包括安全性、适用性、耐久性。

(1)安全性。要求结构构件在正常施工、正常使用条件下能承受可能出现的各种荷载作用产生的内力，在偶然事件发生时或发生后，结构仍能保持必需的整体稳定性，不致发生倒塌。

(2)适用性。要求结构在正常使用条件下，应具有良好的工作性能。即不发生过大的变形、过宽的裂缝、过大的振幅等，以免影响正常使用。

(3)耐久性。要求结构在正常使用和正常维护条件下，具有足够的耐久性能，以保证结构能够达到预定的使用年限。如钢筋锈蚀、钢结构的钢材锈蚀等都会导致降低结构的使用年限。

安全性、适用性、耐久性统称为结构的可靠性，即结构在规定的时间内(设计使用年限)，在规定的条件下(正常设计、正常施工、正常使用和维护)，完成预定功能(安全性、适用性、耐久性)的能力。通常用结构的可靠度来度量，即用结构在规定的时间内，规定的条件下，完成预定功能的概率表示。结构实际使用年限超过设计使用年限，不表示结构报废，只是可靠度逐渐降低。

(二)结构的极限状态

结构的极限状态是区分结构工作状态"可靠"或"失效"的标志。若整个结构或结构的一部分超过某一"特定状态"就不能满足设计规定的某一功能要求，此特定状态称为结构该功能的极限状态。结构的极限状态可分为承载能力极限状态和正常使用极限状态两类。

1. 承载能力极限状态

结构或结构构件达到最大承载能力或不适于继续承载的变形状态，称为承载能力极限状态。

当结构或结构构件出现下列状态之一时，即可认定超过了承载能力极限状态：

(1)整个结构或结构的一部分作为刚体失去平衡(如倾覆等)。

(2)结构构件或连接因材料强度而破坏(包括疲劳破坏)，或因过度变形而不适于继续承载。

(3)结构转变为机动体系。

(4)结构或结构构件丧失稳定(如压屈等)。

2. 正常使用极限状态

结构或结构构件达到正常使用或耐久性的某项规定限值时的状态，称为正常使用极限状态。

当结构或结构构件出现下列状态之一时，即可认定超过了正常使用极限状态：

(1)影响正常使用和外观的变形(如梁产生过大挠曲变形等)。

(2)影响正常使用和耐久性能的局部损坏(如过宽的裂缝等)。

(3)影响正常使用的振动。

(4)影响正常使用的其他特定状态。

承载能力极限状态主要控制结构的安全性功能，一旦超过这一状态，会造成人员伤亡及重大损失，因此进行结构设计时，取荷载的设计值及材料强度的设计值来计算。正常使用极限状态主要考虑结构的适用性、耐久性功能，一旦超过这一状态，一般不会造成人员伤亡及重大损失，因此结构设计时取荷载的标准值及材料强度的标准值来验算。

六、概率极限状态设计法

(一)结构的功能函数

1. 荷载效应

荷载效应是指荷载作用在结构上所产生的各种内力(弯矩、剪力、扭矩、轴力等)和变形(挠度、侧移、裂缝等)，用"S"表示。

2. 结构抗力

结构抗力是指结构或结构构件承受荷载效应的能力，如承载能力、抗变形能力等，用"R"表示。结构抗力主要受结构所用材料性能、构件几何参数、计算模式的精确性等因素影响。

3. 结构的功能函数

结构的功能函数用来描述结构或结构构件工作性能，用"Z"表示。即

$$Z = g(S, R) = R - S \tag{6-1}$$

由于 R、S 多是随机变量，故 Z 也是随机函数。随 Z 值的大小不同，结构可能出现以下三种情况：

(1)当 $Z > 0$ 时，结构处于可靠状态。

(2)当 $Z < 0$ 时，结构处于失效状态。

(3)当 $Z = 0$ 时，结构处于极限状态。

因此，结构安全可靠的基本条件是：$Z \geqslant 0$，即 $R \geqslant S$。

(二)极限状态设计表达式

1. 承载能力极限状态设计表达式

(1)实用设计表达式。

$$\gamma_0 S \leqslant R = R(f_c, f_s, \alpha_k, \cdots)/r_{Rd} \tag{6-2}$$

式中 S——荷载效应组合设计值；

R——结构构件承载力设计值；

f_c, f_s——混凝土、钢筋的强度设计值；

α_k——几何参数的标准值；

r_{Rd}——结构构件的抗力计算模型不定性参数：静力计算取 1.0，对不确定性较大的结构构件根据具体情况取大于 1.0 的数值；抗震设计时，用承载力抗震调整系数 r_{RE} 代替 r_{Rd}；

γ_0——结构重要性系数，对结构安全等级为一级或设计使用年限为 100 年以上的结构构件，γ_0 不应小于 1.1；对结构安全等级为二级或设计使用年限为 50 年的结构构件，γ_0 不应小于 1.0；对结构安全等级为三级或设计使用年限为 5 年及以下的结构构件，γ_0 不应小于 0.9。

建筑结构安全等级划分，见表 6-3。

表 6-3　建筑结构安全等级

安全等级	一级	二级	三级
破坏后果	很严重	严重	不严重
建筑物类型	重要的建筑物	一般的建筑物	次要的建筑物

(2)荷载效应组合设计值。《建筑结构荷载规范》(GB 50009—2012)规定，荷载基本组合的设计值 S 应从下列两种组合值中取最不利值确定。

1)由可变荷载控制的组合：

$$S_d = \sum_{j=1}^{m} \gamma_{G_j} S_{G_j k} + \gamma_{Q_1} \gamma_{L_1} S_{Q_1 k} + \sum_{i=2}^{n} \gamma_{Q_i} \gamma_{L_i} \psi_{c_i} S_{Q_i k} \tag{6-3}$$

2) 由永久荷载控制的组合：

$$S_d = \sum_{j=1}^{m} \gamma_{G_j} S_{G_jk} + \sum_{i=1}^{n} \gamma_{Q_i} \gamma_{L_i} \psi_{c_i} S_{Q_ik} \qquad (6\text{-}4)$$

式中　γ_{G_j}——第 j 个永久荷载的分项系数，按以下规定取用：

①当荷载效应对结构不利时，对由可变荷载效应控制的组合，应取 1.2，对由永久荷载效应控制的组合，应取 1.35；

②当荷载效应对结构有利时，一般情况下应取 1.0，对结构的倾覆、滑移等验算时，应取 0.9；

γ_{Q_i}——第 i 个可变荷载的分项系数，γ_{Q_1} 是主导可变荷载 Q_1 的荷载分项系数，一般取 1.4，对于标准值大于 4 kN/m² 的工业房屋楼面的活荷载应取 1.3；

γ_{L_i}——第 i 个可变荷载设计使用年限的调整系数，γ_{L_1} 是主导可变荷载 Q_1 考虑设计使用年限的调整系数，设计使用年限 5 年、50 年、100 年的调整系数分别取 0.9、1.0、1.1；

S_{G_jk}——按第 j 个永久荷载标准值 G_{jk} 计算的荷载效应值；

S_{Q_ik}——按第 i 个可变荷载 Q_{ik} 计算的荷载效应值，其中 S_{Q_1k} 为诸多可变荷载效应中起控制作用者；

ψ_{c_i}——可变荷载 Q_i 的组合值系数；

m——采用组合的永久荷载数；

n——采用组合的可变荷载数。

2. 正常使用极限状态设计表达式

(1)实用设计表达式。

$$S_d \leqslant C \qquad (6\text{-}5)$$

式中　S_d——正常使用极限状态的荷载效应（变形、裂缝宽度等）组合值；

C——结构构件达到正常使用要求所规定的限值，如挠度限值、裂缝宽度限值。

(2)荷载效应组合值 S_d。正常使用极限状态设计时，应根据不同的设计要求，采用的荷载标准组合、准永久值组合、频遇组合，应按下列设计表达式进行设计：

1)标准组合：$S_d = \sum_{j=1}^{m} S_{G_jk} + S_{Q_1k} + \sum_{i=2}^{n} \psi_{c_i} S_{Q_ik}$；

2)频遇组合：$S_d = \sum_{j=1}^{m} S_{G_jk} + \psi_{f_1} S_{Q_1k} + \sum_{i=2}^{n} \gamma_{q_i} S_{Q_ik}$；

3)准永久值组合：$S_d = \sum_{j=1}^{m} S_{G_jk} + \sum_{i=1}^{n} \psi_{q_i} S_{Q_ik}$。

拓展提高

一、应用建筑结构的分类方法对校区内建筑结构界定

(1)按建筑结构所使用的材料不同，建筑结构分为钢筋混凝土结构、砌体结构、钢结构、木结构等。其中，钢筋混凝土结构有 3 号教学楼、实训楼、5 号教学楼、图书馆、大学生活动中心、餐饮中心、体育馆、7 号宿舍楼、9 号宿舍楼等；砌体结构有 1 号宿舍楼、

3 号宿舍楼、5 号宿舍楼等；钢结构有仿真模拟实训楼、正门等；木结构有仿真模拟实训楼中的民居建筑模型。

（2）按建筑结构的受力特点，建筑结构可分为混合结构、排架结构、框架结构、剪力墙结构、框架-剪力墙结构、筒体结构等。其中，混合结构有 1 号教学楼、1 号宿舍楼、3 号宿舍楼、5 号宿舍楼等；排架结构有体育馆等；框架结构有 1 号教学楼的教师办公部分、3 号教学楼、实训楼、图书馆、大学生活动中心、餐饮中心、体育馆、7 号宿舍楼、9 号宿舍楼等；框架-剪力墙结构有 5 号教学楼等。

二、合理取定不同类别建筑结构的荷载值

依据《建筑结构荷载规范》（GB 50009—2012）给出的各种可变荷载的标准值，楼面活荷载见表 6-1，屋面活荷载见表 6-2，其余可变荷载取值详见《建筑结构荷载规范》（GB 50009—2012）。

三、办公楼钢筋混凝土矩形截面简支梁

办公楼钢筋混凝土矩形截面简支梁，安全等级为二级，设计使用年限为 50 年，计算跨度 $l_0 = 5.4$ m，承受恒荷载（含自重）标准值 13 kN/m 及活荷载标准值 7.2 kN/m，试分别计算承载能力极限状态和正常使用极限状态设计时的梁跨中弯矩设计值。

【解】 安全等级为二级，取 $\gamma_0 = 1.0$；设计使用年限为 50 年，$\gamma_L = 1.0$。

（1）计算荷载标准值作用下产生的梁跨中弯矩标准值。

恒载 g_k 作用：$M_{Gk} = \dfrac{1}{8} g_k l_0^2 = \dfrac{1}{8} \times 13 \times 5.4^2 = 47.39 (\text{kN} \cdot \text{m})$

活载 q_k 作用：$M_{Qk} = \dfrac{1}{8} q_k l_0^2 = \dfrac{1}{8} \times 7.2 \times 5.4^2 = 26.24 (\text{kN} \cdot \text{m})$

（2）按承载能力极限状态设计时梁跨中弯矩设计值。

由活荷载弯矩控制时，$\gamma_G = 1.2$，$\gamma_Q = 1.4$，$\gamma_L = 1.4$，则梁跨中弯矩设计值：
$M = \gamma_0 (\gamma_G M_{Gk} + \gamma_Q \gamma_L M_{Qk}) = 1.0 \times (1.2 \times 47.39 + 1.4 \times 1.0 \times 26.24) = 93.60 (\text{kN} \cdot \text{m})$

由恒荷载弯矩控制时，$\gamma_G = 1.35$，$\gamma_Q = 1.4$，$\psi_c = 0.7$，$\gamma_L = 1.4$，则梁跨中弯矩设计值：
$$M = \gamma_0 (\gamma_G M_{Gk} + \gamma_Q \psi_c \gamma_L M_{Qk})$$
$$= 1.0 \times (1.35 \times 47.39 + 1.4 \times 1.0 \times 0.7 \times 26.24) = 89.70 (\text{kN} \cdot \text{m})$$

（3）按正常使用极限状态设计时梁跨中弯矩值。

按标准组合时：$M = M_{Gk} + M_{Qk} = 47.39 + 26.24 = 73.63 (\text{kN} \cdot \text{m})$

按频遇组合时：（$\psi_f = 0.5$），$M = M_{Gk} + \psi_{f_1} M_{Q_1 k} = 47.39 + 0.5 \times 26.24 = 60.51 (\text{kN} \cdot \text{m})$

按准永久值组合时：（$\psi_{Q_1} = 0.4$），$M = M_{Gk} + \psi_{Q_1} M_{Q_1 k} = 47.39 + 0.4 \times 26.24 = 57.89 (\text{kN} \cdot \text{m})$

拓展实训

一、名词解释

1. 建筑结构；2. 钢筋混凝土结构；3. 砌体结构；4. 钢结构；5. 永久荷载；6. 可变荷载；7. 结构的可靠性；8. 承载能力极限状态；9. 正常使用极限状态。

二、填空题

1. 按建筑结构所使用的材料不同，建筑结构分为_____、_____、_____、_____等。

2. 按建筑结构的受力特点，建筑结构可分为_____、_____、_____、

_____、_____等。

3. 荷载按时间的变异具体可分为_____、_____及_____三类。

4. 荷载的代表值包括_____、_____、_____、_____四种。

5. 结构的极限状态可分为_____和_____两类。

三、简答题

荷载分项系数如何取值？

四、计算题

宿舍楼的钢筋混凝土楼面梁，计算跨度 $l_0 = 6$ m，梁上作用恒载标准值 $g_k = 5$ kN/m（包括梁的自重），活载标准值 $q_k = 12$ kN/m，结构安全等级为二级，设计使用年限为 50 年。求：

(1) 跨中截面最大弯矩设计值 M；

(2) 荷载效应标准值组合及荷载效应准永久值组合下的跨中截面最大弯矩值 M。

> **课外学习指要**

《建筑结构荷载规范》(GB 50009—2012)。

任务二　钢筋混凝土材料的力学性能与选用

> **任务描述**

了解钢筋的种类、级别及钢筋的力学性能，掌握钢筋混凝土结构对钢筋性能的要求及其钢筋的选用方法；掌握混凝土的各种强度及其在结构中的选用方法，理解混凝土的变形及其混凝土的收缩与徐变对结构的影响；学会保证钢筋与混凝土之间粘结力的措施及其受力钢筋的锚固与连接的构造设计方法。

> **任务分析**

钢筋混凝土是由钢筋和混凝土两种材料组成的复合材料，具有不同的种类、级别及力学性能。因此，了解钢筋和混凝土材料的力学性能及其共同工作的原理，是掌握钢筋混凝土结构构件受力性能、结构计算理论与设计方法的基础。

> **相关知识**

一、钢筋

(一)钢筋的种类与钢筋的级别

建筑工程中常用的钢筋，依其加工方法不同，主要有热轧钢筋、余热处理钢筋、冷加工钢筋(如冷拉钢筋、冷拔低碳钢丝、冷轧带肋钢筋、冷轧扭钢筋等)、预应力钢丝、钢绞线等;依其外形不同,可分为光圆钢筋、带肋钢筋(螺旋纹、人字纹、月牙纹)、钢绞线和刻痕钢丝,如图 6-1 所示。

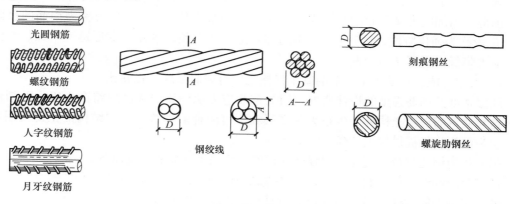

图 6-1 钢筋形式

1. 热轧钢筋

热轧钢筋是经过热轧成型并自然冷却而成,分为 HPB300 级、HRB335 级、HRB400 级和HRB500 级。其中,HPB 表示热轧的光圆钢筋,HRB 表示热轧带肋钢筋,后面数字表示钢筋的屈服强度标准值(MPa)。

2. 余热处理钢筋

RRB 系列余热处理钢筋是由热轧钢筋经高温淬水而成。一般适用于变形性能及加工性能要求不高的构件。

3. 细晶粒带肋钢筋

细晶粒带肋钢筋是通过热轧和控冷工艺轧制而成,用 HRBF 表示。由此代替我国目前大量使用的普通低合金热轧钢筋,可创造出显著的社会效益和经济效益。

4. 预应力钢丝、钢绞线、预应力螺纹钢筋

(1)预应力钢丝。主要是消除应力钢丝和冷拔低碳钢丝,外形有光圆、螺旋纹、三面刻痕三种。常用直径有 5 mm、7 mm、9 mm。

(2)钢绞线。主要是由多根高强钢丝绞合在一起形成的,有 3 股、7 股两种,多用于后张法大型构件。

(3)预应力螺纹钢筋。主要是由热轧后余热处理或热轧处理等工艺制成,外形为螺旋纹。

(二)钢筋的主要力学性能

钢筋的力学性能主要有强度、变形两个方面,通过钢筋的拉伸试验得到的有明显屈服点和无明显屈服点应力—应变曲线两种。

1. 有明显屈服点的钢筋(软钢)

有明显屈服点钢筋的典型拉伸应力—应变曲线,如图 6-2 所示。

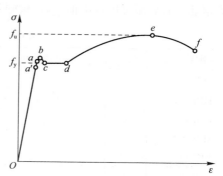

图 6-2 有明显屈服点钢筋应力—应变曲线

图 6-2 中，a' 点以前，应力 σ 与应变 ε 呈线性关系，a' 点应力称为比例极限，过 a' 点后，应变较应力增长加快；达到 b 点后，出现塑性流动现象，b 点称为屈服上限，待应力将至屈服下限 c 点，这时应力不增加而应变急剧增加，呈水平 cd 段，即为屈服台阶；到达 d 点后，随应变增加应力又开始增加，至 e 点应力达到最大值，e 点的应力称为钢筋的极限强度，de 段称为强化阶段，过 e 点后，钢筋薄弱位置产生颈缩现象，变形迅速增加、断面缩小、应力降低，直至 f 点拉断。

(1)力学性能。反映力学性能的基本指标主要有屈服强度、强屈比。

屈服强度是钢筋强度的设计依据，因为钢筋应力达到屈服强度后将产生很大的塑性变形，这会使钢筋混凝土构件产生很大的变形和不可闭合的裂缝，影响结构的正常使用，同时又会为结构构件提供较大的强度安全储备。

强屈比为钢筋抗拉强度与屈服强度的比值，反映了钢筋的强度储备。

(2)塑性性能。反映钢筋塑性性能的指标主要是伸长率和冷弯性能。

伸长率是钢筋试件拉断后的伸长值与原标距长度之比的百分率。

冷弯性能是在常温下将钢筋绕规定直径 D 弯曲角度 α 而不出现裂纹、鳞落和断裂现象，即认为钢筋冷弯性能符合要求。D 越小，α 越大，则钢筋的冷弯性能越好。

2. 无明显屈服点的钢筋(硬钢)

预应力钢筋大多为无明显屈服点的钢筋，其典型的应力—应变曲线，如图 6-3 所示。

图 6-3 中，a 点为比例极限，σ_b 为抗拉强度，过 a 点后，应力—应变为非线性关系，有一定塑性变形，无明显的屈服点，达到 σ_b 后很快拉断，伸长率小、塑性差，设计一般取残余应变为 0.2% 时所对应的应力 $\sigma_{0.2}$ 作为强度设计指标，称为条件屈服强度，《混凝土结构设计规范(2015 年版)》(GB 50010—2010)(以下简称《规范》)规定，预应力钢丝、钢绞线、热处理钢筋取 $0.85\sigma_b$ 作为条件屈服强度。

(三)钢筋强度值及钢筋的选用

1. 钢筋的强度标准值

钢筋的强度标准值应具有不小于 95% 的保证率。普通钢筋是指用于普通混凝土结构中的各种钢筋及预应力混凝土构件中的非预应力钢筋，其屈服强度标准值 f_{yk}，极限强度标准值 f_{stk}，见表 6-4。

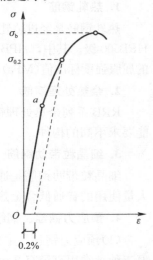

图 6-3 无明显屈服点钢筋应力—应变曲线

表 6-4 普通钢筋强度标准值   N/mm²

级别(牌号)	符号	公称直径 d/mm	屈服强度标准值 f_{yk}	极限强度标准值 f_{stk}
HPB300	Φ	6~14	300	420
HRB335	Φ	6~14	335	455
HRB400 HRBF400 RRB400	Φ Φ^F Φ^R	6~50	400	540
HRB500 HRBF500	Φ Φ^F	6~50	500	630

2. 钢筋的强度设计值

在进行钢筋混凝土结构构件承载力计算时，应采用各自钢筋的设计值。其值为钢筋强度标准值除以材料分项系数 γ_s 的数值。普通钢筋的抗拉、抗压强度设计值 f_y、f_y' 按表 6-5 取值。

表 6-5 普通钢筋强度设计值 N/mm²

级别	抗拉强度设计值 f_y	抗压强度设计值 f_y'
HPB300	270	270
HRB335	300	300
HRB400、HRBF400、RRB400	360	360
HRB500、HRBF500	435	435

3. 钢筋的选用

钢筋混凝土结构中的钢筋应满足下列一般要求：①较高的强度和适宜的强屈比；②较好的塑性、可焊性；③与混凝土间具有良好的粘结。

钢筋的具体选用应符合下列规定：①纵向受力的普通钢筋可采用 HRB400、HRB500、HRBF400、HRBF500、HRB335、RRB400、HPB300 级钢筋；②梁、柱和斜撑构件的纵向受力普通钢筋宜采用 HRB400、HRB500、HRBF400、HRBF500 级钢筋；③箍筋宜采用 HRB400、HRBF400、HRB335、HPB300、HRB500、HRBF500 级钢筋；④预应力钢筋宜采用预应力钢丝、钢绞线和预应力螺纹钢筋。

钢筋的计算截面面积及理论质量，见表 6-6。

表 6-6 钢筋的计算截面面积及理论质量

公称直径 /mm	不同根数钢筋的计算截面面积/mm²									单根钢筋理论质量(/kg·m⁻¹)
	1	2	3	4	5	6	7	8	9	
6	28.3	57	85	113	142	170	198	226	255	0.222
8	50.3	101	151	201	252	302	352	402	453	0.395
10	78.5	157	236	314	393	471	550	628	707	0.617
12	113.1	226	339	452	565	678	791	904	1 017	0.888
14	153.9	308	461	615	769	923	1 077	1 231	1 385	1.21
16	201.1	402	603	804	1 005	1 206	1 407	1 608	1 809	1.58
18	254.5	509	763	1 017	1 272	1 527	1 781	2 036	2 290	2.00(2.11)
20	314.2	628	942	1 256	1 570	1 884	2 199	2 513	2 827	2.47
22	380.1	760	1 140	1 520	1 900	2 281	2 661	3 041	3 421	2.98
25	490.9	982	1 473	1 964	2 454	2 945	3 436	3 927	4 418	3.85(4.10)
28	615.8	1 232	1 847	2 463	3 079	3 695	4 310	4 926	5 542	4.83
32	804.2	1 609	2 413	3 217	4 021	4 826	5 630	6 434	7 238	6.31(6.65)
36	1 017.9	2 036	3 054	4 072	5 089	6 107	7 125	8 143	9 161	7.99
40	1 256.6	2 513	3 770	5 027	6 283	7 540	8 796	10 053	11 310	9.87(10.34)
50	1 963.5	3 928	5 892	7 856	9 820	11 784	13 748	15 712	17 676	15.42(16.28)

注：括号内的数值为预应力螺纹钢筋的数值。

板内各种钢筋不同间距的计算截面面积，见表 6-7。

表 6-7 每米板宽各种钢筋间距时钢筋计算截面面积 　　　　　mm²

钢筋间距/mm	当钢筋直径(mm)为下列数值时的钢筋截面面积													
	3	4	5	6	6/8	8	8/10	10	10/12	12	12/14	14	14/16	16
70	101	279	281	404	561	719	920	1 121	1 369	1 616	1 908	2 199	2 536	2 872
75	94.3	167	262	377	524	671	859	1 047	1 277	1 508	1 780	2 053	2 367	2 681
80	88.4	157	245	354	491	629	805	981	1 198	1 414	1 669	1 924	2 218	2 513
85	83.2	148	231	333	462	592	758	924	1 127	1 331	1 571	1 811	2 088	2 365
90	78.5	140	218	314	437	559	716	872	1 064	1 257	1 484	1 710	1 972	2 234
95	74.5	132	207	298	414	529	678	826	1 008	1 190	1 405	1 620	1 868	2 116
100	70.6	126	196	283	393	503	644	785	958	1 131	1 335	1 539	1 775	2 011
110	64.2	114	178	257	357	457	585	714	871	1 028	1 214	1 399	1 614	1 828
120	58.9	105	163	236	327	419	537	654	798	942	1 112	1 283	1 480	1 676
125	56.5	100	157	226	314	402	515	628	766	905	1 068	1 232	1 420	1 608
130	54.4	96.6	151	218	302	387	495	604	737	870	1 027	1 184	1 366	1 547
140	50.5	89.7	140	202	281	359	460	561	684	808	954	1 100	1 268	1 436
150	47.1	83.8	131	189	262	335	429	523	639	754	890	1 026	1 183	1 340
160	44.1	78.5	123	177	246	314	403	491	599	707	834	962	1 110	1 257
170	41.5	73.9	115	166	231	296	379	462	564	665	786	906	1 044	1 183
180	39.2	69.8	109	157	218	279	358	436	532	628	742	855	985	1 117
190	37.2	66.1	103	149	207	265	339	413	504	595	702	810	934	1 058
200	35.3	62.8	98.2	141	196	251	322	393	479	565	668	770	888	1 005
220	32.1	57.1	89.3	129	178	228	292	357	436	514	607	700	807	914
240	29.4	23.4	81.9	118	164	209	268	327	399	471	556	641	740	838
250	283	50.2	78.5	113	157	201	258	314	383	452	534	616	710	804
260	27.2	48.3	75.5	109	151	193	248	302	368	435	514	592	682	773
280	25.2	44.9	70.1	101	140	180	230	281	342	404	477	550	634	718
300	23.6	41.9	66.5	94	131	168	215	262	320	377	445	513	592	670
320	22.1	39.2	61.4	88	123	157	201	245	299	353	417	481	554	628

注：表中钢筋直径中 6/8，8/10，…是指两种直径的钢筋间隔放置。

二、混凝土

(一)混凝土的强度

1. 混凝土立方体抗压强度 f_{cu}

混凝土立方体抗压强度标准值是衡量混凝土强度等级的依据，是混凝土各项力学指标的基本代表值。其值是按照标准方法制作养护[温度(20±3)℃、相对湿度不小于 90%、养护 28 d]的边长 150 mm 的立方体试块，用标准的试验方法(试块表面不涂润滑剂、全截面受力、加荷速度 0.15~0.25 N/mm²·s)测得的具有 95%保证率的抗压强度。现行《规范》

将混凝土划分为 14 个强度等级，分别为 C15、C20、C25、C30、C35、C40、C45、C50、C55、C60、C65、C70、C75、C80。

2. 混凝土轴心抗压强度设计值 f_c

轴心抗压强度是混凝土最基本的强度指标，采用比较接近实际构件混凝土受压情况的棱柱体试件（150 mm×150 mm×300 mm），采用标准方法制作养护 28 天龄期用标准试验方法测得的具有 95% 保证率的抗压强度标准值，用 f_{ck} 表示。《规范》规定 f_{ck} 可不用试验检测，而按与其立方体抗压强度标准值之间近似关系式求得，即

$$f_{ck} = 0.88\alpha_{c1}\alpha_{c2}f_{cu,k} \tag{6-6}$$

式中　α_{c1}——棱柱体强度与立方体强度的比值，对于 ≤C50 的混凝土，取 $\alpha_{c1}=0.76$；对于 C80 混凝土，取 $\alpha_{c1}=0.82$；中间强度混凝土按线性规律确定；

　　　α_{c2}——C40 以上混凝土脆性折减系数，对于 C40 混凝土，取 $\alpha_{c2}=1.0$；对于 C80 混凝土，取 $\alpha_{c2}=0.87$，中间强度混凝土按线性规律确定；

　　　0.88——考虑实际构件与试件混凝土强度之间的差异而引入的修正系数。

轴心抗压强度设计值 f_c 由强度标准值除以混凝土材料分项系数 γ_c 确定，即 $f_c = f_{ck}/\gamma_c$，γ_c 取 1.4。

3. 混凝土轴心抗拉强度设计值 f_t

混凝土轴心抗拉强度设计值 f_t 和混凝土轴心抗压强度设计值 f_c 同样确定，即

$$f_{tk} = 0.88 \times 0.395 f_{cu}^{0.55}(1-1.645\delta)^{0.45} \times \alpha_{c2} \tag{6-7}$$

式中　δ——混凝土强度变异系数。

轴心抗拉强度设计值 f_t 的确定：$f_t = f_{tk}/1.40$。

各强度混凝土轴心抗压、轴心抗拉的强度标准值及设计值见表 6-8 和表 6-9。

表 6-8　混凝土轴心抗压、轴心抗拉的强度标准值　　　　　　　　N/mm²

强度	混凝土强度等级													
	C15	C20	C25	C30	C35	C40	C45	C50	C55	C60	C65	C70	C75	C80
f_{ck}	10.0	13.4	16.7	20.1	23.4	26.8	29.6	32.4	35.5	38.5	41.5	44.5	47.4	50.2
f_{tk}	1.27	1.54	1.78	2.01	2.20	2.39	2.51	2.64	2.74	2.85	2.93	2.99	3.05	3.11

表 6-9　混凝土轴心抗压、轴心抗拉的强度设计值　　　　　　　　N/mm²

强度	混凝土强度等级													
	C15	C20	C25	C30	C35	C40	C45	C50	C55	C60	C65	C70	C75	C80
f_c	7.2	9.6	11.9	14.3	16.7	19.1	21.1	23.1	25.3	27.5	29.7	31.8	33.8	35.9
f_t	0.91	1.10	1.27	1.43	1.57	1.71	1.80	1.89	1.96	2.04	2.09	2.14	2.18	2.22

(二)混凝土的变形

混凝土的变形有两类：一类是荷载作用下而产生的受力变形，包括一次短期加荷时的变形，多次重复加荷时的变形和长期荷载作用下的变形；另一类是混凝土的体积变形，包括混凝土的收缩和温度变形等。

1. 混凝土在一次短期加荷时的变形性能

（1）混凝土在一次短期加荷时的应力—应变关系。应力—应变关系可通过对混凝土棱柱体的受压或受拉试验获得，如图 6-4 所示。轴心抗压混凝土应力—应变曲线，它包括上升段 oc 和下降段 cd 两部分。

上升段 oc 大致分为下列三段。

1）oa 段（$\sigma_c \leqslant 0.3f_c$）：压应力较小，混凝土基本处于弹性阶段工作，应力—应变关系呈直线，卸荷后应变可恢复到零。

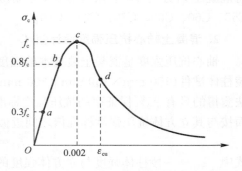

图 6-4 混凝土轴心抗压时的应力—应变

2）ab 段（$0.3f_c < \sigma_c \leqslant 0.8f_c$）：随着压应力增大，混凝土开始出现塑性变形，应力—应变关系偏离直线。此阶段混凝土内部微小裂缝开始延伸、扩展。

3）bc 段（$0.8f_c < \sigma_c \leqslant 1.0f_c$）：混凝土塑性变形显著增大，$c$ 点达到峰值应力 f_c，相应的压应变 $\varepsilon_0 \approx 0.002$。此阶段混凝土内裂缝不断扩展，裂缝数量及宽度急剧增加，最后形成相互贯通并与压力方向相平行的裂缝，试件即将破坏。

下降段 cd：压应力达到 c 点峰值应力后，曲线开始下降，应力逐渐降低，应变继续增大，并出现拐点 d，d 点相应的应变称为混凝土的极限压应变 ε_{cu}，一般 $\varepsilon_{cu} = 0.0033$。$\varepsilon_{cu}$ 值越大说明混凝土的塑性变形能力越强，即材料的延性越好，抗震性能越好。低强度等级混凝土的延性好于高强度等级混凝土的延性。

（2）混凝土的横向变形系数。混凝土试件在一次短期加压时，其纵向产生压缩应变 ε_{cv}，而横向产生膨胀应变 ε_{ch}，比值 $\gamma_c = \varepsilon_{ch}/\varepsilon_{cv}$ 称为横向变形系数（又称泊松比），在混凝土压应力 $\sigma_c < 0.5f_c$ 时，其值基本为常数，《规范》取 $\gamma_c = 0.2$；当 $\sigma_c > 0.5f_c$ 时，横向变形突然增加，表明混凝土内部微裂缝开始迅速发展。

（3）混凝土的弹性模量和剪切变形模量。混凝土的应力与弹性应变之比称为混凝土的弹性模量，用 E_c 表示，其值见表 6-10。

表 6-10 混凝土弹性模量 $\times 10^4 \text{N/mm}^2$

混凝土强度等级	C15	C20	C25	C30	C35	C40	C45	C50	C55	C60	C65	C70	C75	C80
E_c	2.20	2.55	2.80	3.00	3.15	3.25	3.35	3.45	3.55	3.60	3.65	3.70	3.75	3.80
注：如有需要可实测数据确定。														

混凝土剪切变形模量是指剪切应力和剪切应变的比值，用 G_c 表示，《规范》取 $G_c = 0.4E_c$。

2. 混凝土在重复荷载作用下的变形性能

工程结构中的某些构件（如吊车梁），在其使用期限内，受重复荷载作用产生疲劳变形，由此引起的破坏称为疲劳破坏，此时混凝土加载时的应力超过混凝土的疲劳强度，且具有裂缝小、变形大的特征。因此，对于承受重复荷载作用并且荷载循环次数不少于 2×10^6 次的构件必须进行疲劳验算。

3. 混凝土在长期荷载作用下的变形性能（徐变）

混凝土在不变荷载长期作用下，应变随时间继续增长的现象称为混凝土的徐变。徐变可使构件的变形增大，引起内力重分布等。

徐变的发展规律是先快后慢，通常在最初 6 个月内可完成最终徐变量的 70%～80%，第一年内可完成 90% 左右，其余部分在以后几年内逐步完成，经 2～5 年徐变基本结束。

产生徐变的原因：一是混凝土中尚未形成水泥石结晶体的水泥石凝胶体的黏性流动所致；二是由于混凝土内部微裂缝在长期荷载作用下不断发展和增长，从而导致应变的增长。

影响徐变的因素主要在以下几个方面。

（1）应力条件：初始加荷应力越大，徐变越大；加荷时混凝土的龄期越短，徐变越大。在实际工程中，应加强养护使混凝土尽早结硬可减少徐变。

（2）内在因素：集料越坚硬，徐变越小；水胶比越大，水泥用量越多，徐变越大。

（3）环境因素：受荷前养护温度越高，湿度越大，水泥水化作用越充分，徐变越小，反之越大。

4. 混凝土的收缩与温度变形

混凝土在空中结硬时体积减小的现象称为混凝土的收缩。

混凝土的热胀冷缩的变形称为温度变形。收缩变形的发展规律是先快后慢，1 个月可完成约 50%，3 个月后增长缓慢，一般 2 年后趋于稳定。

混凝土的收缩是由凝缩和干缩两部分组成，凝缩是由于水泥水化反应，因其体积收缩，不可恢复。干缩则是由于混凝土内自由水分蒸发引起的收缩，当干缩后的混凝土再次吸水变形可部分恢复。

影响混凝土收缩的因素主要有以下两方面。

（1）内在因素：水泥强度高，水泥用量多、水胶比大，集料粒径大、级配好、弹性模量高则收缩量小；混凝土越密实，收缩就越小。

（2）环境影响：混凝土在养护和使用期间的环境湿度大，则收缩量小；采用高温蒸汽养护时，收缩减小。

此外，混凝土构件的表面面积与其体积的比值越大，收缩量越大。

工程中，为尽量减小混凝土收缩，可采取以下措施：①减小水泥用量和水胶比；②选择粒径大、级配好的集料；③提高混凝土的密实度；④加强混凝土的早期养护；⑤设置施工缝和构造钢筋等。

（三）混凝土的选用

《规范》规定：素混凝土结构的混凝土强度等级不应低于 C15；钢筋混凝土结构的混凝土强度等级不应低于 C20；采用强度等级 400 MPa 及以上的钢筋时，混凝土强度等级不应低于 C25；预应力混凝土结构或承受重复荷载的混凝土构件的混凝土强度等级不应低于 C30。

三、钢筋与混凝土共同工作原理

（一）钢筋与混凝土共同作用原因

钢筋与混凝土两种力学性能不同的材料能够结合在一起，并相互协调、共同工作的主要原因是：混凝土结硬后，钢筋与混凝土之间有良好的粘结力，二者牢固地结合在一起，共同受力；二者的温度线膨胀系数很接近，致使变形后不会发生相对滑移，混凝土包裹在钢筋外部，使钢筋免受侵蚀或高温软化。

(二)钢筋与混凝土的粘结力

1. 钢筋与混凝土的粘结力的主要表现

钢筋与混凝土的粘结力主要表现在以下三个方面。

(1)化学胶结力。由于钢筋与混凝土接触面上的化学吸附作用产生胶结力。

(2)摩擦力。由于混凝土收缩将钢筋紧紧握固而产生摩擦力。

(3)机械咬合力。由于钢筋表面凹凸不平与混凝土之间产生机械咬合力。变形钢筋比光圆钢筋的机械咬合力作用大。

其中机械咬合力最大,约占总粘结力的 50% 以上,钢筋表面的轻微锈蚀也可增大粘结力。

2. 影响钢筋与混凝土粘结力的因素

(1)混凝土强度等级。混凝土强度等级越高,粘结力越大。

(2)钢筋的表面和外形特征。钢筋表面的轻微锈蚀可增大粘结力,变形钢筋比光圆钢筋的粘结力大。

(3)钢筋端部的弯钩与弯折、加设横向钢筋可使锚固力增大。

(4)钢筋保护层厚度。混凝土保护层厚度太薄、钢筋净间距太小会产生与钢筋平行的劈裂而使保护层脱落。

为此,《规范》采取构造措施来保证粘结力,如混凝土保护层厚度、钢筋净距、钢筋锚固长度、搭接长度等。

(三)钢筋的锚固与连接

1. 钢筋的锚固

锚固长度是指受力钢筋依靠其表面与混凝土的粘结作用或端部构造的挤压作用而达到设计应力所需的长度。锚固长度取决于钢筋和混凝土的强度等级及钢筋外形等。受拉钢筋的基本锚固长度 l_a 按《规范》规定取值,见表 6-11。

表 6-11 受拉钢筋的基本锚固长度 l_a

强度种类	混凝土强度等级								
	C20	C25	C30	C35	C40	C45	C50	C55	$\geqslant$C60
HPB300	$39d$	$34d$	$30d$	$28d$	$25d$	$24d$	$23d$	$22d$	$21d$
HRB335	$38d$	$33d$	$29d$	$27d$	$25d$	$23d$	$22d$	$21d$	$21d$
HRB400、HRBF400、RRB400	—	$40d$	$35d$	$32d$	$29d$	$28d$	$27d$	$26d$	$25d$
HRB500、HRBF500	—	$48d$	$43d$	$39d$	$36d$	$34d$	$32d$	$31d$	$30d$

注:表中 l_a 取值适于非抗震结构及抗震结构的非抗震构件。

受压钢筋不应小于相应的受拉钢筋锚固长度的 0.7 倍。

在实际工程中,可选小直径的钢筋及变形钢筋,以增大钢筋与混凝土的接触表面积来增强锚固能力;控制混凝土的保护层厚度和钢筋净距,设横向钢筋,对高度较大的梁采用分层浇筑和二次振捣等措施增大锚固力。

2. 钢筋的连接

钢筋的连接有绑扎连接、机械连接和焊接连接三种形式。

(1)绑扎连接。绑扎连接接头的工作原理：通过搭接长度范围内钢筋与混凝土之间的粘结力来传递钢筋的内力。因此，必须保证足够的搭接长度，光圆钢筋端部还需做成弯钩形式。

纵向受拉钢筋绑扎搭接接头的搭接长度 l_l 按下式计算，且在任何情况下均不应小于 300 mm，即

$$l_l = \zeta \cdot l_a \tag{6-8}$$

式中　l_a——受拉钢筋的锚固长度；

　　　　ζ——受拉钢筋搭接长度修正系数，按表 6-12 取用。

表 6-12　纵向受拉钢筋搭接长度修正系数

同一连接区段搭接钢筋接头面积百分率	≤25%	50%	100%
修正系数	1.2	1.4	1.6

纵向受压钢筋搭接长度不应小于按式(6-8)计算受拉钢筋搭接长度的 0.7 倍，且不应小于 200 mm。

钢筋绑扎搭接接头连接区段的长度为 1.3 倍搭接长度，凡搭接接头中点位于该长度范围内的搭接接头均属同一连接区段，如图 6-5 所示。位于同一连接区段内的受拉钢筋搭接接头面积百分率：对于梁、板不宜大于 25%，对于柱类不宜大于 50%。

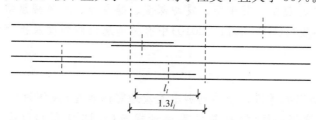

图 6-5　同一连接区段内的纵向受拉钢筋绑扎搭接接头

对于轴心受拉及小偏心受拉杆件的纵向受力钢筋不得采用绑扎搭接；其他构件中的钢筋采用绑扎搭接时，受拉钢筋直径不宜大于 25 mm，受压钢筋直径不宜大于 28 mm。

(2)机械连接。常用钢筋机械连接接头类型有套筒挤压连接接头、锥螺纹连接接头和直螺纹连接接头。钢筋机械连接接头具有质量稳定可靠、连接强度高、施工速度快、无污染、节省钢筋等特点。

连接区段长度为 35d，同一连接区段内的纵向受拉钢筋接头面积百分率不宜大于 50%，受压钢筋可不受限制，机械连接套筒的横向净距不宜小于 25 mm。机械连接宜用于直径不小于 16 mm 受力钢筋的连接。

(3)焊接连接。焊接连接宜用于直径不大于 28 mm 的受拉钢筋连接，余热处理钢筋不宜采用焊接。纵向受拉钢筋焊接接头应相互错开，搭接区段长度及纵向受拉钢筋的焊接接头面积百分率控制条件同机械连接。

1. 结合软钢的拉伸应力—应变图形，说明比例极限、屈服强度、极限强度及屈强比。
2. 什么是钢筋的伸长率？钢筋的机械性能指标有哪些？
3. 钢筋的种类有哪些？热轧钢筋的强度等级有哪些？符号是怎样的？
4. 选用钢筋时应注意什么？如何选用钢筋？
5. 建筑结构中混凝土的强度等级有哪些？混凝土的强度指标如何？
6. 钢筋与混凝土协同工作的原理是什么？
7. 影响钢筋与混凝土粘结力的因素有哪些？保证钢筋与混凝土之间粘结力的措施有哪些？
8. 对照 5 号教学楼结构施工图纸核对构件使用的钢筋、混凝土选取是否合理？

任务三　地震基本知识与抗震设防

任务描述

了解地震、震源、震中、震中距、震源深度、等震线、地震强度等概念；掌握《建筑抗震设计规范(2016 年版)》(GB 50011—2010)中有关地震设防烈度及抗震设防烈度的知识。

任务分析

通过地震基本知识的学习，能够判别出某次地震的类型(浅源地震、中源地震、深源地震)、震级、震中烈度等；根据《建筑抗震设计规范(2016 年版)》(GB 50011—2010)规定，按建筑物重要性进行的四类建筑划定，了解抗震设防的设防目标(二阶段、三水准)，为后续结构抗震知识学习奠定基础。

相关知识

地震给人类社会带来灾难，造成不同程度的人员伤亡和经济损失，主要是地震导致建筑物破坏所引起的。为了最大限度地减轻地震灾害，做好建筑结构的抗震设计是目前最根本性的减灾措施，也是建筑工程技术人员在设计与施工中，必须高度重视的主要问题之一。

一、地震基本术语

常见地震术语，如图 6-6 所示。

1. 地震

地球运动过程中积聚巨大的能量，当能量积聚超过地壳薄弱处岩层的承受能力时，致使该处岩层就会发生断裂和错动释放能量，并以波的形式传递到地面，地面随之振动，形

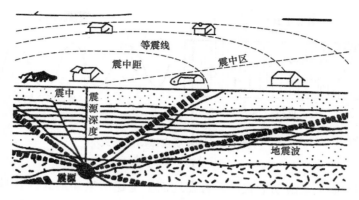

图6-6 常见地震术语

成地震。这种地震又称之为构造地震,占90%以上。有时火山喷发会引起火山地震,占7%左右。地表或地下岩层由于某种陷落和崩塌引起的塌陷地震,占3%左右。

2. 震源

地球内部岩层发生断裂或错动的部位称为震源。

3. 震中

震源正上方的地面位置称为震中。

4. 震中距

地震影响区的地面某处到震中的水平距离称为震中距。震中距越小,振动越剧烈,破坏越严重。

5. 震源深度

震中到震源的垂直距离称为震源深度。

根据震源深度不同,可将地震分为:①浅源地震——震源深度小于60 km的地震;②中源地震——震源深度为60~300 km的地震;③深源地震——震源深度大于300 km的地震。一次地震中,浅源地震的震害最大。

6. 等震线

在同一次地震中,相同地震烈度各点的连线称为等震线。

二、地震波及地震强度

1. 地震波

由地震震源发出的在地球介质中传播的弹性波称为地震波。它包含在地球内部传播的体波和在地球表面传播的面波两种类型。

(1)体波。根据质点的振动方向和传播方向不同,体波又可分为纵波和横波两种,如图6-7所示。

纵波——由震源向外传播的推进波(压缩波、疏密波),介质质点的振动方向与波的传播方向一致。其具有周期短、振幅小,先于横波到达地球表面的特点。

横波——由震源向外传播的剪切波,介质质点的振动方向与波的传播方向垂直。其具有周期较长、振幅较大、传播速度慢,后到达地球表面的特点。

(2)面波。体波经过地层界面多次反射、折射所形成的次生波。面波分为瑞雷波和洛夫

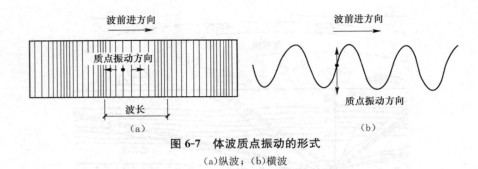

图 6-7 体波质点振动的形式
(a)纵波；(b)横波

波两种。前者在地面上呈滚动形式；后者在地面上呈蛇形运动形式。其具有周期长、振幅大、衰减慢、传播远的特点，是造成建筑物水平振动强烈破坏的主要因素。

2. 地震强度

地震强度通常用震级和烈度来反映。

(1)地震震级。它是衡量一次地震本身强弱程度和大小的尺度。通常用里氏震级(M)表示。震级每增加一级，地震所释放出的能量约增加 32 倍。

通常小于 2 级的地震，人们是感觉不到的，因此称为微震；2～4 级的地震，人们能够感觉到，因此称为有感地震；5 级以上的地震，能引起建筑物不同程度的破坏，称为破坏性地震；7 级以上的地震称为强烈地震或称为大震；8 级以上的地震会造成建筑物严重破坏，称为特大地震。

(2)地震烈度。它是指某一地区的地面和各类建筑物遭受一次地震影响的强弱程度。用"I"表示。

一次地震只有一个震级，但地震对不同地区(震中距不同)的地震烈度不同，因此一次地震不同地区，会有多个烈度。一般情况下，离震中越近，地震烈度越高，反之越低。

我国采用的是 12 度的烈度表，详见《中国地震烈度表》(GB/T 17742—2008)。根据地震发生的概率频率(50 年发生的超越频率)将地震分为：①多遇烈度，又称为小震，超越概率为 63.2%；②基本烈度，又称为中震，超越概率为 10%；③罕遇烈度，又称为大震，超越概率为 2%～3%。

震中烈度与地震震级的大致关系见表 6-13。

表 6-13 震中烈度 I_0 与震级 M 的对照表

震级 M	2	3	4	5	6	7	8	8以上
震中烈度 I_0	1～2	3	4～5	6～7	7～8	9～10	11	12

三、建筑结构抗震设防基本知识

1. 抗震设防烈度

抗震设防烈度是按照国家规定的权限批准作为一个地区抗震设防依据的地震烈度，一般情况下，取基本烈度。《建筑抗震设计规范(2016 年版)》(GB 50011—2010)规定，抗震设防烈度为 6 度及以上地区的建筑，必须进行抗震设计，并将建筑物按其重要性分为以下四类：

(1)甲类建筑，指重大建筑工程和地震时可能发生严重次生灾害的建筑。这类建筑的破坏会导致严重后果，必须经国家规定的批准权限批准而定。对于在 6～8 度设防区的甲类建筑，应按本地区设防烈度提高一定计算地震作用和采取抗震构造措施。

（2）乙类建筑，指地震时使用功能不能中断或需尽快恢复的建筑。如城市中生命线工程的核心建筑，这类建筑按本地区设防烈度进行抗震计算，抗震构造措施提高 1 度考虑。

（3）丙类建筑，指一般建筑，包括除甲、乙、丁类以外的建筑。这类建筑的抗震计算与抗震构造措施按本地区设防烈度考虑。

（4）丁类建筑，指次要建筑，如仓库、人员较少的辅助建筑等。这类建筑按本地区抗震设防烈度进行的抗震计算，抗震构造措施可适当降低，但 6 度时不再降低。

2. 抗震设防目标

抗震设防目标是对建筑结构应具有的抗震安全性能的总要求。即要求建筑物在使用期，对于不同强度的地震应具有不同的抵抗能力。当遭受多遇烈度的地震时，要求结构不受损坏，在遭受罕遇的强烈地震时，允许结构破坏但在任何情况下都不应倒塌，既做到了结构可靠又较为经济合理。因此，《建筑抗震设计规范(2016 年版)》(GB 50011—2010)依上述原则明确提出了三水准的抗震设防要求。

第一水准：当遭受低于本地区抗震设防烈度的多遇地震影响时，建筑物一般不损坏或不需修理仍可继续使用。

第二水准：当遭受本地区抗震设防烈度的地震影响时，建筑物可能损坏，经一般修理仍可继续使用。

第三水准：当遭受高于本地区抗震设防烈度的罕遇地震影响时，建筑物不倒塌或不发生危及生命安全的严重破坏。

概括起来，"三水准"抗震设防目标为"小震不坏、中震可修、大震不倒"。

《建筑抗震设计规范(2016 年版)》(GB 50011—2010)提出了二阶段设计方法来实现三水准的抗震设防目标。第一阶段设计是保证结构构件在地震荷载效应的组合情况下，第一水准的承载力与变形要求；第二阶段设计则是保证结构满足第三水准的抗震设防要求，对于大多数结构一般可只进行第一阶段的设计，对于少部分特殊结构，第一、第二阶段的设计都应进行。

为实现建筑结构抗震设防目标，必须通过抗震概念设计、结构抗震设计和抗震构造措施三个方面来满足。

所谓概念设计是指考虑地震及其影响的不确定性，应根据历次震害和工程经验等形成基本设计原则和设计思想，并运用到结构抗震设计中。如结构整体布置、合理选择建筑体型及结构体系、正确处理细部构造和材料选用等。做到灵活运用抗震设计思想、综合解决抗震设计基本问题。

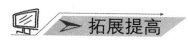 拓展提高

地震的危害

建筑物与构筑物的破坏，如房屋倒塌、桥梁断落、水坝开裂、铁轨变形等。地面破坏，如地面裂缝、塌陷、喷水冒砂等。山体等自然物的破坏，如山崩、滑坡等。海啸、海底地震引起的巨大海浪冲上海岸，造成沿海地区的破坏。此外，在有些大地震中，还有地光烧

伤人畜的现象。地震的直接灾害发生后，会引发出次生灾害。有时，次生灾害所造成的伤亡和损失，比直接灾害还大。1932 年日本关东大地震，直接因地震倒塌的房屋仅 1 万幢，而地震时失火却烧毁了 70 万幢。

地震引起的次生灾害主要有：火灾，由震后火源失控引起；水灾，由水坝决口或山崩壅塞河道等引起；毒气泄漏，由建筑物或装置破坏等引起；瘟疫，由震后生存环境的严重破坏所引起。

拓展实训

一、名词解释

1. 地震；2. 震源；3. 震中；4. 震中距；5. 震源深度；6. 等震线；7. 地震震级；8. 地震烈度。

二、简答题

1. 地震等级与地震烈度有何不同？
2. 怎样理解建筑结构的抗震设防目标？

课外学习指要

《建筑抗震设计规范(2016 年版)》(GB 50011—2010)；
《中国地震烈度表》(GB/T 17742—2008)。

项目七　钢筋混凝土受弯构件的构造应用及承载力的计算

受弯构件是建筑结构中最典型的构件,为了防止在荷载作用下发生正截面破坏和斜截面破坏,应进行正截面承载力和斜截面承载力计算,即受弯构件的纵向受力钢筋、箍筋等的数量计算,并在上述计算中应用相关构造知识,为后续课程学习及工作中解决工程实际问题奠定基础。

任务一　梁、板的一般构造应用

理解《规范》中的梁、板的构造知识，能够运用其构造知识对梁板这类构件进行构造设计及构造复核。

受弯构件是指截面承受荷载而产生弯矩和剪力共同作用的构件。它是建筑结构中应用最广泛的构件，如梁、板是典型的受弯构件，其破坏有两种可能：一种是在弯矩作用下发生正截面破坏；另一种是在弯矩和剪力作用下发生的斜截面破坏，如图7-1所示。

图7-1　受弯构件的破坏形式

(a)正截面破坏；(b)斜截面破坏

受弯构件的承载能力计算主要是为避免发生正截面破坏的截面抗弯能力问题和斜截面破坏的截面抗剪能力问题。而其他不利因素，如温度应力、混凝土的收缩与徐变等的影响很难在计算中完成，同时，还要兼顾使用和施工上的可能与需要。为此，在工程实践经验的基础上，工程技术人员总结出一些构造措施。因此，在钢筋混凝土结构构件设计时，除要符合计算结果外，还必须要满足相关构造要求。

一、板的构造设计要求

1. 板的截面形式及尺寸

板的截面形式通常有矩形板、空心板、槽形板等，如图7-2所示。

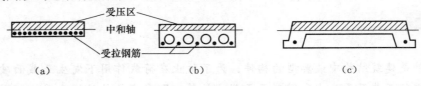

受压区
中和轴
受拉钢筋

(a)　　　　　(b)　　　　　(c)

图7-2　板的截面形式

(a)矩形板；(b)空心板；(c)槽形板

板的截面尺寸除应满足强度条件外，还应满足刚度方面、施工及经济方面等要求。板的厚度确定：单向板厚度 $h \geqslant 1/30L$；双向板厚度 $h \geqslant 1/40L$；悬臂板厚度 $h \geqslant 1/10L$。同时，还要符合表 7-1 的规定值。现浇钢筋混凝土板厚度一般取 10 mm 的倍数，工程中现浇板常用厚度为 60 mm、70 mm、80 mm、100 mm、120 mm 等。

表 7-1 现浇钢筋混凝土板的最小厚度 　　　　　　　　　　　　　　　　　mm

板的类型		厚度
单向板	屋面板	60
	民用建筑楼板	60
	工业建筑楼板	70
	行车道下的楼板	80
双向板		80
密肋楼盖	面板	50
	肋高	250
悬臂板（根部）	悬臂长度不大于 500 mm	60
	悬臂长度 1 200 mm	100
无梁楼板		150
现浇空心楼盖		200

2. 板的配筋

（1）受力钢筋。受力钢筋是沿板的传力方向布置在板截面受拉一侧，用来承受弯矩产生的拉力。

板的受力钢筋直径通常为 6 mm、8 mm、10 mm、12 mm。

为了保证现浇混凝土质量，钢筋绑扎方便，板的受力钢筋不宜过密，为了正常分担内力，板的受力钢筋也不宜过稀，钢筋间距一般为 70～200 mm。当板厚 $h > 150$ mm 时，钢筋间距不宜大于 $1.5h$，且不应大于 250 mm，如图 7-3 所示。

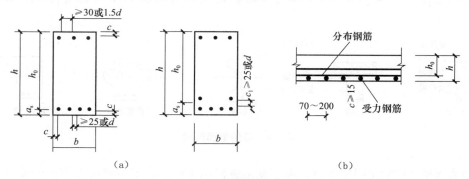

图 7-3 板的受力钢筋间距及有效高度

（a）梁；（b）板

板的保护层厚度是指板的受力钢筋外表面到截面边缘的垂直距离。其作用是：防止钢筋锈蚀；在遇火灾情况下，避免钢筋的温度上升过快而软化；使纵向钢筋与混凝土有较好的粘结。板的保护层厚度与周围环境及混凝土强度等级有关。在实际工程中，一类环境的板，当混凝土强度等级≤C25 时，混凝土保护层厚度取 20 mm；当混凝土强度等级＞C25

时，混凝土保护层厚度取 15 mm。其他环境的板，混凝土保护层厚度应增大，具体应符合表 7-2 的要求。

表 7-2　混凝土保护层的最小厚度 c　　　　　　　　　　　　　　mm

环境类别	板、墙、壳	梁、柱、杆
一	15	20
二 a	20	25
二 b	25	35
三 a	30	40
三 b	40	50

注：1. 混凝土强度等级≤C25 时，表中保护层厚度数值应增加 5 mm；
　　2. 钢筋混凝土基础宜设置混凝土垫层，基础中钢筋的混凝土保护层应从混凝土垫层顶部算起，且不应小于 40 mm。

(2)分布钢筋。分布钢筋垂直于板的受力钢筋方向，是在受力钢筋内侧布置的构造钢筋。分布钢筋用于固定受力钢筋的位置，形成钢筋网，通过分布钢筋将板上荷载更均匀地传递给受力钢筋；有效防止温度应力或混凝土收缩应力引起沿板跨度方向的裂缝。

常用的分布钢筋直径不宜小于 6 mm。单位长度上分布钢筋的截面面积不应小于单位长度受力钢筋截面面积的 15%，且不宜小于该方向板截面面积的 0.15%；分布钢筋间距不宜大于 250 mm。当温度变化较大或集中荷载较大时，分布钢筋的截面面积应适当增加，其间距不宜大于 200 mm。

二、梁的构造设计要求

1. 梁的截面形式及尺寸

梁的截面形式通常有矩形、T 形、I 形、花篮形等对称和不对称等形式，如图 7-4 所示。

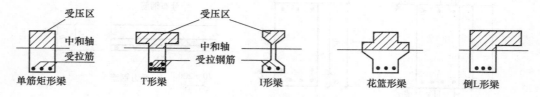

图 7-4　梁的截面形式

梁的截面尺寸应满足强度条件、刚度及裂缝控制条件、施工与经济等方面的要求。梁的截面高度 h 的确定：简支梁可取跨度的 1/12 左右，独立的悬臂梁可取梁跨度的 1/6 左右。为了便于施工，梁的高度 h 一般取 50 mm 的倍数，当梁高 $h>800$ mm 时，取 100 mm 的倍数。梁的常用高度尺寸有 250 mm，300 mm，350 mm，…，750 mm，800 mm，900 mm，1 000 mm 等。矩形截面梁的宽度 b 可用梁的高宽比估算，矩形截面梁的高宽比 h/b 一般取为 2.0～2.5；T 形截面梁的高宽比 h/b 一般取为 2.5～4(b 为梁的肋宽)。梁的常用宽度有 120 mm、150 mm、180 mm、200 mm、250 mm、300 mm 等。

2. 梁的配筋

梁内通常配置纵向受力钢筋、弯起钢筋、箍筋、架立钢筋，有时还需配置纵向构造钢筋及相应的拉筋等，如图 7-5 所示。

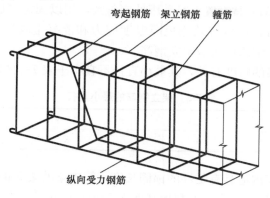

图 7-5　梁的配筋

（1）纵向受力钢筋。纵向受力钢筋一般配置在梁的受拉区（单筋截面梁），主要承受弯矩在梁内产生的拉力。特殊需要时在梁的受拉区和受压区同时配置受力钢筋（双筋截面梁），分别承受弯矩在梁内产生的拉力和压力。

梁的纵向受力钢筋直径选择应考虑：直径过大不便于施工且与混凝土粘结力差，直径过小则根数多，在梁内不易布置，甚至还会降低承载能力。梁的纵向受力钢筋常用直径为 $10\sim28$ mm。梁高 $h\geqslant300$ mm 时，直径 $d\geqslant10$ mm；梁高 $h<300$ mm 时，直径 $d\geqslant8$ mm，梁内纵向受力钢筋直径尽可能相同。当有两种直径时，其直径相差不应小于 2 mm，以便于施工识别，但相差也不宜大于 6 mm。根数不少于 2 根，尽量排成一层。

为了便于浇筑混凝土，保证钢筋与周围混凝土的粘结力及混凝土的密实性，纵向钢筋的净距及钢筋的最小保护层厚度应符合图 7-6 的要求。

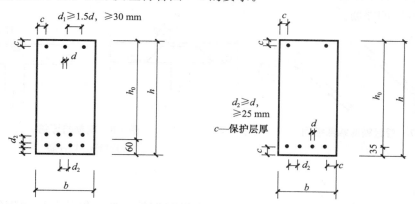

图 7-6　梁的混凝土保护层及纵向配筋的排列

梁的混凝土保护层厚度是指从箍筋外表面到截面边缘的距离。一类环境中的梁，当混凝土强度等级 $\leqslant$C25 时，混凝土保护层厚度取 25 mm；当混凝土强度等级 $>$C25 时，混凝土保护层厚度取 20 mm。其他环境中，梁的混凝土保护层厚度应适当增大，具体应符合表 7-2 的要求。

当钢筋排放层数过多时，可采用并筋的配筋形式。直径 $d \leqslant 28$ mm 时，并筋数量不应超过 3 根；直径 $d = 32$ mm 时，并筋数量宜为 2 根；直径 $d \geqslant 36$ mm 时，不应采用并筋的配筋形式。并筋后按单根等效钢筋直径来计算，其等效钢筋直径按钢筋等面积原则换算。

（2）架立钢筋。架立钢筋是设置在梁受压外侧角区，用以固定箍筋位置，并与纵向受力钢筋形成钢筋骨架，同时，也可有效避免因温度应力和混凝土收缩应力引起混凝土开裂。双筋截面梁中的纵向受压钢筋可兼做架立钢筋。

架立钢筋的直径与梁的跨度有关，其最小直径不宜小于表 7-3 的数值。

表 7-3　架立钢筋的最小直径

梁的跨度 $L/$m	<4	4～6	>6
最小直径 $d/$mm	6	8	10

架立钢筋端部在支座内应具有足够的锚固长度，简支梁的架立钢筋一般应伸至梁端。

（3）纵向构造钢筋及拉筋。当梁的腹板高度 $h_w \geqslant 450$ mm 时，为了防止梁的侧部产生横向收缩裂缝，同时，增强钢筋骨架的刚度及增强梁的抗扭作用，应在梁的两侧沿高度配置纵向构造钢筋（亦称腰筋），并用与箍筋直径相同，其间距为箍筋间距两倍的拉筋拉结。每侧腰筋的间距不宜大于 200 mm；截面面积不应小于腹板截面面积的 0.1%。矩形截面 h_w 取截面有效高度 h_0（纵向钢筋合力点到受压区混凝土边缘之间的距离），T 形截面取有效高度减去翼缘高度，I 形截面取腹板的净高。

（4）弯起钢筋。弯起钢筋是利用梁的跨中纵向受力钢筋在靠近支座处（弯矩减小）弯起而成的，用来承受弯矩和剪力共同作用产生的主拉应力，是受剪钢筋的一部分。

钢筋的弯起角度一般为 $45°$，当梁的高度 $h > 800$ mm 时采用 $60°$。弯起钢筋终弯点外应留有足够的锚固长度，当锚固受压区时不应小于 $10d$，当锚固受拉区时不应小于 $20d$。对于光圆钢筋，在末端应设置弯钩，如图 7-7 所示。位于梁底层两侧（角区）的钢筋不能弯起。

弯起钢筋除利用纵向受力钢筋弯起外，还可以单独设置，如图 7-8（a）所示，但不允许设置成图 7-8（b）的浮筋。

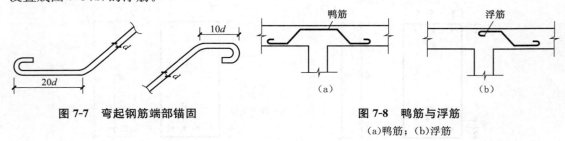

图 7-7　弯起钢筋端部锚固

图 7-8　鸭筋与浮筋
（a）鸭筋；（b）浮筋

（5）箍筋。

1）箍筋作用。箍筋用以承受梁的剪力，固定纵向钢筋、架立钢筋并形成钢筋骨架。箍筋一般采用 HPB300 级钢筋，当剪力较大时，也可以采用 HRB335 级钢筋。

2）箍筋直径。当梁高 $h > 800$ mm 时，箍筋直径不宜小于 8 mm；当梁高 $h \leqslant 800$ mm 时，箍筋直径不宜小于 6 mm；当梁中配有计算需要的纵向受压钢筋时，箍筋直径尚不应小于 $d/4$（d 为纵向受压钢筋最大直径）；为便于施工一般箍筋直径不大于 12 mm。

3）箍筋的形式与肢数。箍筋一般采用封闭形式，末端做成 $135°$ 弯钩，其弯钩末端平直段长度应符合表 7-4 中的数值要求。开口式箍筋形式适用于无振动荷载且计算不需要配置纵向受压钢筋现浇 T 形梁的跨中部分。箍筋一般采用双肢箍筋($n=2$)，当梁宽 $b>400$ mm，且一层内的纵向受压钢筋多于 3 根时，或当梁宽 $b\leqslant400$ mm，但一层内的纵向受压钢筋多于 4 根时，应设置复合箍筋($n=4$)；当梁宽 $b\leqslant150$ mm 时也可采用单肢箍筋，如图 7-9 所示。

表 7-4　箍筋末端两弯钩长度　　　　　　　　　　　　　　mm

箍筋直径		6	8	10	12
受力钢筋直径	10~25	100	120	140	180
	28~32	120	140	160	200

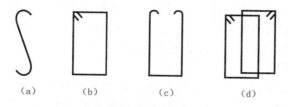

（a）　　　（b）　　　　（c）　　　　（d）

图 7-9　箍筋的形式与肢数
(a)单肢箍；(b)封闭双肢箍；(c)开口双肢箍；(d)四肢箍

4)箍筋间距。箍筋的最大间距应符合表 7-5 的数值规定。当梁中配有纵向受压钢筋时，箍筋间距不应大于 $15d$（d 为纵向受压钢筋中的最小直径）；当一层内纵向受压钢筋多于 5 根，且直径大于 18 mm 时，箍筋间距不应大于 $10d$。

纵向受力钢筋搭接长度范围内，当钢筋受拉时，箍筋间距不应大于 $5d$（d 为搭接钢筋较小直径），且不应大于 100 mm；当钢筋受压时，箍筋间距不应大于 $10d$，且不应大于 200 mm，当受压钢筋直径 $d>25$ mm 时，还应在搭接接头两端外 100 mm 范围内各设两个箍筋。

表 7-5　梁的箍筋最大间距 S_{max}　　　　　　　　　　　　mm

梁高 h	$V>0.7f_tbh$	$V\leqslant0.7f_tbh$
$150<h\leqslant300$	150	200
$300<h\leqslant500$	200	300
$500<h\leqslant800$	250	350
$h>800$	300	400

 **拓展实训**

一、填空题

1. 受弯构件是指截面承受荷载而产生_____和_____共同作用的构件，其破坏有_____作用下发生的_____破坏和在弯矩和剪力作用下发生的_____破坏的两种可能。

2. 板的受力钢筋间距一般为_____；当板厚 $h>150$ mm 时，钢筋间距不宜大于

_____，且不应大于_____。

3. 板的保护层厚度是指板的_____到_____的垂直距离。在实际工程中，一类环境的板，当混凝土强度等级≤C25时，混凝土保护层厚度取_____；当混凝土强度等级＞C25时，混凝土保护层厚度取_____。

4. 板的分布钢筋_____板的受力钢筋方向，是在受力钢筋_____布置的构造钢筋。分布钢筋常用直径不宜小于_____，间距不宜大于_____；当温度变化较大或集中荷载较大时，分布钢筋的间距不宜大于_____。

5. 梁内通常配置_____钢筋、_____钢筋、_____、_____钢筋，有时还需配置_____钢筋及相应的拉筋等。

6. 梁的纵向受力钢筋常用直径为_____。梁高 $h \geqslant 300$ mm 时，直径_____；梁高 $h < 300$ mm 时，直径_____，梁内纵向受力钢筋直径尽可能相同。

7. 梁的混凝土保护层厚度是指从_____外表面到_____边缘的距离。一类环境中的梁，当混凝土强度等级≤C25时，混凝土保护层厚度取_____；当混凝土强度等级＞C25时，混凝土保护层厚度取_____。

8. 当梁的腹板高度 $h_w \geqslant 450$ mm 时，应在梁的两侧沿高度配置_____钢筋（亦称腰筋），并用与箍筋直径相同，其间距为箍筋间距两倍的拉筋拉结。每侧腰筋的间距不宜大于_____；截面面积不应小于腹板截面面积的_____。

9. 梁内弯起钢筋的弯起角度一般为_____°，当梁的高度 $h > 800$ mm 时采用_____°。弯起钢筋终弯点外应留有足够的锚固长度，当锚固受压区时不应小于_____，当锚固受拉区时不应小于_____。

10. 当梁中配有纵向受压钢筋时，箍筋间距不应大于_____；当一层内纵向受压钢筋多于5根，且直径大于18 mm时，箍筋间距不应大于_____。纵向受力钢筋搭接长度范围内，当钢筋受拉时，箍筋间距不应大于_____，且不应大于_____；当钢筋受压时，箍筋间距不应大于_____，且不应大于_____，当受压钢筋直径 $d > 25$ mm 时，还应在搭接接头两端外_____范围内各设两个箍筋。

二、简答题

1. 梁、板混凝土保护层的主要作用是什么？一般环境下保护层厚度最小值分别是多少？
2. 梁、板截面尺寸确定应满足哪些方面的要求？
3. 板内分布钢筋、梁内设置箍筋、架立钢筋及纵向构造钢筋的作用分别是什么？
4. 梁内受力钢筋的直径、净距有何构造要求？
5. 梁内箍筋的作用是什么？其直径与肢数如何选定？
6. 对5号教学楼梁、板截面尺寸、钢筋设置是否满足构造设计进行复核分析。

任务二　单筋矩形截面受弯构件正截面承载能力的计算

任务描述

能够进行单筋矩形截面受弯构件类别的判定（适筋梁、超筋梁、少筋梁）；对单筋梁、板正截面承载能力的计算与验算。能够进行双筋矩形截面梁正截面承载能力的计算与验算。能够进行不同情况下 T 形截面梁的类型判定(第一类、第二类);能够进行 T 形截面梁正截面承载能力的计算与验算。

任务分析

根据最小配筋率及截面受压区高度界限分别判定少筋梁、超筋梁,在实际工程中应避免采用。掌握单筋矩形截面受弯构件正截面承载能力计算公式及其适用条件,并结合相关构造对相应的梁、板进行截面设计或截面复核。

能够合理选择双筋矩形截面梁的应用条件,并掌握其正截面承载能力计算公式及其适用条件,结合相关构造对双筋梁进行截面设计或截面复核。

掌握 T 形截面梁的类型判定方法,并掌握 T 形截面梁正截面承载能力的计算公式与应用条件,结合相关构造对 T 形截面梁进行截面设计或截面复核。

相关知识

一、单筋矩形截面受弯构件正截面承载能力的计算

(一)受弯构件正截面破坏特征

受弯构件正截面破坏形式主要与钢筋和混凝土的强度等级、荷载类型、纵向受力钢筋配筋率大小有关。纵向受力钢筋配筋率是指纵向受力钢筋截面面积 A_s 与截面有效面积 bh_0 之比的百分率,用 ρ 表示,即

$$\rho = \frac{A_s}{bh_0} \quad (\%) \tag{7-1}$$

式中　b——截面宽度;

h_0——截面有效高度,纵向受拉钢筋合力点到构件受压区混凝土边缘的垂直距离,即 $h_0 = h - a_s$,其中 a_s 为受拉区边缘到受拉钢筋合力点的距离。一类环境下,混凝土强度等级≥C30 时,h_0 的估算值:梁内纵向受拉钢筋一排布置时,$h_0 = h - 35$ mm;梁内纵向受拉钢筋两排布置时,$h_0 = h - 60$ mm;板的截面有效高度 $h_0 = h - 20$ mm。a_s 随混凝土保护层厚度的增加而相应增大。

根据梁的纵向受拉钢筋配筋不同,可分为适筋梁、超筋梁、少筋梁三种,如图 7-10 所示。

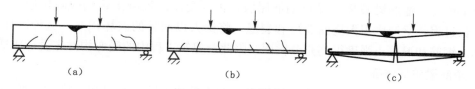

图 7-10　梁的三种破坏形式
(a)适筋梁;(b)超筋梁;(c)少筋梁

1. 适筋梁破坏特征

配置适量纵向受拉钢筋的梁称为适筋梁，构件从零荷载加至正截面破坏经历以下三个阶段，如图 7-11 所示。

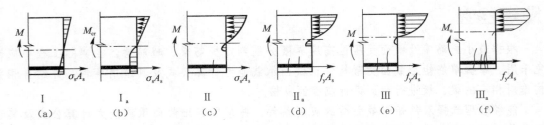

图 7-11　适筋梁三个阶段的应力、应变图形

(1)第Ⅰ阶段(弹性工作阶段)。从零荷载至受拉区混凝土即将开裂阶段。当荷载较小时，截面上的应力、应变均较小，受压区和受拉区混凝土呈直线关系(正比例)。随荷载增大，截面上的应力、应变随着增大，由于受拉区混凝土首先出现塑性变形，使其应力呈曲线。当荷载增大到一定程度时，受拉区混凝土的应力达到其实际的抗拉强度，同时也达到其极限拉应变值 ε_t，如图 7-11(a)、(b)所示。此时截面处于即将开裂的临界状态，即Ⅰ$_a$阶段。Ⅰ$_a$阶段可作为受弯构件正截面抗裂度的验算依据。

(2)第Ⅱ阶段(带裂缝工作阶段)。混凝土开裂后至钢筋屈服前的阶段。在第Ⅰ阶段的基础上，随着荷载继续增大，受拉区混凝土出现第一条裂缝。梁进入第Ⅱ阶段，带裂缝工作阶段。且裂缝随荷载进一步加大而增大，裂缝处混凝土退出工作，拉力几乎全部由受拉钢筋承担，应力突然增大。

随荷载继续增加，原有裂缝不断向上扩展，新的裂缝不断产生，中和轴逐渐上移，受压区混凝土呈现出一定塑性特征，其应力图形呈曲线形，如图 7-11(c)所示。当荷载增加到某一数值时，受拉钢筋开始屈服，钢筋应力达到其屈服强度，它标志着截面进入Ⅱ$_a$阶段，如图 7-11(d)所示。Ⅱ$_a$阶段作为梁裂缝宽度和变形验算的依据。

(3)第Ⅲ阶段(破坏阶段)。钢筋开始屈服至截面破坏阶段。纵向受拉钢筋屈服后，当荷载继续增加时，钢筋的应变突然增大，裂缝加宽并向上扩展，中和轴继续上移，受压区高度进一步减小，其塑性特征更为突显，梁进入第Ⅲ阶段，如图 7-11(e)所示。随荷载继续加大，钢筋应力几乎保持不变，受压区混凝土将被压碎，甚至崩脱，截面宣告破坏，它标志着截面进入Ⅲ$_a$阶段，如图 7-11(f)所示。Ⅲ$_a$阶段作为梁正截面受弯承载力极限状态的计算依据。

综上所述，适筋梁破坏从受拉钢筋屈服，再到受压区混凝土达到极限压应变(压碎)，经历较长过程，梁产生很大挠曲变形和裂缝，将给人以明显的破坏预兆，这种破坏称为塑性破坏。钢筋和混凝土强度得到充分发挥，因此，建筑工程中的受弯构件应设计成适筋梁。

2. 超筋梁破坏特征

配置过多纵向受拉钢筋的梁称为超筋梁，由于受拉钢筋配置过多，构件破坏是由受压区混凝土先达到极限压应变被压碎而引起，此时，钢筋尚未达到屈服，受拉区混凝土产生较小裂缝，梁的挠度也不大。因此，破坏前没有明显预兆，属于脆性破坏，如图 7-12(a)所示。

3. 少筋梁破坏特征

配置过少纵向受拉钢筋的梁称为少筋梁，由于配筋过少，受拉区混凝土一旦开裂，受拉钢筋会立即达到屈服强度，甚至可能被拉断，裂缝往往只有一条，这种梁从受拉区混凝土开裂到破坏时间较短，也可称为"一裂即坏"，破坏前无明显预兆，属于脆性破坏，如图 7-12(b)所示。

综上所述，超筋梁、少筋梁破坏前均无明显预兆，破坏会造成严重后果，材料的强度得不到充分发挥，不经济。因此，在建筑工程中应避免采用。

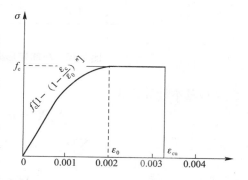

图 7-12 超筋梁、少筋梁正截面破坏
(a)超筋梁；(b)少筋梁

(二)单筋矩形截面梁正截面承载力的计算

1. 基本假定

(1)平截面假定，加载前正截面是平面，加载后原截面仍保持平面。

(2)不考虑受拉区混凝土工作，拉力完全由受拉钢筋承担。

(3)混凝土受压的应力—应变关系曲线，如图 7-13 所示。

(4)纵向受拉钢筋的应力 $\sigma_s = E_s \varepsilon_s \leqslant f_y$（$E_s$——钢筋弹性模量，$\varepsilon_s$——钢筋的拉应变，$f_y$——钢筋强度设计值），纵向受拉钢筋的极限拉应变取为 0.01。

图 7-13 混凝土受压的应力—应变曲线

2. 受压区混凝土的等效矩形应力图形

根据上述基本假定，为了简化计算，可将受压区混凝土实际曲线应力图形转换成等效的矩形应力图形，如图 7-14 所示。其转换的原则是两个图形压应力合力的大小相等，且压应力合力的作用点位置保持不变。等效矩形应力图形的受压区混凝土高度 $x = \beta_1 x_c$（x_c 为混凝土的实际受压区高度），等效矩形应力图形平均压应力为 $\alpha_1 f_c$。系数 α_1、β_1 的取值见表 7-6。

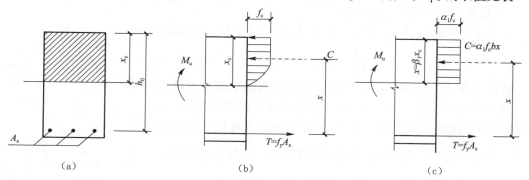

图 7-14 等效的矩形应力图
(a)截面图；(b)曲线应力图；(c)等效矩形应力图

表 7-6　等效矩形应力图形转换系数 α_1 和 β_1

混凝土强度等级	≤C50	C55	C60	C65	C70	C75	C80
α_1	1.0	0.99	0.98	0.97	0.96	0.95	0.94
β_1	0.8	0.79	0.78	0.77	0.76	0.75	0.74

3. 基本计算公式及适用条件

根据基本假定，适筋梁Ⅲ$_a$阶段及等效矩形应力图形，可得出单筋矩形梁正截面受弯承载能力计算简图，如图 7-15 所示。

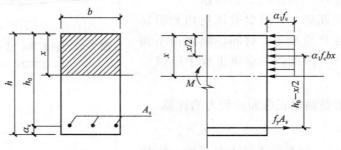

图 7-15　单筋矩形梁正截面受弯承载能力计算简图

(1)基本计算公式。

$$\sum X = 0 \qquad \alpha_1 f_c bx = f_y A_s \tag{7-2}$$

$$\sum M = 0 \qquad M \leqslant \alpha_1 f_c bx \left(h_0 - \frac{x}{2}\right) \tag{7-3}$$

$$M \leqslant f_y A_s \left(h_0 - \frac{x}{2}\right) \tag{7-4}$$

式中　M——荷载作用下在梁截面产生的弯矩设计值；

　　　f_c——混凝土轴心抗压强度设计值；

　　　f_y——钢筋抗拉强度设计值；

　　　b——截面宽度；

　　　x——混凝土受压区高度；

　　　A_s——纵向受拉钢筋截面面积；

　　　h_0——截面有效高度。

(2)基本计算公式的适用条件。

1)为了防止超筋破坏，梁的实际配筋率不得大于适筋梁最大配筋率 ρ_{max}。即

$$\rho = \frac{A_s}{bh_0} \leqslant \rho_{max} \tag{7-5}$$

适筋梁最大配筋率 ρ_{max} 是梁内纵向受拉钢筋达到屈服强度的同时，受压区混凝土达到极限压应变而被压碎时的配筋率，也是适筋梁与超筋梁的界限。此时混凝土受压区高度达到最大值 x_b。设 $\xi_b = \dfrac{x_b}{h_0}$（ξ_b 为相对界限受压区高度），由图 7-16 可得：

$$\xi_b = \frac{x_b}{h_0} = \frac{\beta_1 x_{0b}}{h_0} = \frac{\beta_1 \varepsilon_{cu}}{\varepsilon_{cu}} = \frac{\beta_1}{1 + \dfrac{\varepsilon_y}{\varepsilon_{cu}}} = \frac{\beta_1}{1 + \dfrac{f_y}{\varepsilon_{cu} E_s}} \tag{7-6}$$

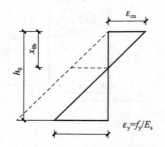

图 7-16　界限配筋应变图形

为了简化计算，应用式(7-6)可得出有明显屈服点钢筋的 ξ_b 值，具体见表7-7。

表7-7　相对界限受压区高度 ξ_b 值

混凝土强度等级		≤C50	C55	C60	C65	C70	C75	C80
钢筋级别	HPB300	0.576	0.566	0.556	0.547	0.537	0.528	0.518
	HRB335	0.550	0.541	0.531	0.522	0.512	0.503	0.493
	HRB400 RRB400	0.518	0.508	0.499	0.490	0.481	0.472	0.463
	HRB500	0.482	0.473	0.464	0.456	0.447	0.438	0.429

$$\rho_{max}=\frac{A_{sb}}{bh_0}=\frac{\alpha_1 f_c x_b}{f_y h_0}=\xi_b\frac{\alpha_1 f_c}{f_y} \tag{7-7}$$

令 $\xi=\dfrac{x}{h_0}$（相对受压区高度），同样可得出：

$$\rho=\xi\frac{\alpha_1 f_c}{f_y} \tag{7-8}$$

因此，$\rho=\dfrac{A_s}{bh_0}\leqslant\rho_{max}$ 的保证条件也可用 $\xi\leqslant\xi_b$ 或 $x\leqslant\xi_b h_0$ 来实现。

2)为了防止少筋破坏，构件必须满足下列条件：

$$\rho\geqslant\rho_{min} \tag{7-9}$$

《规范》规定 ρ_{min} 取 0.2% 和 $45f_t/f_y$(%) 中的较大值。

依据设计经验，板的经济配筋率为 0.3%～1.0%；矩形梁的经济配筋率为 0.6%～1.5%；T形梁的经济配筋率为 0.9%～1.8%。经济配筋率是根据构件的经济性(工程造价、用钢量)、施工方便程度、受力性能好坏三方面因素综合评定得出的。

4. 计算公式的应用

受弯构件正截面承载力计算包括截面设计、截面复核两类。

(1)截面设计。已知构件截面尺寸 $b\times h$（板宽取 $b=1\,000$ mm），钢筋级别，混凝土的强度等级，控制截面的弯矩设计值 M。求纵向受拉钢筋面积 A_s。

计算步骤：

1)确定截面有效高度 h_0(先按一排钢筋布置考虑)。

$$h_0=h-a_s$$

2)计算混凝土受压区高度 x，并判别是否超筋。

由式(7-3)可求得：

$$x=h_0-\sqrt{h_0^2-\frac{2M}{\alpha_1 f_c b}} \tag{7-10}$$

若 $x\leqslant\xi_b h_0$，则不属于超筋梁。

若 $x>\xi_b h_0$，则属于超筋梁，应加大截面尺寸或提高混凝土强度等级，或采用双筋梁。

3)计算 A_s，并验算是否属于少筋梁。

将 x 代入式(7-2)，求出 A_s 值

$$A_s=\frac{\alpha_1 f_c b x}{f_y} \tag{7-11}$$

若 $A_s\geqslant\rho_{min}bh$，不属于少筋梁，否则按少筋梁取 $A_s=\rho_{min}bh$。根据 A_s 的计算结果及纵

向受拉钢筋的相关构造要求，选配出钢筋，如果需排成两排时，h_0需重新确定并重新计算A_s。

（2）截面复核。已知构件截面尺寸$b \times h$，钢筋级别和混凝土的强度等级，弯矩设计值M，已配置的纵向受拉钢筋面积A_s。求复核截面是否安全。

计算步骤：

1）确定截面有效高度h_0。$h_0 = h - a_s$。

2）计算混凝土受压区高度x，并判别是否超筋、少筋。

由式（7-2）可求得：$x = \dfrac{f_y A_s}{\alpha_1 f_c b}$

若$x \leqslant \xi_b h_0$且$A_s \geqslant \rho_{min} bh$，则属于适筋梁。

若$x > \xi_b h_0$，则属于超筋梁（修改设计或对现有构件降低使用，取$x = \xi_b h_0$）。

若$A_s < \rho_{min} bh$，则属于少筋梁，应修改设计或降低使用（对于已建成的构件）。

3）计算截面抗弯承载力M_u，得出结论。

当$x \leqslant \xi_b h_0$且$A_s \geqslant \rho_{min} bh$时，$M_u = f_y A_s \left(h_0 - \dfrac{x}{2} \right)$。

当$x > \xi_b h_0$时，$M_u = M_{u,max} = \alpha_1 f_c bh_0^2 \xi_b (1 - 0.5 \xi_b)$。

结论：若$M_u \geqslant M$截面安全；反之，不安全。

二、双筋矩形截面梁正截面承载力的计算

在截面的受拉区和受压区同时配有纵向受力钢筋的梁称为双筋梁，纵向受压钢筋兼起架立钢筋。由于采用纵向受压钢筋协助混凝土受压不够经济，双筋梁一般仅适用于下列情况：

（1）当结构构件承受的弯矩设计值较大，采取增大截面尺寸，提高材料强度等级已受到限制，单筋梁已不能满足要求时。

（2）不同荷载组合下，构件同一截面承受异号弯矩，或构件支座截面承受弯矩与跨中截面承受弯矩异号时。

（一）计算公式及适用条件

双筋矩形截面梁等效矩形截面应力图形，如图7-17所示。

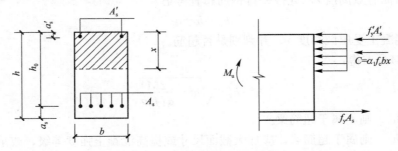

图7-17　双筋矩形截面梁等效矩形截面应力图形

1. 计算公式

根据静力平衡条件，建立平衡方程。

$$\sum X = 0 \qquad f'_y A'_s + \alpha_1 f_c b x = f_y A_s \tag{7-12}$$

$$\sum M = 0 \qquad M \leqslant f'_y A'_s (h_0 - a'_s) + \alpha_1 f_c b x \left(h_0 - \frac{x}{2} \right) \tag{7-13}$$

式中　f'_y——纵向受压钢筋的抗压强度设计值；

A'_s——受压钢筋的截面面积；

a'_s——受压钢筋合力点到受压截面边缘之间的距离。对于梁，当混凝土强度等级＞C30，且为一排受压钢筋时，$a'_s = 35$ mm；当配置两排受压钢筋时，$a'_s = 60$ mm。对于板，取 $a'_s = 20$ mm。混凝土强度等级≤C30时，a'_s增加 5 mm。

2. 公式适用条件

双筋矩形截面受弯构件，同样要避免发生超筋破坏和少筋破坏，其适用条件如下：

(1)为了避免发生超筋破坏，应满足 $x \leqslant \xi_b h_0$。

(2)为保证受压钢筋能够达到其抗压屈服强度设计值，应满足 $x \geqslant 2a'_s$，当 $x^2 < a'_s$ 时可近似取 $x = 2a'_s$。

双筋梁不会出现少筋梁的现象，故最小配筋率可不验算。

(二)计算公式的应用

1. 截面设计

双筋矩形截面梁的截面设计，通常有 A'_s 为未知和 A'_s 为已知的两种情况。

(1)A'_s 为未知。已知构件截面尺寸 $b \times h$，钢筋级别和混凝土的强度等级，控制截面的弯矩设计值 M。求确定所需纵向受拉钢筋面积 A_s 和纵向受压钢筋面积 A'_s。

不难看出，此情况使得两个公式中出现了 A_s、A'_s、x 三个未知量，必须补充一个方程式才能求解。因此，从节省钢材，充分发挥已有截面混凝土的承载能力角度入手，假设受压区混凝土高度达到界限高度，即

$$x = \xi_b h_0 \tag{7-14}$$

将上式代入式(7-13)可得：

$$A'_s = \frac{M - \alpha_1 f_c b h_0^2 \xi_b (1 - 0.5\xi_b)}{f'_y (h_0 - a'_s)} \tag{7-15}$$

再由式(7-12)求得：

$$A_s = \frac{f'_y A'_s + \alpha_1 f_c b h_0 \xi_b}{f_y} \tag{7-16}$$

(2)A'_s 为已知。

令 $M = M_1 + M_2$，$A_s = A_{s1} + A_{s2}$，$f_y A_{s1} = \alpha_1 f_c b x$，$M_1 = \alpha_1 f_c b x \left(h_0 - \frac{x}{2} \right)$，$f'_y A'_s = f_y A_{s2}$，$M_2 = f'_y A'_s (h_0 - a'_s)$。

式中，M_1、x、A_{s1} 与单筋矩形截面梁计算中的 M、x、A_s 相对应；梁中 A'_s 与 A_{s2} 共同工作的承载能力为 M_2。

计算步骤：应先利用 A'_s 作为已知的条件求出 M_2。

$$M_2 = f'_y A'_s (h_0 - a'_s) \tag{7-17}$$

再依次求出 A_{s2}、M_1、x。

$$A_{s2} = \frac{f'_y A'_s}{f_y} \tag{7-18}$$

$$M_1 = M - M_2 \tag{7-19}$$

求 x
$$x = h_0 - \sqrt{h_0^2 - \frac{2M_1}{\alpha_1 f_c b}} \tag{7-20}$$

若 $x \leqslant \xi_b h_0$，则
$$A_{s1} = \frac{\alpha_1 f_c b x}{f_y} \tag{7-21}$$

$$A_s = A_{s1} + A_{s2} \tag{7-22}$$

若 $x > \xi_b h_0$（按 A_s' 为未知情况进行计算），取 $x = \xi_b h_0$

若 $x < 2a_s'$ 取 $x = 2a_s'$，则

$$A_s = \frac{M}{f_y(h_0 - a_s')} \tag{7-23}$$

2. 截面复核

已知构件截面尺寸 $b \times h$，钢筋级别，混凝土的强度等级，弯矩设计值 M，已配置的纵向受拉钢筋面积 A_s 及纵向受压钢筋面积 A_s'。求复核截面是否安全。

计算步骤：

(1)求 M_2。

$$M_2 = f_y' A_s' (h_0 - a_s')$$

(2)求 A_{s2}。

$$A_{s2} = \frac{f_y' A_s'}{f_y}$$

(3)求 A_{s1}。

$$A_{s1} = A_s - A_{s2}$$

(4)求 x。

$$x = \frac{f_y A_{s1}}{\alpha_1 f_c b}$$

(5)求 M_1。

$$\text{若 } x \leqslant \xi_b h_0, \quad M_1 = f_y A_{s1} \left(h_0 - \frac{x}{2} \right)$$

$$\text{若 } x > \xi_b h_0, \quad M_1 = \alpha_1 f_c b h_0^2 \xi_b (1 - 0.5\xi_b)$$

(6)求 M_u。$M_u = M_1 + M_2$。

当 $x < 2a_s'$ 时，取 $x = 2a_s'$，$M_u = f_y A_s (h_0 - a_s')$。

结论：若 $M_u \geqslant M$ 截面安全，反之不安全。

三、T 形截面受弯构件正截面承载力计算

(一)T 形截面受弯构件概述

由于受弯构件在承受弯矩作用时，可不考虑受拉区混凝土参与工作，因此，可将受拉区混凝土的一部分去掉，纵向受拉钢筋布置在剩余的梁肋中，形成 T 形截面，如图 7-18 所示。可以达到不改变原有截面承载力，节省材料及减轻自重的效果。如果 T 形截面翼缘伸出的部分处于梁的受拉区则不参加工作，应按矩形截面考虑。

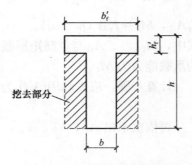

图 7-18　T 形截面梁的形成

在实际工程肋梁楼盖中，板的一部分(处于梁的受压区)可视为梁的翼缘，按 T 形截面考虑。

T 形截面翼缘宽度 b_f' 按表 7-8 规定数值取定。在 b_f' 宽度范围内的压应力均匀分布。

表 7-8 T 形截面及倒 L 形截面受弯构件翼缘计算宽度 b_f'

考虑情况	T 形截面		倒 L 形截面
	肋形梁(板)	独立梁	肋形梁(板)
按计算跨度 l_0 考虑	$\frac{1}{3}l_0$	$\frac{1}{3}l_0$	$\frac{1}{6}l_0$
按梁(肋)净距 s_n 考虑	$b+s_n$	—	$b+\frac{s_n}{2}$
按翼缘高度 h_f' 考虑	$b+12h_f'$	b	$b+5h_f'$

注：1. 表中 b 为梁的腹板宽度；

2. 如在肋形梁跨内有间距小于纵肋间距的横肋时，则可不遵守表列第三种情况的规定；

3. 对有加腋的 T 形及倒 L 形截面，当受压区加腋的高度 $h_h \geqslant h_f'$，且加腋的宽度 $b_h \leqslant 3h_h$ 时，则其翼缘计算宽度可按表列第三种情况的规定分别增加 $2b_h$(T 形截面)和 b_h(倒 L 形截面)；

4. 独立梁受压区翼缘板在荷载作用下经验算沿纵肋方向可能产生裂缝时，其计算宽度应取用腹板宽度 b。

(二)各类 T 形截面梁承载力计算公式及适用条件

1. T 形截面梁的分类与判别方法

根据 T 形截面梁中和轴的位置不同，可分为第一类 T 形截面和第二类 T 形截面两种类型。

第一类 T 形截面：中和轴通过梁的翼缘，即 $x \leqslant h_f'$，如图 7-19 所示。

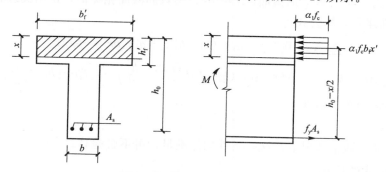

图 7-19 第一类 T 形截面梁

第二类 T 形截面：中和轴通过梁的肋部，即 $x > h_f'$，如图 7-20 所示。

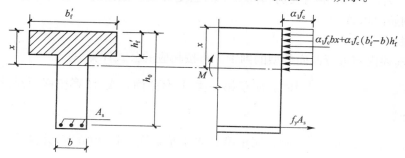

图 7-20 第二类 T 形截面梁

2. 不同情况的判别方法

根据两类 T 形截面的界限 $x=h_f'$ 来判别，具体方法还要结合如下实际情况：

(1)截面设计时的判别方法。

当 $M \leqslant \alpha_1 f_c b_f' h_f' \left(h_0 - \dfrac{h_f'}{2} \right)$ 时，与 $x \leqslant h_f'$ 一致，属于第一类 T 形截面。

当 $M > \alpha_1 f_c b_f' h_f' \left(h_0 - \dfrac{h_f'}{2} \right)$ 时，与 $x > h_f'$ 一致，属于第二类 T 形截面。

(2)截面复核时的判别方法。

当 $f_y A_s \leqslant \alpha_1 f_c b_f' h_f'$ 时，与 $x \leqslant h_f'$ 一致，属于第一类 T 形截面。

当 $f_y A_s > \alpha_1 f_c b_f' h_f'$ 时，与 $x > h_f'$ 一致，属于第二类 T 形截面。

3. 第一类 T 形截面计算公式及适用条件

(1)计算公式。由于第一类 T 形截面的中和轴通过翼缘，混凝土受压区面积为 $b_f' x$。所以第一类 T 形截面(图 7-19)相当于单筋矩形截面($b = b_f'$)，即 b_f' 代替 b 就可以得出其截面计算公式为

$$\alpha_1 f_c b_f' x = f_y A_s \tag{7-24}$$

$$M \leqslant \alpha_1 f_c b_f' x \left(h_0 - \dfrac{x}{2} \right) \tag{7-25}$$

(2)计算公式的适用条件。

1)$x \leqslant \xi_b h_0$，由于 $x \leqslant h_f'$ 且 h_f' 一般较小，故通常情况下均能满足，可不必验算。

2)$A_s \geqslant \rho_{\min} bh$，应注意最小配筋率按肋部面积 bh 计算。

4. 第二类 T 形截面计算公式及适用条件

(1)计算公式。第二类 T 形截面(图 7-20)，与双筋截面相类似，挑出翼缘相当于受压钢筋，由平衡条件建立计算公式为

$$\sum X = 0 \qquad \alpha_1 f_c (b_f' - b) h_f' + \alpha_1 f_c bx = f_y A_s \tag{7-26}$$

$$\sum M = 0 \qquad M \leqslant \alpha_1 f_c (b_f' - b) h_f' \left(h_0 - \dfrac{h_f'}{2} \right) + \alpha_1 f_c bx \left(h_0 - \dfrac{x}{2} \right) \tag{7-27}$$

(2)计算公式的适用条件。

1)$x \leqslant \xi_b h_0$；

2)$A_s \geqslant \rho_{\min} bh$，通常情况下，这一条件均能满足，可不必验算。

(三)计算公式的应用

1. 截面设计

已知构件截面尺寸，钢筋级别和混凝土的强度等级，截面的弯矩设计值 M。求确定所需纵向受拉钢筋面积 A_s。

计算步骤：

(1)根据前述内容进行截面类型的判别，再按相应的公式计算 A_s。

1)当 $M \leqslant \alpha_1 f_c b_f' h_f' \left(h_0 - \dfrac{h_f'}{2} \right)$ 时，属于第一类 T 形截面，A_s 计算按截面尺寸为 $b_f' h$ 的单筋矩形截面计算。

2)当 $M > \alpha_1 f_c b_f' h_f' \left(h_0 - \dfrac{h_f'}{2} \right)$ 时，属于第二类 T 形截面。按式(7-27)计算 x。

$$x = h_0 - \sqrt{h_0^2 - \frac{2\left[M - \alpha_1 f_c (b_f' - b) h_f' \left(h_0 - \frac{h_f'}{2}\right)\right]}{\alpha_1 f_c b}} \tag{7-28}$$

(2)将 x 代入式(7-26)求得 A_s。

$$A_s = \frac{\alpha_1 f_c (b_f' - b) h_f' + \alpha_1 f_c b x}{f_y} \tag{7-29}$$

2. 截面复核

已知构件截面尺寸，钢筋级别，混凝土的强度等级和截面所承受的弯矩设计值 M，已配置的纵向受拉钢筋面积 A_s。求复核截面是否安全。

计算步骤：

根据前述内容进行截面类型的判别，再按相应的公式计算 M_u。

(1)当 $f_y A_s \leqslant \alpha_1 f_c b_f' h_f'$ 时，属于第一类 T 形截面，M_u 的计算按截面尺寸为 $b_f' h$ 的单筋矩形截面梁 M_u 的计算方法。

(2)当 $f_y A_s > \alpha_1 f_c b_f' h_f'$ 时，属于第二类 T 形截面，根据式(7-26)求出 x。

(3)当 $x \leqslant \xi_b h_0$ 时，将 x 代入式(7-27)求出 M_u。

(4)当 $x > \xi_b h_0$ 时，取 $x = \xi_b h_0$ 代入式(7-27)求出 M_u。

➤ 拓展提高

1. 已知 1 号教学楼矩形截面简支梁，安全等级为二级，环境类别为一类，截面尺寸 $b \times h = 250\ \text{mm} \times 500\ \text{mm}$，承受板传来永久荷载标准值 $g_k = 11\ \text{kN/m}$(不含梁的自重)，板传来活荷载标准值 $q_k = 12\ \text{kN/m}$，计算跨度 $l_0 = 6\ \text{m}$，采用混凝土强度等级为 C30，HRB335 级钢筋。试确定纵向受拉钢筋。

【解】 查表得 $f_c = 14.3\ \text{N/mm}^2$，$f_t = 1.43\ \text{N/mm}^2$，$f_y = 300\ \text{N/mm}^2$，$\xi_b = 0.550$，$\alpha_1 = 1.0$，$\gamma_0 = 1.0$，$\psi_c = 0.7$。

(1)计算弯矩设计值。

钢筋混凝土重度为 $25\ \text{kN/m}^3$，$g_k = 11 + 0.25 \times 0.5 \times 25 = 14.125(\text{kN/m})$

恒荷载标准值作用下梁的跨中弯矩 $M_{gk} = \frac{1}{8} g_k l_0^2 = \frac{1}{8} \times 14.125 \times 6^2 = 63.563(\text{kN} \cdot \text{m})$

活荷载标准值作用下梁的跨中弯矩 $M_{qk} = \frac{1}{8} q_k l_0^2 = \frac{1}{8} \times 12 \times 6^2 = 54(\text{kN} \cdot \text{m})$

按活荷载效应控制，梁跨中截面弯矩设计值为

$M_1 = \gamma_0 (\gamma_G M_{gk} + \gamma_Q \gamma_L M_{qk}) = 1.0 \times (1.2 \times 63.563 + 1.4 \times 1.0 \times 54) = 151.9(\text{kN} \cdot \text{m})$

按永久荷载效应控制，梁跨中截面弯矩设计值为

$$M_2 = \gamma_0 (\gamma_G M_{gk} + \gamma_Q \gamma_L \psi_c M_{qk}) = 1.0 \times (1.2 \times 63.563 + 1.4 \times 1.0 \times 0.7 \times 54)$$
$$= 129.2(\text{kN} \cdot \text{m})$$

取 $M = M_1 = 151.9(\text{kN} \cdot \text{m})$。

(2)确定截面有效高度 h_0。

$$h_0 = h - a_s = 500 - 35 = 465(\text{mm})(\text{假设一排钢筋布置})$$

(3)计算 x，并判别是否超筋。

$$x=h_0-\sqrt{h_0^2-\frac{2M}{\alpha_1 f_c b}}=465-\sqrt{465^2-\frac{2\times151.9\times10^6}{1.0\times14.3\times250}}=102.7(\text{mm})$$

$x<\xi_b h_0=0.55\times465=255.8(\text{mm})$ 　　　不属于超筋梁

(4)计算 A_s 并验算是否属于少筋梁。

$$A_s=\frac{\alpha_1 f_c b x}{f_y}=\frac{1.0\times14.3\times250\times102.7}{300}=1\,223.8(\text{mm}^2)$$

ρ_{min} 取 0.2% 和 $45f_t/f_y(\%)=0.45\times1.43/300=0.215\%$ 大者

$$A_s>\rho_{min}bh=0.215\%\times250\times500=268.8(\text{mm}^2)$$

选 $2\Phi25+1\Phi20(A_s=1\,232.2\text{ mm}^2)$，可以排成一排，符合构造要求，配筋如图 7-21 所示。

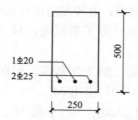

图 7-21　拓展提高 1 梁的配筋

2. 已知 1 号教学楼的单跨简支板，厚度 $h=80$ mm，取板宽 $b=1\,000$ mm，跨中承受弯矩设计值 $M=5$ kN·m，采用混凝土强度等级为 C30，HRB335 级钢筋，确定板的配筋。

【解】　查表得 $f_c=14.3$ N/mm²，$f_t=1.43$ N/mm²，$f_y=300$ N/mm²，$\xi_b=0.550$，$\alpha_1=1.0$。

(1)确定截面有效高度 h_0。$h_0=h-a_s=80-20=60(\text{mm})$

(2)计算 x，并判别是否超筋。

$$x=h_0-\sqrt{h_0^2-\frac{2M}{\alpha_1 f_c b}}=60-\sqrt{60^2-\frac{2\times5\times10^6}{1.0\times14.3\times1\,000}}=6.14(\text{mm})$$

$x<\xi_b h_0=0.55\times60=33$ mm，不属于超筋构件。

(3)计算 A_s 并验算是否少筋。

$$A_s=\frac{\alpha_1 f_c b x}{f_y}=\frac{1.0\times14.3\times1\,000\times6.14}{300}=292.7(\text{mm}^2)$$

ρ_{min} 取 0.2% 和 $45f_t/f_y(\%)=0.45\times1.43/300=0.215\%$ 大者

$A_s>\rho_{min}bh=0.215\%\times1\,000\times80=172(\text{mm}^2)$　　不属于少筋构件

选 $\Phi8@200(A_s=402\text{ mm}^2)$，依构造要求分布钢筋选用 HPB300 级钢筋 $\Phi8@250$，如图 7-22 所示。

3. 已知钢筋混凝土矩形截面梁，截面尺寸 $b\times h=200\text{ mm}\times500\text{ mm}$，采用混凝土强度等级为 C25，纵向受拉钢筋配置 $4\Phi16(A_s=804\text{ mm}^2)$ 的 HRB335 级钢筋，承受跨中弯矩设计值 $M=96$ kN·m。求验算此梁是否安全。

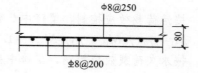

图 7-22　拓展提高 2 梁的配筋

【解】　查表得 $f_c=11.9$ N/mm²，$f_t=1.27$ N/mm²，$f_y=300$ N/mm²，$\xi_b=0.550$，$a_s=40$ mm。

(1)确定截面有效高度 h_0。$h_0=h-a_s=500-40=460(\text{mm})$

(2)计算截面受压区高度 x。

$$x=\frac{f_y A_s}{\alpha_1 f_c b}=\frac{300\times804}{1.0\times11.9\times200}=101.3(\text{mm})<\xi_b h_0=0.55\times500=253(\text{mm})$$

不属于超筋梁。

(3)验算最小配筋率。

ρ_{min} 取 0.2% 和 $45f_t/f_y$(%)$=0.45\times1.27/300=0.19\%$ 大者

$$A_s=804\ \text{mm}^2>\rho_{min}bh=0.2\%\times200\times500=200(\text{mm}^2)$$

满足要求。

(4)计算 M_u 及验算截面承载力。

$$M_u=f_y A_s\left(h_0-\frac{x}{2}\right)=300\times804\times(460-101.3/2)=98.74(\text{kN}\cdot\text{m})>M=96\ \text{kN}\cdot\text{m}$$

此梁安全。

4. 某钢筋混凝土梁的情况与拓展提高 1 相同，但跨中承受的弯矩设计值 $M=400\ \text{kN}\cdot\text{m}$，其他条件不能改变，试确定所需的受力钢筋。

【解】 (1)判别是否需要设计成双筋梁。

由于弯矩设计值 M 较大，考虑受拉钢筋按两排布置。

$$h_0=h-60=500-60=440(\text{mm})$$

单筋矩形截面梁所能承受的最大弯矩值为

$$\begin{aligned}M_{u,max}&=\alpha_1 f_c bh_0^2\xi_b(1-0.5\xi_b)\\&=1.0\times14.3\times250\times440^2\times0.55\times(1-0.5\times0.55)\\&=276(\text{kN}\cdot\text{m})<400\ \text{kN}\cdot\text{m}\end{aligned}$$

故应设计成双筋梁。

(2)计算 A_s、A_s'。

设受压钢筋按一排考虑，混凝土强度等级为 C30，取 $a_s'=40\ \text{mm}$，$x=\xi_b h_0$。

$M_1=276\ \text{kN}\cdot\text{m}$

$$A_s'=\frac{M-M_1}{f_y'(h_0-a_s')}=\frac{400\times10^6-276\times10^6}{300\times(440-40)}=1\ 033.3(\text{mm}^2)$$

$$A_s'>\rho_{min}'bh=0.215\%\times250\times500=268.8(\text{mm}^2)$$

$$A_s=\frac{f_y'A_s'+\alpha_1 f_c bh_0\xi_b}{f_y}=\frac{300\times1033.3+1.0\times14.3\times250\times0.55\times440}{300}=3\ 917.1(\text{mm}^2)$$

受拉钢筋选 8Φ25($A_s=3\ 927\ \text{mm}^2$)；受压钢筋 2Φ22+1Φ20 ($A_s'=1\ 074\ \text{mm}^2$)，如图 7-23 所示。

5. 已知 3 号宿舍楼钢筋混凝土矩形截面梁，截面尺寸 $b\times h=200\ \text{mm}\times400\ \text{mm}$，采用混凝土强度等级为 C25($f_c=11.9\ \text{N/mm}^2$，$\alpha_1=1.0$)，纵向受压钢筋配置 2$\Phi$20($A_s'=628\ \text{mm}^2$)和纵向受拉钢筋配置 3$\Phi$25($A_s=1\ 473\ \text{mm}^2$)的 HRB335 级钢筋($f_y=f_y'=300\ \text{N/mm}^2$，$\xi_b=0.550$)，跨中承受的最大弯矩设计值 $M=135\ \text{kN}\cdot\text{m}$，$a_s'=40\ \text{mm}$。试验算此梁是否安全。

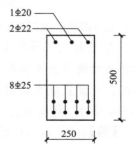

图 7-23 梁的配筋

【解】 (1)确定 h_0 计算 x。$h_0=h-40=400-40=360(\text{mm})$

$$x=\frac{f_y A_s-f_y'A_s'}{\alpha_1 f_c b}=\frac{300\times1\ 473-300\times628}{1.0\times11.9\times200}=106.5(\text{mm})$$

$$2a_s' = 80 \text{ mm} < x < \xi_b h_0 = 0.55 \times 360 = 198 \text{(mm)}$$

(2)计算 M_u 及验算截面承载力。

$$M_u = f_y' A_s' (h_0 - a_s') + \alpha_1 f_c bx \left(h_0 - \frac{x}{2} \right)$$

$$= 300 \times 628 \times (360 - 40) + 1.0 \times 11.9 \times 200 \times 106.5 \times (360 - 106.5/2)$$

$$= 138 \text{(kN·m)} > M = 135 \text{ kN·m}$$

故该梁满足正截面承载力要求。

6. 已知 3 号教学楼的 T 形截面梁 $b = 300$ mm，$h = 700$ mm，$b_f' = 600$ mm，$h_f' = 120$ mm，截面承受弯矩设计值 $M = 660$ kN·m，采用混凝土强度等级为 C30，HRB400 级钢筋，环境类别为一类。试求所需要纵向受拉钢筋。

【解】 查表得 $f_c = 14.3$ N/mm²，$\alpha_1 = 1.0$，$f_y = 360$ N/mm²，$\xi_b = 0.518$。

纵向受拉钢筋按两排布置考虑，$h_0 = h - 60 = 640$ (mm)。

(1)判别 T 形截面类型。

$$\alpha_1 f_c b_f' h_f' \left(h_0 - \frac{h_f'}{2} \right) = 1.0 \times 14.3 \times 600 \times 120 \times (640 - 120/2)$$

$$= 597.2 \text{(kN·m)} < M = 660 \text{ kN·m}$$

属于第二类 T 形截面。

(2)计算 x。

$$x = h_0 - \sqrt{h_0^2 - \frac{2\left[M - \alpha_1 f_c (b_f' - b) h_f' \left(h_0 - \frac{h_f'}{2} \right) \right]}{\alpha_1 f_c b}}$$

$$= 640 - \sqrt{640^2 - \frac{2 \times \left[660 \times 10^6 - 1.0 \times 14.3 \times (600 - 300) \times 120 \times \left(640 - \frac{120}{2} \right) \right]}{1.0 \times 14.3 \times 300}}$$

$$= 149 \text{(mm)} < \xi_b h_0 = 0.518 \times 640 = 331.5 \text{(mm)}$$

(3)计算 A_s。

$$A_s = \frac{\alpha_1 f_c (b_f' - b) h_f' + \alpha_1 f_c bx}{f_y}$$

$$= \frac{1.0 \times 14.3 \times (600 - 300) \times 120 + 1.0 \times 14.3 \times 300 \times 149}{360}$$

$$= 3\ 206 \text{(mm}^2)$$

选 4Φ20＋4Φ25($A_s = 3\ 220$ mm²)。

7. 已知实训楼的 T 形截面梁，$b = 300$ mm，$h = 700$ mm，$b_f' = 700$ mm，$h_f' = 100$ mm，截面承受的最大弯矩设计值 $M = 510$ kN·m，采用 C25 级混凝土($f_c = 11.9$ N/mm²，$\alpha_1 = 1.0$)，已配置纵向受拉钢筋 6Φ25($A_s = 2\ 945$ mm²)的 HRB335 级钢筋($f_y = 300$ N/mm²，$\xi_b = 0.550$)，环境类别为一类。试验算此梁是否可靠。

【解】 (1)判别截面类型。

$$h_0 = h - 65 = 635 \text{(mm)}$$

$$f_y A_s = 300 \times 2\ 945 = 883\ 500 \text{(N)}$$

$$\alpha_1 f_c b_f' h_f' = 1.0 \times 11.9 \times 700 \times 100 = 833\ 000 \text{(N)}$$

属于第二类 T 形截面。

(2)计算 x。

$$x=\frac{f_y A_s-\alpha_1 f_c(b'_f-b)h'_f}{\alpha_1 f_c b}=\frac{883\ 500-1.0\times 11.9\times(700-300)\times 100}{1.0\times 11.9\times 300}$$

$$=114.15(\text{mm})<\xi_b h_0=0.55\times 635=349.3(\text{mm})$$

(3)计算 M_u。

$$M_u=\alpha_1 f_c(b'_f-b)h'_f(h_0-h'_f/2)+\alpha_1 f_c bx(h_0-x/2)$$

$$=1.0\times 11.9\times(700-300)\times 100\times(635-100/2)+1.0\times 11.9\times 300\times 114.15\times(635$$

$$-114.15/2)$$

$$=513.97(\text{kN}\cdot\text{m})>M=510\ \text{kN}\cdot\text{m}$$

此梁安全。

 拓展实训

一、填空题

1. 受弯构件正截面破坏形态主要与钢筋和混凝土的_____、_____、_____大小有关。

2. 根据梁的纵向受拉钢筋配筋不同，可分为_____、_____、_____三种。

3. _____梁、_____梁破坏前均无明显预兆，破坏会造成严重后果，材料的强度得不到充分发挥，不经济。因此，在建筑工程中_____采用。

4. 等效的矩形应力图形转换的原则是两个图形压应力合力的_____，且压应力合力的作用点位置_____。

二、简答题

1. 适筋梁的破坏经历哪三个阶段？各阶段主要特征是什么？分别作为哪项计算依据？

2. 设计中如何避免出现超筋梁和少筋梁？

3. 怎样确定截面相对界限受压区高度 ξ_b？在承载力计算中的作用是什么？

4. 双筋梁的应用条件有哪些？

5. T 形截面梁的类型在不同情况下如何判定？

三、计算题

1. 一钢筋混凝土简支梁，截面尺寸 $b\times h=250\ \text{mm}\times 500\ \text{mm}$，弯矩设计值 $M=135\ \text{kN}\cdot\text{m}$，采用混凝土强度等级为 C30，HRB335 级钢筋，设计使用年限为 50 年，环境类别为一类。试确定纵向受拉钢筋并绘制配筋图。

2. 一钢筋混凝土矩形截面梁，截面尺寸 $b\times h=200\ \text{mm}\times 500\ \text{mm}$，混凝土强度等级为 C25，弯矩设计值 $M=125\ \text{kN}\cdot\text{m}$，设计使用年限为 50 年，环境类别为一类。试计算纵向受拉钢筋的截面面积 A_s：(1)当选用 HPB300 级钢筋时；(2)改用 HRB335 级钢筋时；(3)$M=180\ \text{kN}\cdot\text{m}$ 时。最后，对三种计算结果进行对比分析。

3. 一单跨现浇走道简支板，板厚 $h=80\ \text{mm}$，计算跨度 $l_0=2.4\ \text{m}$，承受均布荷载设计值 $q=11.5\ \text{kN/m}$(含自重)，混凝土强度等级为 C25，HPB300 级钢筋，$a_s=20\ \text{mm}$。求所需受力钢筋及分布钢筋。

4. 一钢筋混凝土矩形截面梁，截面尺寸 $b\times h=200\ \text{mm}\times 450\ \text{mm}$，承受弯矩设计值

$M = 80$ kN·m，混凝土强度等级为 C25，已配置 $2\Phi20$（$A_s = 628$ mm²，$a_s = 40$ mm）的 HRB335 级钢筋，试计算此梁是否安全。

5. 一钢筋混凝土矩形截面梁，截面尺寸 $b \times h = 250$ mm×600 mm，已配置 $4\Phi25$ 的 HRB335 级钢筋，混凝土强度等级分别选用 C20、C25、C30，设计使用年限为 50 年，环境类别为一类。试计算该梁所能承担的最大弯矩设计值，对结果进行分析。

6. 一钢筋混凝土双筋矩形截面梁，截面尺寸 $b \times h = 200$ mm×500 mm，承受弯矩设计值 $M = 198$ kN·m，混凝土强度等级为 C30，HRB400 级钢筋，已配置 $2\Phi20$ 受压钢筋，设计使用年限为 50 年，环境类别为二 a 类。求所需受拉钢筋截面面积 A_s。

7. 一钢筋混凝土双筋矩形截面梁，截面尺寸 $b \times h = 200$ mm×450 mm，承受弯矩设计值 $M = 140$ kN·m，混凝土强度等级为 C25，HRB335 级钢筋，设计使用年限为 50 年，环境类别为一类。求：(1)受力钢筋截面面积并选配钢筋；(2)如果其他条件不变，配置 $2\Phi20$ 纵向受压钢筋，求所需受拉钢筋截面面积。对这两种方案的经济性进行比较与分析。

8. 一钢筋混凝土 T 形截面梁，截面尺寸 $b = 200$ mm，$h = 500$ mm，$b'_f = 600$ mm，$h'_f = 100$ mm，采用混凝土强度等级为 C25，HRB335 级钢筋，承受弯矩设计值 $M = 170$ kN·m，$a_s = 40$ mm。求所需纵向受拉钢筋截面面积 A_s。

9. 钢筋混凝土 T 形截面梁的基本条件同上题，承受弯矩设计值 $M = 245$ kN·m。求所需纵向受拉钢筋截面面积 A_s（按两排布置考虑）。

10. 一钢筋混凝土 T 形截面梁，截面尺寸 $b = 200$ mm，$h = 600$ mm，$b'_f = 1\,000$ mm，$h'_f = 80$ mm，采用混凝土强度等级为 C30，配置 $3\Phi22$ 的 HRB335 级钢筋，承受弯矩设计值 $M = 150$ kN·m，设计使用年限为 50 年，环境类别为一类。试复核截面是否安全。

任务三　钢筋混凝土受弯构件斜截面承载力的计算

任务描述

了解钢筋混凝土受弯构件斜截面破坏的形态（斜拉破坏、剪压破坏、斜压破坏三种）；能够运用受弯构件斜截面承载力的计算公式、运用条件及斜截面受弯构造措施，进行梁斜截面承载能力的计算与验算。理解弯剪扭构件的承载力的计算方法，掌握弯剪扭构件的构造设计要求。

任务分析

钢筋混凝土受弯构件在保证其正截面受弯承载力的同时，还要保证斜截面承载力。

斜截面承载力包括斜截面受剪承载力和斜截面受弯承载力。在实际工程设计中，斜截面受剪承载力是通过计算和构造来保证，斜截面受弯承载力则是通过构造要求来保证。

掌握梁的斜截面承载力的计算与验算方法，对载体工程实例梁的斜截面承载能力进行验算，提出不满足的原因及解决办法。理解弯剪扭构件的承载力的计算方法，掌握弯剪扭构件的构造设计要求。

一、受弯构件斜截面承载力的计算

（一）受弯构件概述

钢筋混凝土受弯构件在弯矩 M 作用下，可能发生正截面破坏，在剪力 V 和弯矩 M 共同作用的支座附近区段内，还可能发生斜截面受剪破坏或斜截面受弯破坏（统称为斜截面破坏），斜截面破坏具有脆性破坏特征。因此，钢筋混凝土受弯构件在保证其正截面受弯承载力的同时，还要保证斜截面承载力。

斜截面承载力包括斜截面受剪承载力和斜截面受弯承载力。在实际工程设计中，斜截面受剪承载力是通过计算和构造来保证，斜截面受弯承载力则是通过构造要求来保证。

通常板的荷载作用较小且大多承受均布荷载而截面较大，具有足够的斜截面承载力。因此，受弯构件斜截面承载力计算主要是针对梁及厚板而言。

为了防止梁发生斜截面破坏，应使梁具有合理的截面尺寸，并配置适量的箍筋。当剪力较大时，可设置由纵向受拉钢筋弯起而成的弯起钢筋作为补充，有时还采用附加的单独鸭筋或吊筋。箍筋和弯起钢筋统称为腹筋。配置较为密集的箍筋还可以有效约束混凝土，提高其强度和延性，以及增强结构的抗震能力。

受弯构件在弯曲正应力和剪应力作用下，将产生与轴线斜交的主拉应力和主压应力，如图 7-24 所示（图中实线为主拉应力迹线、虚线为主压应力迹线）。位于中和轴附近正应力小，剪应力大，其主拉应力和主压应力与中和轴大致为 $45°$，由于混凝土的抗拉强度很低，当受弯构件腹板较薄或集中荷载距支座的距离很近，主拉应力超过混凝土的复杂应力状态下的抗拉强度时，沿与主拉应力垂直方向产生腹部斜裂缝——腹剪斜裂缝（呈枣核状）。

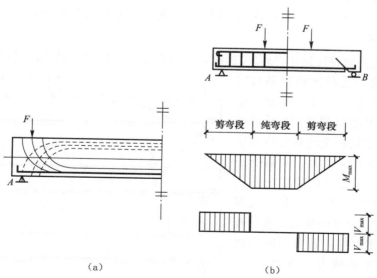

（a）　　　　　　　　　　　　　（b）

图 7-24　受弯构件主应力迹线及对称加载简支梁

（a）主应力迹线；（b）斜裂缝

在图示剪弯段,截面的下边缘,主拉应力与轴向方向一致,可能发生由下边缘的弯曲正向裂缝发展而成的斜裂缝。

试验表明:混凝土的强度等级、截面形状、腹筋数量、纵向钢筋的配置、荷载种类及作用方式、剪跨比都会影响斜截面承载力。其中,剪跨比、配箍率尤为重要。

剪跨比:广义剪跨比是指计算截面的弯矩 M 与剪力 V 和有效高度 h_0 乘积的比值,即

$$\lambda = \frac{M}{Vh_0} \tag{7-30}$$

对于集中荷载作用的梁,集中荷载至临近支座的距离 a 称为剪跨,剪跨 a 与梁的有效高度 h_0 的比值称为剪跨比,即

$$\lambda = \frac{a}{h_0} \tag{7-31}$$

配箍率 ρ_{sv}:与配筋率相似,箍筋截面面积与对应的混凝土面积的比值,即

$$\rho_{sv} = \frac{A_{sv}}{bs} \tag{7-32}$$

式中 A_{sv}——配置在同一截面内全部箍筋面积,$A_{sv} = nA_{sv1}$,其中,n 为箍筋肢数,A_{sv1} 为单肢箍筋的截面面积;

b——矩形截面的宽度,T 形、I 形截面的腹板宽度;

s——箍筋间距。

(二)受弯构件斜截面受剪破坏的三种形态

斜截面受剪破坏的主要形态包括斜拉破坏、剪压破坏、斜压破坏三种。

1. 斜拉破坏

当箍筋过少且剪跨比较大($\lambda > 3$)时,易发生斜拉破坏。其特点是一旦出现斜裂缝,与斜裂缝相交的箍筋应力立即达到屈服,对斜裂缝扩展的约束能力消失,斜裂缝会迅速延伸至受压区的边缘,梁裂为两部分而破坏。斜拉破坏与少筋梁的破坏相似,具有明显脆性,如图 7-25(a)所示。在工程设计中,通过限制最小配箍率及构造要求来防止发生斜拉破坏。

2. 剪压破坏

当箍筋适量且剪跨比适中($1 \leqslant \lambda \leqslant 3$)时,可能发生剪压破坏。其特征是随荷载的不断增加,首先在剪弯段受拉区出现垂直裂缝,随后斜向延伸,形成斜裂缝,随即会出现一条主要斜裂缝(临界斜裂缝)。与临界斜裂缝相交的箍筋达到屈服强度,斜裂缝继续扩大,末端受压区不断减小,直至受压区混凝土在压应力和剪应力共同作用下达到极限强度而破坏,如图 7-25(b)所示。这种破坏有一定的预兆,与适筋梁的破坏相似,作为斜截面承载力计算的依据,在工程设计中,通过计算来防止发生。

3. 斜压破坏

当箍筋过多且剪跨比过小($\lambda < 1$)

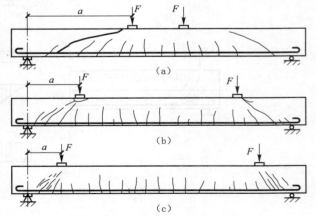

图 7-25 梁斜截面受剪的三种破坏形态
(a)斜拉破坏;(b)剪压破坏;(c)斜压破坏

时，可能发生斜压破坏。其特征是梁的剪弯段腹部混凝土形成斜向柱体被压碎而破坏，而箍筋尚未屈服。斜压破坏与超筋梁的破坏相似，属于脆性破坏，如图 7-25(c)所示。在工程设计中，通过限制最小截面尺寸来防止发生。

(三)受弯构件斜截面承载力计算公式及适用条件

由于影响斜截面受剪承载力的因素较多，精确计算困难，故结合工程实践经验，以剪压破坏形态为依据来建立计算公式，如图 7-26 所示。

$$V_u = V_{cs} + V_{sb} \tag{7-33}$$

式中　V_u——受弯构件斜截面受剪承载力；

V_{cs}——混凝土和箍筋总的受剪承载力，二者密不可分，$V_{cs} = V_c + V_s$；

V_{sb}——与斜截面相交的弯起钢筋的受剪承载力。

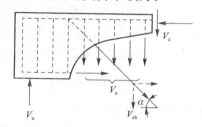

图 7-26　斜截面受剪承载力的组成

1. 对于矩形、T 形、I 形截面的一般受弯构件

$$V \leqslant 0.7 f_t b h_0 + f_{yv} \frac{A_{sv}}{s} h_0 + 0.8 f_y A_{sb} \sin\alpha \tag{7-34}$$

式中　f_{yv}——箍筋抗拉强度设计值；

f_y——弯起钢筋抗拉强度设计值；

A_{sb}——弯起钢筋的截面面积；

α——弯起钢筋与梁纵轴线的夹角，一般为 45°，当梁高 $h > 800$ mm 时，为 60°；

0.8——弯起钢筋应力不均匀系数，考虑靠近剪压区，弯起钢筋可能达不到抗拉强度设计值。

2. 对于以集中荷载为主的独立梁

以集中荷载为主是指包括作用有多种荷载，其中集中荷载对支座截面或节点边缘所产生的剪力值占总剪力值的 75% 以上的情况。

$$V \leqslant \frac{1.75}{\lambda + 1} f_t b h_0 + f_{yv} \frac{A_{sv}}{s} h_0 + 0.8 f_y A_{sb} \sin\alpha \tag{7-35}$$

式中　λ——计算截面的剪跨比，$\lambda = \dfrac{a}{h_0}$，当 $\lambda < 1.5$ 时，取 1.5；当 $\lambda > 3$ 时，取 3。

上述各种情况下的受弯构件，当无弯起钢筋（仅配箍筋）时，可去掉公式中的第三项 $0.8 f_y A_{sb} \sin\alpha$ 来计算。

3. 计算公式的适用条件

(1)上限值——最小截面尺寸。为了防止箍筋过多（配箍率过高——相应截面尺寸过小），而发生斜压破坏，《规范》规定梁的最小截面尺寸应符合下列条件：

当 $\frac{h_w}{b} \leqslant 4$（一般梁）时，$V \leqslant 0.25\beta_c f_c bh_0$。 （7-36）

当 $\frac{h_w}{b} \geqslant 6$（薄腹梁）时，$V \leqslant 0.2\beta_c f_c bh_0$。 （7-37）

当 $4 < \frac{h_w}{b} < 6$ 时，按线性内插法取用。

式中 V——截面最大剪力设计值；

　　　b——矩形截面宽度、T形梁肋宽、I形梁腹板宽度；

　　　h_w——截面腹板高度，矩形截面（$h_w = h_0$），T形截面（$h_w = h_0 - h_f'$），I形截面（$h_w = h_0 - h_f' - h_f$）；

　　　β_c——混凝土强度影响系数，当混凝土强度等级≤C50时，取 $\beta_c = 1.0$，当混凝土强度等级为C80时，取 $\beta_c = 0.8$，其间按线性内插法取用。

(2)下限值——最小配箍率。为了防止箍筋过少而发生斜拉破坏，梁中箍筋的最小直径和箍筋间距应满足前述构造要求，同时，《规范》规定其配箍率还应满足最小配箍率的要求，即

$$\rho_{sv} \geqslant \rho_{sv,min} = 0.24\frac{f_t}{f_{yv}}$$ （7-38）

4. 斜截面受剪承载力计算截面的位置确定

(1)支座边缘处的截面，如图7-27(a)中1—1截面所示。该截面的剪力值最大。

(2)弯起钢筋弯起点处的截面，如图7-27(a)中2—2截面所示。

(3)箍筋截面面积或箍筋间距改变处的截面，如图7-27(a)中3—3截面所示。

(4)腹板宽度改变处的截面，如图7-27(b)中4—4截面所示。

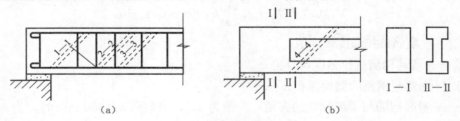

图7-27 斜截面受剪承载力计算截面位置
(a)矩形截面梁；(b)I形截面梁

(四)计算公式的应用

一般斜截面受剪承载力计算是在正截面承载力计算完成的基础上来进行。

已知构件截面尺寸，箍筋级别和混凝土的强度等级，截面的剪力设计值 V，纵向受力钢筋的级别与数量，求所需的腹筋。

计算步骤：

(1)复核截面尺寸。根据公式适用条件上限值（最小截面尺寸）控制条件验算，如果不满足，则应加大截面尺寸或提高混凝土强度等级。

(2)确定是否需按计算配置箍筋。当满足 $V \leqslant V_c$ 时，可不必计算箍筋，按构造要求配置箍筋；当 $V > V_c$ 时，则需计算配置箍筋，其中，$V_c = 0.7f_t bh_0$ 或 $V_c = \frac{1.75}{\lambda+1}f_t bh_0$，具体取用按前述条件。

(3)计算箍筋数量。

$$\frac{A_{sv}}{s} \geqslant \frac{V-V_c}{f_{yv}h_0} \tag{7-39}$$

求出 $\frac{A_{sv}}{s}$ 后，根据前述构造要求，选定箍筋的直径 d、肢数 n，计算箍筋间距 S；根据相关构造要求及最小配箍率控制条件，确定实际箍筋间距 S。

如果剪力设计值 V 过大，导致 $V-V_c$ 值过大，可考虑同时设置弯起钢筋，将已配置纵向受力钢筋中选定适量钢筋弯起 A_{sb}（梁的下部角筋除外），计算 $V_{sb}=0.8f_yA_{sb}\sin\alpha$。

计算箍筋数量。

$$\frac{A_{sv}}{s} \geqslant \frac{V-V_c-V_{sb}}{f_{yv}h_0} \tag{7-40}$$

求出 $\frac{A_{sv}}{s}$ 后，根据构造要求选定箍筋的直径 d、肢数 n，计算箍筋间距 S；根据相关构造要求及最小配箍率控制条件，确定实际箍筋间距 S。

二、保证斜截面受弯承载力的构造措施

如前所述，在实际工程中，斜截面受弯承载力破坏是由于与斜裂缝相交的纵向受拉钢筋拉力增大（$M_{斜}$增大）所致，不进行计算，而是用纵向钢筋的弯起、截断、锚固及箍筋的间距等构造措施来保证。

（一）抵抗弯矩图

抵抗弯矩图是指受弯构件按照各截面实际配置的纵向受力钢筋所能承受的弯矩值 M_u，按一定比例绘制的图形，也称为材料图。只要图中每个截面的 $M_u \geqslant M$，即 M_u 图必须包住 M 图，截面安全。

计算出全部纵向受拉钢筋及每根纵向受拉钢筋的正截面抗弯承载力 M_u 及 M_{ui}。

$$M_u = f_yA_s\left(h_0 - \frac{f_yA_s}{2\alpha_1f_cb}\right) \tag{7-41}$$

$$M_{ui} = \frac{A_{si}}{A_s}M_u \tag{7-42}$$

现已承受均布荷载作用的简支梁为例，梁跨中截面配置 2Φ25＋1Φ20 的纵向受拉钢筋，根据式(7-41)和式(7-42)分别求出 M_u 及 M_{ui}，并绘制材料图，如图 7-28 所示。将每根钢筋都伸入支座，显然保证了每一截面 $M_u > M$，但临近支座处 M_u 相对 M 过大，可将③号筋临近支座处弯起补充箍筋抗剪。

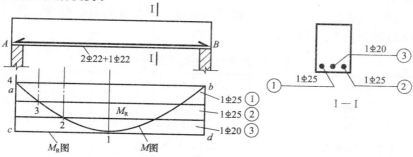

图 7-28　纵筋全部伸入支座的材料图

图 7-28 中，1 截面全部纵筋都能充分发挥强度，称为③号筋的强度充分利用截面；2 截面是②号筋的强度充分利用截面，也是③号筋的理论不需要截面；3 截面是①号筋的强度充分利用截面，也是②号筋的理论不需要截面；4 截面是①号筋的理论不需要截面。由前述内容可知，①、②号钢筋必须伸入支座，只能将③号筋在临近支座适当位置弯起。该钢筋弯起后，内力臂及强度应力逐渐减小，当与梁轴线(1/2 梁高位置)相交时，其强度应力为零，材料图呈斜线段，如图 7-29 所示的 eg 段、fh 段的变化。因此，若想材料图全部将内力图包住，就必须对 e、f(弯起钢筋弯起点)、g、h 点，即钢筋切断点的位置正确选择。

由图 7-29 不难看出，材料图可以用来反应梁各截面材料利用程度及作为纵向钢筋弯起数量、位置及截断位置的依据。

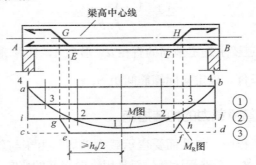

图 7-29　设置弯起钢筋简支梁的材料图

(二)纵向受力钢筋弯起点位置的确定

纵向受力钢筋弯起除用于斜截面抗剪，在负弯矩平直长度较长时，还可用于抵抗支座负弯矩，其位置、数量的确定除满足斜截面受剪、正截面受弯承载力计算外，还必须满足斜截面受弯承载力的要求，通过材料图来确定其位置。

《规范》规定，纵向弯起钢筋弯起点位置距其充分利用截面之间的距离不小于 $h_0/2$，且弯起钢筋与梁轴线的交点应在该钢筋理论不需要截面以外(图 7-29)。

(三)纵向受力钢筋的截断位置确定

梁的正弯矩、负弯矩所需的纵向受力钢筋，是根据跨中、支座截面最大弯矩值进行正截面承载力计算确定的。随着截面弯矩的减小，纵向受力钢筋的数量也应随之减少，在正弯矩区段的纵向受力钢筋通常弯入支座用来受剪或承受负弯矩，不应在正弯矩区段截断，以避免由于钢筋面积突然减小引起混凝土的应力集中现象而提前开裂。因此，一般钢筋截断适用于连续梁、框架梁支座截面必须截断的负弯矩钢筋。其截面位置必须满足距该钢筋的理论不需要截面及充分利用截面有足够延伸长度，以保证斜截面受弯承载力及钢筋的锚固要求，具体应符合表 7-9 的要求。

表 7-9　负弯矩钢筋最小延伸长度

截面条件	从理论不需要截面伸出长度 l_{d1}	从充分利用截面伸出 l_{d2}
$V_c \leqslant 0.7f_tbh_0$	$20d$	$1.2l_a$
$V_c > 0.7f_tbh_0$	$20d$ 或 h_0 的大者	$1.2l_a + h_0$
$V_c > 0.7f_tbh_0$，且截断点仍在负弯矩受拉区段内	$20d$ 或 $1.3h_0$ 的大者	$1.2l_a + 1.7h_0$

注：l_a——受拉钢筋的锚固长度。

(四)纵向受力钢筋在支座处的锚固

为了防止纵向受力钢筋在支座处被拔出而发生斜截面的弯曲破坏,纵向受力钢筋伸入支座内的锚固长度应满足《规范》规定的构造要求。

1. 基本锚固长度

当计算中充分利用钢筋的抗拉强度时,受拉钢筋的基本锚固长度应按下式计算:

$$l_a = \alpha \frac{f_y}{f_t} d \tag{7-43}$$

式中　l_a——受拉钢筋的基本锚固长度;

　　　α——锚固钢筋的外形系数,光圆钢筋为 0.16,带肋钢筋为 0.14;

　　　f_y——锚固的钢筋的抗拉强度设计值;

　　　f_t——混凝土轴心抗拉强度设计值,当混凝土强度等级高于 C40 时,按 C40 取值;

　　　d——钢筋公称直径。

当遇到带肋钢筋的公称直径大于 25 mm、环氧树脂涂层带肋钢筋、施工过程中易受扰动的钢筋等情况时,应对基本锚固长度进行修正,且不应小于 200 mm。

当计算中充分利用钢筋的抗压强度时,受压钢筋的锚固长度不小于相同情况下受拉钢筋锚固长度的 0.7 倍。

2. 纵向钢筋在支座处的锚固 l_{as}

(1)纵向钢筋伸入梁支座的根数:当梁宽 $b \geqslant 100$ mm 时,不宜少于 2 根;当梁宽 $b < 100$ mm 时,可为 1 根。

(2)简支梁和连续梁简支端的下部纵向钢筋,伸入梁支座范围内的锚固长度 l_{as} 应符合表 7-10 的规定要求。

表 7-10　简支支座的钢筋锚固长度 l_{as}

锚固条件	$V_c \leqslant 07 f_t b h_0$	$V_c > 07 f_t b h_0$
光圆钢筋	$\geqslant 5d$	$\geqslant 15d$
带肋钢筋	$\geqslant 5d$	$\geqslant 12d$
C25 及以下混凝土、距支座 1.5h 范围内有集中力作用,占总剪力值 75% 以上		$\geqslant 15d$

因条件限制不能满足上述规定锚固长度时,可将纵向受力钢筋上弯、采取钢筋端部加焊钢板(或横向钢筋),也可以采取加焊梁端部的预埋件上等有效锚固措施,伸入支座的水平长度应 $\geqslant 5d$。

支承在砌体结构上的钢筋混凝土独立梁,在纵向受力钢筋的锚固长度 l_{as} 范围内,应配置不少于两个箍筋,箍筋直径不小于纵向受力钢筋最大直径的 0.25 倍,间距不大于纵向受力钢筋最小直径的 10 倍,当采用机械锚固措施时,箍筋间距还不宜大于纵向受力钢筋最小直径的 5 倍。

对于固定端支座及中间支座的纵筋锚固将在后述内容中阐述。

三、钢筋混凝土弯剪扭构件

(一)构件受扭分类

在实际工程中,整体现浇的雨篷梁、框架梁、预制的吊车梁等结构构件,在荷载作用下，截面除有弯矩和剪力作用外，还有扭矩作用，如图7-30所示。

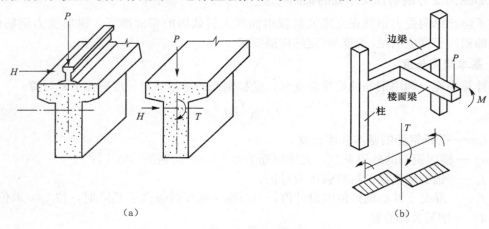

图7-30 常见的受扭构件
(a)吊车梁；(b)挑檐梁

构件受扭可分为两种类型：一类是由荷载直接作用产生的扭转，其扭矩是由内外扭矩静力平衡条件直接求得，故称为平衡扭转。如图7-30中的吊车梁、挑檐梁。另一类是由于变形协调所引起的扭转，称为协调扭转。如现浇框架边梁，主梁的扭转受次梁梁端的弯曲扭转产生，主梁的抗扭刚度越大，扭矩作用越大，受扭开裂后主梁抗扭刚度明显降低，扭转角急剧增大，从而截面所受扭矩迅速减小。

(二)纯扭构件的承载力计算

1. 纯扭构件的破坏形态

在结构工程中，理想状态的纯扭构件是不存在的。由于剪扭、弯扭、弯剪扭构件承载力计算公式，是在抗弯、抗剪强度计算及纯扭构件承载力计算的基础上建立的，故首先研究纯扭构件承载力计算。

钢筋混凝土纯扭构件的破坏形态与受扭的箍筋和纵筋配置数量有关。

(1)适筋破坏。当构件中的抗扭的箍筋和纵筋配置适量(适筋构件)时，首先在构件截面长边的中点附近产生与轴线成45°角初始裂缝。随着扭矩不断增加，纵筋及箍筋相继达到屈服，混凝土裂缝不断扩展，受压区混凝土被压碎时构件破坏。与适筋梁破坏相似，具有塑形破坏特征，作为受扭构件承载力计算公式建立依据。

(2)超筋破坏。当构件中的抗扭箍筋和纵筋配置过多(完全超筋构件)，破坏时纵筋和箍筋均未达到屈服点，受压区混凝土被压碎而破坏。与超筋梁正截面破坏相似，属于脆性破坏。在工程中应避免发生，通常采用限制配筋上限值，即规定最小截面尺寸条件来保证。

(3)部分超筋破坏。当构件中抗扭的箍筋与纵筋配置比例相差较大(部分超筋构件)时，随着扭矩的增大，配置数量较少的钢筋先达到屈服点，继而受压区混凝土被压碎而破坏，此时，配置较多的钢筋尚未屈服，破坏具有一定塑性特征，不够经济。为了防止发生这种破坏，《规范》规定了合适的抗扭纵筋与抗扭箍筋的比值ζ范围来控制。

(4)少筋破坏。当构件中抗扭的钢筋配置过少(少筋构件)，由于抗扭钢筋过少，一旦受拉区混凝土开裂，钢筋会立即达到或超过屈服点，构件立即破坏。与少筋梁破坏相似，在工程中应避免发生，通过对抗扭箍筋和抗扭纵筋的最小配筋率及箍筋最大间距等来保证。

2. 素混凝土纯扭构件承载力计算

根据试验分析，采用弹性分析法计算，由于没有考虑混凝土的塑性性质，将低估构件抗扭承载力，若考虑混凝土理想的塑性性质，则构件实际承载力为

$$T_u = 0.7 f_t W_t \tag{7-44}$$

式中　W_t——截面的抗扭塑性抵抗矩，对于矩形截面为

$$W_t = \frac{b^2}{6}(3h - b) \tag{7-45}$$

b 为截面短边；h 为截面长边。

3. 钢筋混凝土纯扭构件承载力计算

(1)受扭钢筋的形式。一般采用由靠近构件表面设置的横向箍筋和沿构件周边均匀对称布置的纵筋共同组成的抗扭钢筋骨架，恰好与构件中的抗弯和抗剪钢筋配置方式相协调。

(2)抗扭纵向钢筋与箍筋的配筋强度比值 ζ 的控制。

$$\zeta = \frac{f_y A_{stl} s}{f_{yv} A_{st1} u_{cor}} \tag{7-46}$$

式中　f_y——抗扭纵筋的抗拉强度设计值；

　　　A_{stl}——对称布置的全部抗扭纵筋的截面面积；

　　　s——抗扭箍筋的间距；

　　　f_{yv}——抗扭箍筋的抗拉强度设计值；

　　　A_{st1}——抗扭箍筋的单肢截面面积；

　　　u_{cor}——截面核心部分的周长，$u_{cor} = 2(b_{cor} + h_{cor})$，$b_{cor}$、$h_{cor}$ 分别为从箍筋内表面计算的截面核心部分的短边和长边尺寸，如图 7-31 所示。

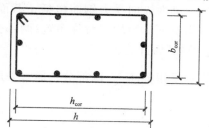

图 7-31　矩形受扭构件的截面

《规范》规定，$0.2 \leqslant \zeta \leqslant 1.7$，通常情况下，取 $\zeta = 1.2$ 为最佳比值。

4. 矩形截面钢筋混凝土纯扭构件的承载力计算

受扭情况相当于一个变角空间桁架模型，纵筋相当于桁架的弦杆，箍筋相当于桁架的竖杆，裂缝间混凝土相当于桁架的斜腹杆，依此作为建立计算公式的基础。

$$T \leqslant T_c + T_s = 0.35 f_t W_t + 1.2\sqrt{\zeta} f_{yv} \frac{A_{st1}}{s} A_{cor} \tag{7-47}$$

式中　T——扭矩设计值；

　　　ζ——应满足 $0.6 \leqslant \zeta \leqslant 1.7$ 的要求，当 $\zeta > 1.7$ 时，取 $\zeta = 1.7$；

　　　A_{cor}——截面核心部分的面积，$A_{cor} = b_{cor} \cdot h_{cor}$。

其他符号同前。

(三)弯剪扭构件承载力计算

在实际工程中，绝大多数构件为弯矩、剪力、扭矩共同作用而处于复合受力状态。由于剪力作用，对构件抗扭承载力产生影响降低，反之由于扭矩存在，也会引起构件抗剪承载力的降低。计算中，用承载力降低系数 β_t 来考虑剪扭共同作用的影响。

1. 承载力降低系数 β_t

承载力降低系数 β_t 按下式计算：

$$\beta_t = \frac{1.5}{1+0.5\dfrac{VW_t}{Tbh_0}} \tag{7-48}$$

对于矩形截面独立梁，当集中荷载在支座截面所产生的剪力值占总剪力值的 75% 以上时，按下式计算 β_t：

$$\beta_t = \frac{1.5}{1+0.2(\lambda+1)\dfrac{VW_t}{Tbh_0}} \tag{7-49}$$

当 $\beta_t < 0.5$ 时，取 $\beta_t = 0.5$；当 $\beta_t > 1.0$ 时，取 $\beta_t = 1.0$。

2. 弯剪扭构件的承载力计算公式

(1)抗剪承载力：

$$V \leqslant (1.5-\beta_t)0.7f_t bh_0 + f_{yv}\frac{A_{sv}}{s}h_0 \tag{7-50}$$

以集中荷载为主时：

$$V \leqslant (1.5-\beta_t)\frac{1.75}{\lambda+1}f_t bh_0 + f_{yv}\frac{A_{sv}}{s}h_0 \tag{7-51}$$

(2)抗扭承载力：

$$T \leqslant 0.35\beta_t f_t W_t + 1.2\sqrt{\zeta}f_{yv}\frac{A_{stl}}{s}A_{cor} \tag{7-52}$$

(3)抗弯承载力计算(同前)。梁内纵向受力钢筋包括正截面抗弯所需的纵向钢筋(A_s、A_s')和抗扭所需的纵向钢筋 A_{stl}(沿截面周边均匀对称布置)两部分，分别求出后，对应位置的(受拉区、受压区)纵筋面积"叠加"后选筋。

梁内箍筋包括受剪箍筋 $\dfrac{A_{vsl}}{S}$ 和受扭箍筋 $\dfrac{A_{stl}}{S}$ 两部分，通常采用二者相加后得出每侧总需要量 $\dfrac{A_{svl}}{S}^*$，再选择剪扭箍筋。

$$\frac{A_{svl}}{S}^* = \frac{A_{svl}}{S} + \frac{A_{stl}}{S} \tag{7-53}$$

抗扭所需纵筋 A_{stl} 是在计算受扭箍筋 $\dfrac{A_{stl}}{S}$ 基础上，取定 $\zeta = 1.2$ 再按式(7-45)计算。

(4)计算公式的适用条件。

1)截面尺寸限制。

$$\frac{V}{bh_0} + \frac{T}{0.8W_t} \leqslant 0.25\beta_c f_c \tag{7-54}$$

2)剪扭箍筋的配筋率。

$$\rho_{svt} = \frac{A_{svt}}{bs} \geqslant \rho_{svt,min} = 0.28\frac{f_t}{f_{yv}} \tag{7-55}$$

3)受弯纵向受力钢筋配筋率(同前)。

$$\rho_s = \frac{A_s}{bh} \geqslant \rho_{min} = \max(0.45f_t/f_y, \ 0.2\%)$$

4)受扭纵筋配筋率。

$$\rho_{st} = \frac{A_{stl}}{bh} \geqslant \rho_{tl,min} = 0.6\sqrt{\frac{T}{Vb}} \cdot \frac{f_t}{f_y} \tag{7-56}$$

当式中 $\frac{T}{Vb} > 2.0$ 时，取 $\frac{T}{Vb} = 2.0$。

3. 简化计算的条件

（1）对于剪扭构件，满足以下条件时，可不进行抗剪、抗扭承载力计算，需按构造要求配置箍筋和抗扭纵筋。

$$\frac{V}{bh_0} + \frac{T}{W_t} \leqslant 0.7f_t \tag{7-57}$$

（2）满足以下条件，可忽略剪力影响，仅按弯扭构件计算。

$$V \leqslant 0.35f_t bh_0 \tag{7-58}$$

或

$$V \leqslant \frac{0.875}{\lambda + 1.0}f_t bh_0 \tag{7-59}$$

（3）满足以下条件，可忽略扭矩影响，仅进行受弯构件的正截面、斜截面承载力计算。

$$T \leqslant 0.175f_t W_t \tag{7-60}$$

4. 构造要求

（1）受扭纵筋。应沿截面周边均匀对称布置，在截面四角必须设置受扭纵筋，保证受扭纵筋间距不应大于 200 mm，也不应大于截面短边尺寸。构件中的架立钢筋及梁侧面构造筋可作为受扭纵筋，其接头和锚固均应按受拉钢筋有关要求考虑。

（2）受扭箍筋。由于受扭箍筋在整个周长上都受拉力。因此，必须做成封闭式，且应沿截面周边布置，箍筋端部应做成 135°弯钩，且末端平直段长度不应小于 $10d$（d 为箍筋直径），其间距与直径还应满足受弯构件的有关构造要求。

受扭纵筋布置及受扭箍筋的构造，如图 7-32 所示。

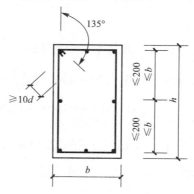

图 7-32　矩形截面受扭构件的构造

![拓展提高]

1. 已知 1 号教学楼的钢筋混凝土矩形截面简支梁，截面尺寸 $b \times h = 200$ mm×500 mm，

梁的净跨 $l_n = 3.66$ m，已配置 3Φ25 HRB335 级纵向受力钢筋（$f_y = 300$ N/mm）。承受均布荷载设计值 $q = 100$ kN/m（包括自重），混凝土强度等级为 C30（$f_c = 14.3$ N/mm²，$f_t = 1.43$ N/mm²），箍筋采用 HPB300 级钢筋（$f_{yv} = 270$ N/mm²），一类环境，设计使用年限为 50 年。求确定腹筋数量。

【解】 (1)计算支座边缘处的剪力设计值。

$$V = \frac{1}{2} q l_n = \frac{1}{2} \times 100 \times 3.66 = 183 (\text{kN})$$

(2)复核截面尺寸。

$$h_w = h_0 = h - 35 = 500 - 35 = 465 (\text{mm})$$

$$\frac{h_w}{b} = \frac{465}{200} = 2.33$$

$$V = 183 \text{ kN} < 0.25\beta_c f_c b h_0 = 0.25 \times 1.0 \times 14.3 \times 200 \times 465 = 332.5 (\text{kN})$$

截面符合要求。

(3)确定是否按计算配置箍筋。

$$V_c = 0.7 f_t b h_0 = 0.7 \times 1.43 \times 200 \times 465 = 93.1 (\text{kN}) < V = 183 \text{ kN}$$

需计算配置箍筋。

(4)仅配置箍筋时。

$$\frac{A_{sv}}{s} \geqslant \frac{V - V_c}{f_{yv} h_0} = \frac{183 \times 10^3 - 93.1 \times 10^3}{270 \times 465} = 0.716 (\text{mm}^2/\text{mm})$$

根据构造要求选双肢 Φ8，则 $A_{sv} = n A_{sv1} = 2 \times 50.3 = 100.6 (\text{mm}^2)$

$$s \leqslant \frac{100.6}{0.716} = 140.5 (\text{mm}) \qquad 取 \ s = 140 \text{ mm}$$

$$\rho_{sv} = \frac{A_{sv}}{bs} = \frac{100.6}{200 \times 140} = 0.36\% > \rho_{sv,min} = 0.24 \frac{f_t}{f_{yv}} = 0.24 \times \frac{1.43}{270} = 0.127\%$$

满足要求。

(5)同时配置箍筋和弯起钢筋时。

根据已配置的 3Φ25 纵向受力钢筋，只能弯起中间 1Φ25，$\alpha = 45°$

$$V_{sb} = 0.8 f_y A_{sb} \sin\alpha = 0.8 \times 300 \times 490.9 \times \frac{\sqrt{2}}{2} = 83.3 (\text{kN})$$

计算箍筋数量 $\dfrac{A_{sv}}{s} \geqslant \dfrac{V - V_c - V_{sb}}{f_{yv} h_0} = \dfrac{183\,000 - 93\,100 - 83\,300}{270 \times 465} = 0.053 (\text{mm}^2/\text{mm})$

根据构造要求选双肢 Φ8，则 $A_{sv} = n A_{sv1} = 2 \times 50.3 = 100.6 (\text{mm}^2)$

$$s \leqslant \frac{100.6}{0.053} = 1\,898 (\text{mm}) > s_{max} = 200 \text{ mm} \qquad 取 \ s = 200 \text{ mm}$$

$$\rho_{sv} = \frac{A_{sv}}{bs} = \frac{100.6}{200 \times 200} = 0.252\% > \rho_{sv,min} = 0.127\%$$

满足要求。

弯起钢筋弯起点到支座边缘距离为 500 mm，此截面剪力设计值为

$$V_1 = V \left(1 - \frac{500}{0.5 \times 3\,660}\right) = 183 \times (1 - 0.273) = 133 (\text{kN})$$

$$V_{cs} = V_c + V_s = 0.7 f_t b h_0 + f_{yv} \frac{A_{sv}}{s} h_0 = 93\,100 + 270 \times 100.6 \times 465/200 = 156.3 (\text{kN})$$

$V_{cs}>V_1$，满足要求，梁的配筋如图7-33所示。

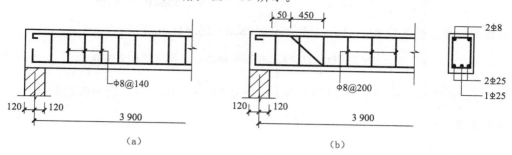

图7-33　梁的配筋
(a)仅配置箍筋情况；(b)同时配置箍筋与弯起钢筋情况

2. 已知钢筋混凝土矩形截面简支梁，截面尺寸$b \times h = 250 \text{ mm} \times 600 \text{ mm}$，截面有效高度$h_0 = 535 \text{ mm}$，混凝土强度等级为C25（$f_c = 11.9 \text{ N/mm}^2$，$f_t = 1.27 \text{ N/mm}^2$），箍筋采用HPB300级钢筋（$f_{yv} = 270 \text{ N/mm}^2$），承受如图7-34所示的荷载设计值及剪力图，试确定箍筋数量。

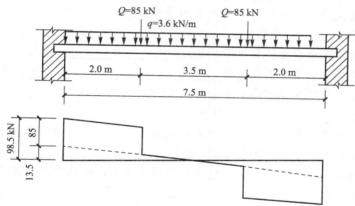

图7-34　梁承受的荷载设计值及剪力图

【解】 (1)复核截面尺寸。

$$\frac{h_w}{b} = \frac{535}{250} = 2.14$$

$$0.25\beta_c f_c b h_0 = 0.25 \times 1.0 \times 11.9 \times 250 \times 535 = 398 (\text{kN}) > V = 98.5 \text{ kN}$$

截面符合要求。

(2)确定是否按计算配置箍筋。

由于$V_{集中}/V_{总} = 85/98.5 = 86.3\% > 75\%$

$$\lambda = \frac{a}{h_0} = \frac{2\,000}{535} = 3.74 > 3，取\lambda = 3$$

$$V_c = \frac{1.75}{\lambda+1} f_t b h_0 = \frac{1.75}{3+1} \times 1.27 \times 250 \times 535 = 74.3 (\text{kN}) < V$$

需计算箍筋。

(3)计算箍筋用量。

$$\frac{A_{sv}}{s} \geqslant \frac{V-V_c}{f_{yv}h_0} = \frac{98.5 \times 10^3 - 74.3 \times 10^3}{270 \times 535} = 0.168(\text{mm}^2/\text{mm})$$

根据构造要求选双肢 Φ6　$A_{sv}=nA_{sv1}=2 \times 28.3=56.6(\text{mm}^2)$

$$s \leqslant \frac{56.6}{0.168} = 337(\text{mm}) > s_{max} = 250 \text{ mm} \qquad 取 \ s=150 \text{ mm}$$

$$\rho_{sv} = \frac{A_{sv}}{bs} = \frac{56.6}{250 \times 150} = 0.151\% > \rho_{sv,min} = 0.24\frac{f_t}{f_{yv}} = 0.24 \times \frac{1.27}{270} = 0.113\%$$

满足要求。

拓展实训

一、填空题

1. 钢筋混凝土受弯构件，在_____作用下，可能发生正截面破坏，在剪力_____和_____共同作用下可能发生斜截面受剪破坏或_____破坏。

2. 斜截面承载力包括_____和_____承载力。

3. 在实际工程设计中，斜截面受剪承载力是通过_____和_____来保证，斜截面受弯承载力则是通过_____来保证。

4. 受弯构件斜截面承载力计算主要是针对_____及_____而言。

5. 斜截面受剪破坏的主要形态包括_____、_____、_____三种。

6. 纵向弯起钢筋弯起点位置距其充分利用截面之间的距离不小于_____，且弯起钢筋与梁轴线的交点应在该钢筋_____以外。

7. 受扭纵筋应沿截面周边_____布置，在截面_____必须设置受扭纵筋，保证受扭纵筋间距不应大于_____，也不应大于截面_____。

8. 受扭箍筋必须做成_____，且应沿截面周边布置，箍筋端部应做成_____弯钩，且末端平直段长度不应小于_____。

二、简答题

1. 斜截面受剪承载力计算截面的位置如何确定？

2. 纵向受力钢筋的截断位置如何确定？

3. 钢筋混凝土纯扭构件的破坏形态有哪些？影响因素是什么？

4. 阐述弯剪扭构件设计时，纵向钢筋及箍筋数量是如何确定的？

5. 阐述弯剪扭构件设计时的简化条件是什么？

三、计算题

1. 一钢筋混凝土矩形截面梁，截面尺寸 $b \times h=200 \text{ mm} \times 500 \text{ mm}$，采用混凝土强度等级为 C25，箍筋 HPB300 级钢筋，$a_s=40 \text{ mm}$，承受由均布荷载作用产生的最大剪力设计值 $V=135 \text{ kN}$。求所需的箍筋数量。

2. 已知钢筋混凝土矩形截面简支梁，截面尺寸 $b \times h=200 \text{ mm} \times 500 \text{ mm}$，梁的净跨 $l_n=3.66 \text{ m}$，已配置 3Φ25 HRB335 级纵向受力钢筋。承受均布荷载设计值 $q=105 \text{ kN/m}$（包括自重），混凝土强度等级为 C30，箍筋采用 HPB300 级钢筋，设计使用年限为 50 年，一类环境。求确定腹筋数量。

3. 一钢筋混凝土矩形截面简支梁，截面尺寸 $b \times h=200 \text{ mm} \times 600 \text{ mm}$，采用混凝土强度

等级为 C25，已配置双肢 Φ8@150HPB300 级的箍筋，承受集中荷载作用，剪跨 $a = 1\,000\text{ mm}$，在支座边缘处产生的剪力设计值 $V_{集中} = 165\text{ kN}$，自重在支座边缘处引起的剪力设计值 $V = 50\text{ kN}$，$a_s = 40\text{ mm}$。求梁斜截面承载力是否满足要求。

任务四　钢筋混凝土构件的裂缝宽度与变形验算

任务描述

　　掌握梁、板的变形与裂缝宽度验算方法，对载体结构构件进行梁、板的变形与裂缝宽度验算，完成梁、板的变形与裂缝验算报告。

任务分析

　　了解钢筋混凝土受弯构件的挠度变形及裂缝产生的原因分析，结合力学基础知识，理解最小刚度原则的概念，掌握挠度变形及裂缝宽度的验算方法，为在实际工作中解决相关问题奠定基础。

相关知识

一、受弯构件的变形验算

　　钢筋混凝土结构或结构构件除应满足承载能力极限状态要求以保证其安全性外，还应满足正常使用极限状态的要求，以保证其适用性和耐久性。即构件产生过大的变形和裂缝会影响其正常使用，如梁、板构件挠度变形过大，将造成楼面不平或使用中发生有感觉的震颤；妨碍屋面排水；影响吊车的正常运行等。构件裂缝过宽将加速钢筋的锈蚀，降低结构的耐久性。挠度和裂缝达到一定程度（超过某项限值）后，影响结构美观，还会给人以不安全感。因此，应对钢筋混凝土构件进行裂缝宽度及变形验算。

(一)混凝土受弯构件的截面抗弯刚度

　　在建筑力学中，我们学习了受弯构件的挠度计算方法，应具备梁变形后满足平截面假定和截面抗弯刚度 EI 为常数的两个条件，且材料为匀质弹性材料。

　　均布荷载 q 作用下简支梁的挠度：$f = \dfrac{5}{384}\dfrac{ql^4}{EI}$。

　　跨中承受集中荷载 p 作用下简支梁的挠度：$f = \dfrac{1}{48}\dfrac{pl^3}{EI}$。

　　钢筋混凝土不是理想状态的匀质弹性材料，由于裂缝的开展，梁的截面抗弯刚度也并非为常数。因此，不能直接应用力学公式来进行钢筋混凝土受弯构件的挠度计算。

　　通过试验研究分析表明，影响钢筋混凝土受弯构件截面抗弯刚度的因素包括：①弯矩影响，随弯矩的增大裂缝扩展越大，刚度随之而减小；②纵向受拉钢筋配筋率的影响，同等条件下，纵向受拉钢筋配筋率越小，其刚度也越小；③荷载作用时间的影响，荷载作用时间越长，混凝土徐变加大，刚度降低；④截面形状、尺寸、材料强度等级的影响，截面尺寸越大，刚度越大，尤其是高度影响更为突出。材料强度等级越高，其弹性模量越大，刚度也越大。综合上述影响因素，确定出刚度计算公式。

1. 截面抗弯刚度计算公式

(1)短期刚度 B_s 的计算。通过试验分析及工程实践归纳总结，得出矩形、T 形、倒 T 形、I 形截面钢筋混凝土受弯构件的短期刚度计算公式：

$$B_s = \frac{E_s A_s h_0^2}{1.15\psi + 0.2 + \dfrac{6\alpha_E \rho}{1 + 3.5\gamma_f'}} \tag{7-61}$$

式中 E_s——纵向受拉钢筋的弹性模量；

A_s——纵向受拉钢筋的截面面积；

h_0——截面有效高度；

ψ——裂缝间纵向受拉钢筋的应变不均匀系数：

$$\psi = 1.1 - \frac{0.65 f_{tk}}{\rho_{te} \sigma_{sk}} \tag{7-62}$$

当 $\psi < 0.2$ 时，取 $\psi = 0.2$；当 $\psi > 1.0$ 时，取 $\psi = 1.0$；对直接承受重复荷载作用的构件，取 $\psi = 1.0$。

α_E——钢筋弹性模量与混凝土弹性模量的比值，$\alpha_E = \dfrac{E_s}{E_c}$；

ρ——纵向受拉钢筋的配筋率；

γ_f'——受压翼缘面积与腹板有效面积的比值：

$$\gamma_f' = \frac{(b_f' - b)h_f'}{bh_0} \tag{7-63}$$

f_{tk}——混凝土轴心抗拉强度设计值；

ρ_{te}——按有效受拉混凝土截面面积 A_{te}，如图 7-35 所示。计算的纵向受拉钢筋配筋率为

$$\rho_{te} = \frac{A_s}{A_{te}} \tag{7-64}$$

当 $\rho_{te} < 0.01$ 时，取 $\rho_{te} = 0.01$。

$$A_{te} = 0.5bh + (b_f - b)h_f \tag{7-65}$$

σ_{sk}——裂缝截面处纵向受拉钢筋的应力：

$$\sigma_{sk} = \frac{M_k}{0.87 h_0 A_s} \tag{7-66}$$

M_k——按荷载效应标准组合计算的弯矩。

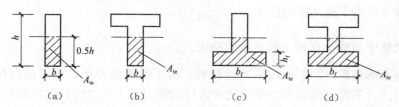

图 7-35 有效受拉区混凝土的截面面积

(a)矩形截面；(b)T 形截面；(c)倒 T 形截面；(d)I 形截面

（2）刚度 B 的计算。构件在荷载长期作用下，截面抗弯刚度将随时间增长而降低，其主要是由于混凝土的徐变、钢筋的应力松弛及混凝土不断退出工作所引起的。因此，刚度 B 的计算，必须在短期刚度基础上考虑荷载长期作用的影响。

$$B=\frac{M_k}{M_q(\theta-1)+M_k}B_s \tag{7-67}$$

式中 M_q——按荷载准永久值组合计算的弯矩，即组合中恒荷载取标准值，活荷载取其标准值乘以准永久值系数 ψ_q；

θ——荷载长期作用下的挠度增大系数。

$$\theta=2.0-0.4\frac{\rho'}{\rho} \tag{7-68}$$

其中，$\rho'=\frac{A_s'}{bh_0}$ 和 $\rho=\frac{A_s}{bh_0}$ 分别是纵向受压钢筋和纵向受拉钢筋的配筋率。当 $\frac{\rho'}{\rho}>1$ 时，取 $\theta=1.6$；对翼缘在受拉区的倒 T 形截面，θ 值应增大 20%。

（二）受弯构件的挠度计算

1. 最小刚度原则

由于受弯构件的刚度，不仅随荷载的增长而变化，且在某荷载作用下，梁跨度范围内各截面弯矩也不同，刚度也是变化的，弯矩大的截面抗弯刚度小，按变刚度来计算受弯构件挠度十分烦琐。采取简化计算，即取同号弯矩区段内弯矩最大截面的抗弯刚度作为该区段的抗弯刚度，这种处理方法所得的抗弯刚度值最小，故通常把这种处理原则称为"最小刚度原则"。如简支梁取最大正弯矩截面的刚度作为全梁的抗弯刚度；外伸梁、连续梁或框架梁，则取最大正弯矩截面和负弯矩绝对值最大截面的抗弯刚度，作为正、负弯矩区段的抗弯刚度。

当计算跨度内的支座截面刚度不大于跨中截面刚度的 2 倍（或不小于其 1/2）时，构件刚度可取跨中最大弯矩截面的刚度。将所确定出的刚度 B 值（替代力学公式中的 EI），通过力学公式，即可求出我们所需的挠度值。

2. 受弯构件的挠度计算公式及限值

均布荷载 q 作用下简支梁的挠度。即

$$f=\frac{5}{48}\frac{M_k l_0^2}{B}$$

跨中承受集中荷载 p 作用下简支梁的挠度。即

$$f=\frac{1}{12}\frac{M_k l_0^2}{B}$$

计算出的挠度 f 应不大于《规范》规定的挠度限值 f_{lim}，见表 7-11。

表 7-11　受弯构件的挠度限值 f_{lim}

构件类型		挠度限值
吊车梁	手动吊车	$l_0/500$
	电动吊车	$l_0/600$

构件类型		挠度限值
屋盖、楼盖 及楼梯构件	当 $l<7$ m 时	$l_0/200(l_0/250)$
	当 7 m $\leqslant l\leqslant 9$ m 时	$l_0/250(l_0/300)$
	当 $l>9$ m 时	$l_0/300(l_0/400)$

注：1. 表中 l_0 为构件的计算跨度；计算悬臂构件的挠度限值时，其计算跨度 l_0 按实际悬臂长度的 2 倍取用。

2. 表中括号内的数值适用于使用上对挠度有较高要求的构件。

3. 如果构件制作时预先起拱，且使用上也允许，则在验算挠度时，可将计算所得的挠度值减去起拱值；对预应力混凝土构件，尚可减去预加力所产生的反拱值。

4. 构件制作时的起拱值和预加力所产生的反拱值，不宜超过构件在相应荷载组合作用下的计算挠度值。

当不满足挠度限值要求时，最有效的措施是增大截面高度，如果增大截面尺寸受到限制时，可采取增大配筋率或提高混凝土强度等级。与挠度限值要求偏差更大时，可以采用预应力混凝土构件。

二、受弯构件裂缝宽度验算

(一)裂缝的产生及开展过程

钢筋混凝土构件的裂缝有两种：一种是由于混凝土的收缩和温度变形等引起的；另一种则是由荷载作用引起的。对于前一种裂缝，主要采取控制混凝土浇筑质量，改善水泥性能，选择良好的集料级配，改进结构形式，设置伸缩缝等措施解决，无须进行裂缝宽度计算。因此我们所研究的裂缝宽度验算就是针对由荷载作用引起的裂缝。

现以受弯构件为例说明裂缝的产生和开展过程，如图 7-36 所示。

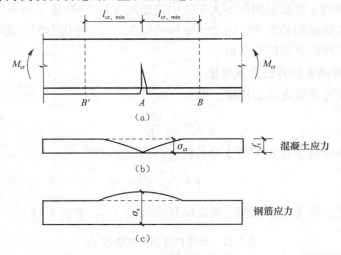

图 7-36　梁中裂缝的发展

设 M 为外荷载产生的弯矩，M_{cr} 为构件正截面开裂弯矩。

当 $M<M_{cr}$ 时，受拉区混凝土的拉应力 σ_{ct} 小于混凝土抗拉强度标准值 f_{tk}，钢筋应力很

小，未出现裂缝。

当 $M=M_{cr}$ 时，理论上受拉区混凝土拉应力等于 f_{tk}，钢筋应力 $\sigma_s=\alpha_E f_{tk}$，在构件抗弯最薄弱的截面出现第一条（批）裂缝。各截面应力瞬间发生变化：裂缝截面处混凝土退出工作，应力为零，受拉钢筋应力突然增大到 σ_s，裂缝两侧混凝土回缩，回缩到一定程度将受到钢筋与混凝土之间的粘结力有效阻止，混凝土仍参与工作。

当 $M>M_{cr}$ 时，随荷载继续增大，在距原裂缝截面一定距离（$\geqslant l_{cr,min}$）的薄弱截面出现第二条（批）裂缝。

当 $M_{cr}\leqslant M\leqslant M_k$ 时，此时裂缝的出现趋于稳定，随着荷载继续加大，不再出现新的裂缝，只是裂缝宽度、深度增大，当钢筋的应力增大到 σ_{sk} 时，裂缝宽度也达到最大。我们可以通过选择带肋钢筋，且直径小而密地布置，增大纵向配筋率及控制保护层厚度等措施来减小裂缝宽度。

（二）最大裂缝宽度的验算

$$w_{max}=\alpha_{cr}\psi\frac{\sigma_{sk}}{E_s}\left(1.9c+0.08\frac{d_{eq}}{\rho_{te}}\right) \tag{7-69}$$

式中　α_{cr}——构件受力特征系数，轴心受压构件取 $\alpha_{cr}=2.7$，偏心受拉构件取 $\alpha_{cr}=2.4$，受弯构件及偏心受压构件取 $\alpha_{cr}=1.9$；

　　　　d_{eq}——受拉区纵向钢筋等效直径，当纵向受拉钢筋采用同一直径时，$d_{eq}=d$。

不同直径时：

$$d_{eq}=\frac{\sum n_i d_i^2}{\sum n_i\nu_i d_i} \tag{7-70}$$

　　　　n_i——受拉区第 i 种钢筋的根数；

　　　　d_i——受拉区第 i 种钢筋的直径；

　　　　ν_i——受拉区第 i 种钢筋的相对粘结特征系数，对于带肋钢筋取 $\nu_i=1.0$；光圆钢筋取 $\nu_i=0.7$。

其余符号同前。

最大裂缝宽度 w_{max} 不应超过表 7-12 规定的最大裂缝宽度限值 w_{lim}。

表 7-12　结构构件的裂缝控制等级及最大裂缝宽度限值　　　　　　　　mm

环境类别	钢筋混凝土结构		预应力混凝土结构	
	裂缝控制等级	w_{lim}	裂缝控制等级	w_{lim}
一	三级	0.30(0.40)	三级	0.20
二 a				0.10
二 b		0.20	二级	—
三 a、三 b			一级	—

注：1. 对处于年平均相对湿度小于 60% 地区的一类环境下的受弯构件，最大裂缝宽度限值可取括号内的数值；

　　2. 在一类环境下，钢筋混凝土屋架、托架及需作疲劳验算的吊车梁，其最大裂缝宽度限值应取 0.20 mm，对钢筋混凝土屋面梁和托架，其最大裂缝宽度限值应取 0.30 mm；

　　3. 在一类环境下，预应力混凝土屋架、托架及双向板体系，应按二级裂缝控制等级进行验算，预应力混凝土屋面梁、托架、单向板，应按二 a 环境的要求进行验算，在一类和二类环境下需作疲劳验算的预应力混凝土吊车梁，应按一级裂缝控制等级进行验算；

　　4. 表中的最大裂缝宽度限值仅用于验算荷载作用下引起的最大裂缝，其他条件下的限值详见《规范》。

1. 已知 3 号办公楼矩形截面简支楼盖梁，截面尺寸 $b \times h = 200 \text{ mm} \times 500 \text{ mm}$，计算跨度 $l_0 = 6 \text{ m}$，承受均布荷载标准值 $g_k = 16 \text{ kN/m}$（含自重），活荷载标准值 $q_k = 3 \text{ kN/m}$，已配置 HRB335 级 3⌀22 纵向受拉钢筋，混凝土强度等级为 C25，挠度限值为 $l_0/200$，求验算其挠度变形。

【解】 查表得 $A_s = 1\,140 \text{ mm}^2$，$h_0 = 460 \text{ mm}$。$f_{tk} = 1.78 \text{ N/mm}^2$，$E_c = 2.8 \times 10^4 \text{ N/mm}^2$，$E_s = 2.0 \times 10^5 \text{ N/mm}^2$，$\psi_q = 0.5$，$\gamma_0 = 1.0$。

(1)计算梁跨中最大弯矩标准值。

$$M_{gk} = \frac{1}{8} g_k l_0^2 = \frac{1}{8} \times 16 \times 6^2 = 72 (\text{kN} \cdot \text{m})$$

$$M_{qk} = \frac{1}{8} q_k l_0^2 = \frac{1}{8} \times 3 \times 6^2 = 13.5 (\text{kN} \cdot \text{m})$$

$$\psi_q M_{qk} = 13.5 \times 0.5 = 6.75 (\text{kN} \cdot \text{m})$$

$$M_k = M_{gk} + M_{qk} = 72 + 13.5 = 85.5 (\text{kN} \cdot \text{m})$$

$$M_q = M_{gk} + \psi_q M_{qk} = 72 + 6.75 = 78.75 (\text{kN} \cdot \text{m})$$

(2)计算 B_s 及 B。

$$\rho_{te} = \frac{A_s}{A_{te}} = \frac{1\,140}{0.5 \times 200 \times 500} = 0.022\,8$$

$$\rho = \frac{A_s}{bh_0} = \frac{1\,140}{200 \times 460} = 1.24\%$$

$$\rho' = 0$$

$$\sigma_{sk} = \frac{M_k}{0.87 h_0 A_s} = \frac{85.5 \times 10^6}{0.87 \times 460 \times 1\,140} = 187.4 (\text{N/mm}^2)$$

$$\psi = 1.1 - \frac{0.65 f_{tk}}{\rho_{te} \sigma_{sk}} = 1.1 - \frac{0.65 \times 1.78}{0.022\,8 \times 187.4} = 0.829$$

$$\alpha_E = \frac{E_s}{E_c} = \frac{2 \times 10^5}{2.8 \times 10^4} = 7.143$$

$$\gamma_f' = 0 (\text{矩形截面})$$

$$B_s = \frac{E_s A_s h_0^2}{1.15\psi + 0.2 + \dfrac{6\alpha_E \rho}{1 + 3.5\gamma_f'}}$$

$$= \frac{2 \times 10^5 \times 1\,140 \times 460^2}{1.15 \times 0.829 + 0.2 + \dfrac{6 \times 7.143 \times 1.24\%}{1}}$$

$$= 2.864 \times 10^{13} (\text{N} \cdot \text{mm}^2)$$

由于 $\rho' = 0$，故 $\theta = 2.0 - 0.4\dfrac{\rho'}{\rho} = 2$

$$B = \frac{M_k}{M_q(\theta - 1) + M_k} B_s$$

$$= \frac{85.5 \times 10^6}{78.75 \times 10^6 \times (2-1) + 85.5 \times 10^6} \times 2.864 \times 10^{13}$$

$$= 1.489 \times 10^{13} (\text{N} \cdot \text{mm}^2)$$

(3)验算挠度变形。

$$f = \frac{5}{48} \frac{M_k l_0^2}{B} = \frac{5 \times 85.5 \times 10^6 \times 6\,000^2}{48 \times 1.489 \times 10^{13}} = 21.53 (\text{mm})$$

$$f_{\text{lim}} = \frac{l_0}{200} = \frac{6\,000}{200} = 30 (\text{mm})$$

所以满足要求。

2. 已知条件与上题相同，$w_{\text{lim}} = 0.3$ mm，求验算其裂缝宽度。

【解】 由上题计算可知：$d_{\text{eq}} = d = 22$mm、$\rho_{\text{te}} = 0.022\,8$、$\sigma_{\text{sk}} = 187.4$ N/mm²、$\psi = 0.829$。

计算最大裂缝宽度 w_{max}

$$w_{\text{max}} = \alpha_{\text{cr}} \psi \frac{\sigma_{\text{sk}}}{E_s} \left(1.9c + 0.08 \frac{d_{\text{eq}}}{\rho_{\text{te}}} \right)$$

$$= 1.9 \times 0.829 \times \frac{187.4}{2 \times 10^5} \times \left(1.9 \times 25 + 0.08 \times \frac{22}{0.022\,8} \right)$$

$$= 0.18 (\text{mm}) < w_{\text{lim}} = 0.3 \text{ mm}$$

满足要求。

拓展实训

一、填空题

钢筋混凝土构件的裂缝产生是由 _____ 和 _____ 等引起的；另一种则是由 _____ 引起的。

二、简答题

1. 为什么对受弯构件的变形与裂缝要进行验算？验算时的荷载取值如何考虑，其原因是什么？

2. 影响钢筋混凝土受弯构件截面抗弯刚度的因素有哪些？

3. 写出短期刚度 B_s 的计算公式及符号的意义。

4. 简述钢筋混凝土受弯构件的抗弯刚度与力学中受弯构件的抗弯刚度有什么不同。

5. 什么是最小刚度原则？

6. 确定挠度限值及最大裂缝宽度限值需考虑哪些因素？

7. 采取哪些措施可以减小钢筋混凝土构件变形及裂缝宽度？

三、计算题

1. 一矩形截面简支梁，截面尺寸 $b \times h = 200$ mm$\times 500$ mm，采用混凝土强度等级为 C30，混凝土保护层厚度为 25 mm，正截面计算配置 4Φ16HRB335 级纵向受力钢筋，$a_s = 35$ mm，跨中弯矩 $M_k = 90$ kN·m，$M_q = 82.5$ kN·m，计算跨度 $l_0 = 6$ m，挠度限值为 $l_0/200$，$w_{\text{lim}} = 0.3$ mm。试验算构件的挠度和裂缝宽度。

2. T 形楼盖梁，截面尺寸 $b=200\text{ mm}$，$h=550\text{ mm}$，$b_f'=500\text{ mm}$，$h_f'=80\text{ mm}$，采用混凝土强度等级为 C25，配置 3Φ20 的 HRB335 级钢筋，恒荷载 $g_k=9\text{ kN/m}$，活荷载 $q_k=9\text{ kN/m}$，$\psi_q=0.5$，$\gamma_0=1.0$。

计算跨度 $l_0=6\text{ m}$，挠度限值为 $l_0/200$，$w_{\text{lim}}=0.3\text{ mm}$。试验算构件的挠度和裂缝宽度。

项目八　钢筋混凝土受压与受拉构件构造的应用及承载力的计算

在实际工程中，为了防止受压构件在荷载作用下发生正截面及斜截面破坏，应进行正截面及斜截面承载力计算。即计算出轴心受压构件、对称配筋偏心受压构件的纵向钢筋及箍筋数量，且满足相关构造要求。本项目主要介绍轴心受压构件、对称配筋的矩形偏心受压构件的设计基础知识。

任务一　受压构件的构造应用

📖 **任务描述**

了解钢筋混凝土受压构件的构造知识，能够对受压构件的类型进行初步判断，应用构造知识对受压构件的截面尺寸、材料的选定、纵向钢筋及箍筋的选用进行构造设计。

📑 **任务分析**

了解钢筋混凝土受压构件的构造知识，为后续知识学习及实际工程施工奠定基础。

📋 **相关知识**

一、受压构件概述

以承受轴向压力为主的构件称为受压构件，如排架柱、框架柱等。根据轴向压力作用的位置可分为轴向受压构件、偏心受压构件。其中，偏心受压构件可分为单向偏心受压构件和双向偏心受压构件，如图8-1所示。

在钢筋混凝土结构中，理想状态的轴心受力构件是不存

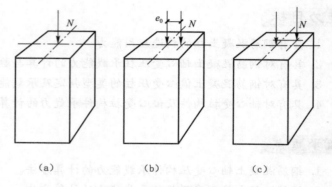

图8-1　受压构件的类型

(a)轴心受压构件；(b)单向偏心受压构件；(c)双向偏心受压构件

在的，因为混凝土材料自身的非匀质性，钢筋位置的偏离，施工的误差及荷载的实际作用大小、位置的偏差等，根据实际受力状态应为偏心受力构件，为了计算方便，仍将按轴向受力构件计算，如框架结构中柱、承受节点荷载的桁架构件等。

二、受压构件的构造要求

1. 材料与保护层厚度

混凝土强度是受压构件承载力的主要影响因素，宜采用较高强度等级的混凝土，以减小构件截面尺寸，节省钢材。钢筋不宜选用过高强度等级，这是因为受压构件中，钢筋与混凝土协同工作，混凝土极限压应变为 0.002 时，钢筋最大抗压强度一般仅为 $\sigma_s = \varepsilon_s E_s = 0.002 \times 2 \times 10^5 = 400 \ \text{N/mm}^2$，过高强度等级钢筋得不到充分发挥。通常采用 HRB335、HRB400、HRB400 级热轧钢筋。

混凝土保护层厚度应符合表 7-2 的规定，当设计使用年限为 100 年时，混凝土保护层厚度取表中数值的 1.4 倍，且不应小于纵向钢筋直径。

2. 截面形式与尺寸

轴心受压构件多以方形截面为主，根据需要而采用圆形及对称多边形截面。偏心受压构件以矩形为主，截面尺寸较大的预制装配式柱，常采用 I 形或双肢截面。

方形截面及矩形截面的最小边长不宜小于 250 mm，考虑抗震的框架柱不宜小于 300 mm；工形截面翼缘厚度不宜小于 120 mm，腹板厚度不宜小于 100 mm。考虑长细比过大而严重降低构件承载力，一般情况下 $l_0/b \leqslant 30$ 及 $l_0/h \leqslant 25$。其中，l_0 为柱的计算长度，b 和 h 分别为矩形截面的宽度和高度。

3. 纵向受力钢筋

纵向受力钢筋直径不宜小于 12 mm，并宜优先选择根数少而直径大的钢筋，以减小纵向弯曲而发生过早压屈。但根数不应少于 4 根，对于圆形截面纵向受力钢筋的根数不宜少于 8 根，且不应少于 6 根。

钢筋净距不应小于 50 mm，水平浇筑的预制柱钢筋净距要求同梁。柱中纵向钢筋中距不应大于 300 mm。

全部纵向钢筋配筋率不得低于：0.6%（HRB335 级钢筋），0.55%（HRB400 级钢筋）。偏心受压构件一侧的纵向受力钢筋的最小配筋率为 0.2%。

4. 箍筋

箍筋应做成封闭式，以保证箍筋对混凝土及纵向钢筋的有效约束作用。直径不小于 $d/4$（d 为纵向钢筋最大直径），且不应小于 6 mm。

箍筋间距不应大于 400 mm，且不应大于构件截面的短边尺寸，同时不大于 $15d$（d 为纵向钢筋的最小直径）。

当柱每边的纵向受力钢筋多于 3 根且柱截面短边尺寸 $b > 400$ mm 时；或当柱每边的纵向受力钢筋多于 4 根且柱截面短边尺寸 $b \leqslant 400$ mm 时，应设置复合箍筋，如图 8-2 所示。

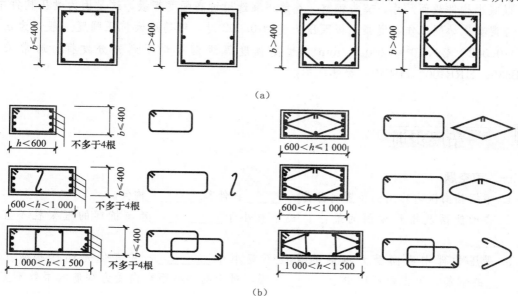

图 8-2　柱的箍筋构造

（a)轴心受压柱；(b)偏心受压柱

当柱内全部纵向受力钢筋配筋率超过3%时，箍筋直径不应小于8 mm，箍筋间距不应大于10d(d为纵向钢筋最小直径)且不应大于200 mm，箍筋135°弯钩末端平直段长度不应小于箍筋直径的10倍。

对于I形截面或L形截面等柱，不能采用有内折角的箍筋，以避免折角处箍筋受拉而造成混凝土崩裂，如图8-3所示。

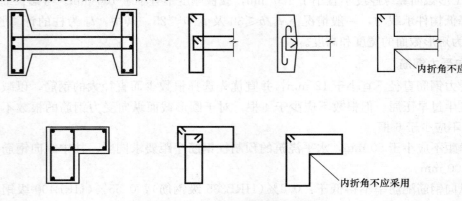

图8-3　复杂截面柱的箍筋构造

 拓展提高

为什么受压构件宜采用高强度等级的混凝土而不能采用过高强度等级的钢筋？

答：因为混凝土强度是受压构件承载力的主要影响因素，宜采用较高强度等级的混凝土，以减小构件截面尺寸，节省钢材。钢筋不宜选用过高强度等级，这是因为受压构件中，钢筋与混凝土协同工作，混凝土极限压应变为0.002时，钢筋最大抗压强度一般仅为 $\sigma_s = \varepsilon_s E_s = 0.002 \times 2 \times 10^5 = 400$ N/mm^2，过高强度等级钢筋得不到充分发挥。通常采用HRB335、HRB400、HRB400级热轧钢筋。

拓展实训

一、填空题

1. 根据轴向压力作用的位置可分为＿＿＿＿＿＿＿构件和＿＿＿＿＿＿＿构件。

2. 方形截面及矩形截面的最小边长不宜小于＿＿＿＿＿＿，考虑抗震的框架柱不宜小于＿＿＿＿＿＿。

3. 受压构件中纵向受力钢筋的直径不宜小于＿＿＿＿＿＿，并宜优先选择根数少而＿＿＿＿＿＿的钢筋，但根数不应少于＿＿＿＿＿＿根，对于圆形截面纵向受力钢筋的根数不宜少于＿＿＿＿＿＿根，且不应少于＿＿＿＿＿＿根。

4. 受压构件中纵向钢筋的净距不应小于＿＿＿＿＿＿，水平浇筑的预制柱钢筋净距要求同＿＿＿＿＿＿。柱中纵向钢筋中距不应大于＿＿＿＿＿＿。

5. 受压构件的箍筋直径不小于_____，且不应小于_____。箍筋间距不应大于_____，且不应大于构件截面的_____，同时不大于_____。

6. 当柱内全部纵向受力钢筋配筋率超过 3% 时，箍筋直径不应小于_____，箍筋间距不应大于_____且不应大于_____。

二、简答题

1. 什么是轴心受压构件？

2. 轴心受压构件中的纵向钢筋与箍筋有何作用？

任务二　轴心受压构件承载力的计算

📖 任务描述

理解钢筋混凝土轴心受压构件承载力的计算方法，运用受压构件构造知识，能够对轴心受压构件进行简单的设计及承载能力复核。

📖 任务分析

了解轴心受压构件的破坏特征，对轴心受压构件进行简单的设计及承载能力复核。

📖 相关知识

轴心受压柱按其箍筋配置方式的不同分为两种类型：配有纵向钢筋和普通箍筋的柱称为普通箍筋柱[图 8-4(a)]；配有纵向钢筋和螺旋箍筋（或焊接环式箍筋）的柱称为螺旋箍筋柱[图 8-4(b)]。

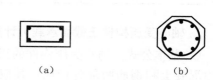

图 8-4　轴心受压柱的类型
(a)普通箍筋柱；(b)螺旋箍筋柱

一、轴心受压普通箍筋柱的承载力计算

1. 轴心受压柱的实验研究

按构件长细比不同轴心受压柱分为短柱和长柱两类。其中短柱是指长细比 $\frac{l_0}{i} \leqslant 28$（$i$ 为任意截面回转半径）、$\frac{l_0}{b} \leqslant 8$（$b$ 为矩形截面短边尺寸）、$\frac{l_0}{d} \leqslant 7$（$d$ 为圆形截面的直径）；反之为长柱。l_0 为构件的计算长度，l_0 的大小取值与其两端支承条件有关，在实际工程中，由于支座情况并非理想状态的铰接或固定端，应按《规范》的有关规定取用。如多层框架柱的计算长度 l_0 的取定：

(1)现浇楼盖。底层柱 $l_0 = 1.0H$；其余各层柱 $l_0 = 1.25H$。

(2)装配式楼盖。底层柱 $l_0 = 1.15H$；其余各层柱 $l_0 = 1.5H$。

H 为构件实际长度，对于底层柱，H 为基层顶面到一层楼盖顶面之间的距离；其余各层柱，H 为两层楼盖顶面之间的距离。

(1)轴心受压短柱的破坏特征。短柱在轴向力 N 的作用下，整个截面的应变基本上是均匀分布的。当 N 较小时，混凝土和钢筋处于弹性阶段而发生弹性变形。随着 N 值增大，构件变形迅速增大，钢筋先达到屈服强度，此后 N 值增大的部分，由混凝土承受。在临近极限荷载时，柱表面出现明显的纵向裂缝，箍筋间的纵向钢筋发生压屈而向外凸出，混凝土被压碎而发生破坏。

(2)轴心受压长柱的破坏特征。由于各种因素造成的初始偏心距的影响不可忽略，初始偏心距会产生附加弯矩，使构件发生纵向弯曲和相应的侧向挠度。而侧向挠度又加大了偏心距，其破坏是在轴向压力和弯矩共同作用发生的。破坏时先在凹面出现纵向裂缝，箍筋间的纵向钢筋发生压屈而向外凸出，凸出侧面混凝土出现横向裂缝，构件发生破坏，当长细比更大时，构件可能发生失稳而丧失承载能力。

在确定轴心受压构件承载力计算时，《规范》采用稳定系数 φ 来反映长细比对构件承载力的降低影响，见表 8-1。

表 8-1　钢筋混凝土轴心受压构件的稳定系数 φ

l_0/b	≤8	10	12	14	16	18	20	22	24	26	28
l_0/d	≤7	8.5	10.5	12	14	15.5	17	19	21	22.5	24
l_0/i	≤28	35	42	48	55	62	69	76	83	90	97
φ	1.0	0.98	0.95	0.92	0.87	0.81	0.75	0.70	0.65	0.60	0.56
l_0/b	30	32	34	36	38	40	42	44	46	48	50
l_0/d	26	28	29.5	31	33	34.5	36.5	38	40	41.5	43
l_0/i	104	111	118	125	132	139	146	153	160	167	174
φ	0.52	0.48	0.44	0.40	0.36	0.32	0.29	0.26	0.23	0.21	0.19

2. 轴心受压构件正截面承载力计算

(1)基本公式。轴心受压构件的正截面承载力由混凝土和钢筋两部分构成，其应力计算图形，如图 8-5 所示。

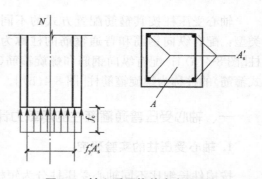

根据力的平衡条件得出计算公式：

$$N \leqslant 0.9\varphi(f_c A + f'_y A'_s) \qquad (8-1)$$

图 8-5　轴心受压构件应力图形

式中　N——轴向力设计值；

　　　φ——钢筋混凝土轴心受压构件的稳定系数，按表 8-1 取用；

　　　f_c——混凝土轴心抗压强度设计值；

　　　A——构件截面面积，当纵向钢筋配筋率大于 3% 时，A 改为 $A_c = A - A'_s$；

　　　f'_y——纵向受压钢筋抗压强度设计值；

　　　A'_s——全部纵向受压钢筋的截面面积；

　　　0.9——可靠度调整系数。

(2)计算公式的应用。轴心受压构件的承载力计算包括截面设计和截面复核两类。

1)截面设计。已知构件截面尺寸 $b \times h$，计算长度 l_0，材料强度等级，轴向力设计值 N。求纵向受力钢筋 A'_s。

计算步骤：

①计算长细比 $\dfrac{l_0}{b}$，查表 8-1，求出稳定系数 φ。

②根据式(8-1)，求出 A'_s，$A'_s = \dfrac{\dfrac{N}{0.9\varphi} - f_c A}{f'_y}$。

③按式 $A'_s \geqslant \rho'_{min} bh$ 验算配筋率。

④根据构造要求配置箍筋。

2)截面复核。已知构件截面尺寸 $b \times h$，计算长度 l_0，材料强度等级，轴向力设计值 N，已配置的纵向钢筋 A'_s。求复核构件是否安全。

计算步骤：

①计算长细比 $\dfrac{l_0}{b}$，查表 8-1，求出稳定系数 φ。

②根据式(8-1)，求出 N_u，$N_u = 0.9\varphi(f_c A + f'_y A'_s)$。

③得出结论 $N_u \geqslant N$ 构件安全，反之不安全。

二、轴心受压螺旋箍筋柱

普通箍筋柱破坏时，混凝土处于单向受压状态，而螺旋箍筋柱中的螺旋箍筋能够有效地约束核心混凝土(箍筋以内混凝土)受压产生的横向变形，使其处于三向受力状态，从而显著提高了混凝土的抗压强度，改善了构件变形性能。当构件的压应变超过无约束混凝土的极限应变后，箍筋以外的表层混凝土将脱落而退出工作，核心混凝土可以进一步承受压力，直至箍筋屈服而破坏。核心混凝土极限抗压强度随箍筋约束力的增大(增大箍筋直径、减小螺距)而增大。

螺旋箍筋柱的截面形状一般为圆形或正八边形，螺旋箍筋的直径应符合受压构件箍筋的相关规定。计算中考虑间接钢筋的作用时，《规范》规定螺旋箍筋的螺距(或焊接环形箍筋的间距)不应大于 80 mm 及 $0.2d_{cor}$(d_{cor} 为箍筋内表面直径)，同时也不应小于 40 mm。

螺旋箍筋柱虽然可以提高构件承载力，但施工较复杂，用钢量增大。因此，一般很少采用，仅用于轴心压力很大，且柱截面尺寸受到限制，采用提高混凝土强度等级和增大配筋率也不能满足要求的情况。

拓展提高

1. 已知轴心受压的框架中柱，截面尺寸 $b \times h = 300\ \text{mm} \times 300\ \text{mm}$，计算长度 $l_0 = 5\ \text{m}$，承受轴向压力设计值 $N = 1\ 500\ \text{kN}$，采用混凝土强度等级为 C30($f_c = 14.3\ \text{N/mm}^2$)，HRB400 级钢筋($f'_y = 360\ \text{N/mm}^2$)，设计使用年限为 50 年，环境类别为一类，求该柱纵筋及箍筋。

【解】 (1)计算长细比 $\dfrac{l_0}{b}$，查表 8-1，求出稳定系数 φ。

$$\frac{l_0}{b} = \frac{5\ 000}{300} = 16.7 \qquad 查表得\ \varphi = 0.850$$

(2)求出 A'_s。

$$A'_s = \frac{\frac{N}{0.9\varphi} - f_c A}{f'_y} = \frac{\frac{1\,500 \times 10^3}{0.9 \times 0.850} - 14.3 \times 300^2}{360} = 1\,871.6(\text{mm}^2)$$

选 4Φ25 钢筋($A'_s = 1\,964\ \text{mm}^2$)

(3)验算配筋率。

$A'_s = 1\,871.6\ \text{mm}^2 < 3\% \times 300 \times 300 = 2\,700(\text{mm}^2)$

$A'_s = 1\,871.6\ \text{mm}^2 \geqslant \rho'_{\min} bh = 0.55\% \times 300 \times 300 = 495(\text{mm}^2)$

满足要求。

(4)选择箍筋。

根据构造要求，箍筋配置 Φ8@300，如图 8-6 所示。

2.3 号教学楼的混凝土轴心受压柱，截面尺寸 $b \times h = 350\ \text{mm} \times 350\ \text{mm}$，计算长度 $l_0 = 3.6\ \text{m}$，柱内配筋 4Φ20 的 HRB400 级钢筋($A'_s = 1\,256\ \text{mm}^2$、$f'_y = 360\ \text{N/mm}^2$)，采用混凝土强度等级为($f_c = 9.6\ \text{N/mm}^2$)，柱承受轴向压力设计值 $N = 1\,400\ \text{kN}$，求验算截面是否安全。

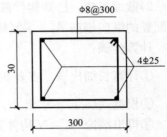

图 8-6　拓展提高 1 柱配筋图

【解】　(1)计算长细比 $\dfrac{l_0}{b}$，查表 8-1，求出稳定系数 φ。

$$\frac{l_0}{b} = \frac{3\,600}{350} = 10.3 \qquad 查表得 \varphi = 0.976$$

(2)验算配筋率。

$A'_s = 1\,256\ \text{mm}^2 < 3\% \times 350 \times 350 = 3\,675(\text{mm}^2)$

$A'_s = 1\,256\ \text{mm}^2 \geqslant \rho'_{\min} bh = 0.55\% \times 350 \times 350 = 673.8(\text{mm}^2)$，满足要求。

(3)验算截面承载力。

$$N_u = 0.9\varphi(f_c A + f'_y A'_s) = 0.9 \times 0.976 \times (9.6 \times 350 \times 350 + 360 \times 1\,256)$$
$$= 1\,430(\text{kN}) > N = 1\,400\ \text{kN}$$

截面安全。

拓展实训

一、填空题

按构件长细比不同轴心受压柱分为_____和_____两类。

二、简答题

1. 轴心受压构件的破坏特征如何？

2. 为什么在轴心受压构件计算中引入稳定系数 φ？

3. 什么情况轴心受压构件采用螺旋箍筋柱？

三、计算题

1. 钢筋混凝土轴心受压柱，截面尺寸 $b \times h = 400\ \text{mm} \times 400\ \text{mm}$，计算长度 $l_0 = 5.7\ \text{m}$，承受轴向压力设计值 $N = 1\,800\ \text{kN}$，采用混凝土强度等级为 C30，HRB400 级钢筋，设计使用年限为 50 年，环境类别为一类，求该柱的纵筋及箍筋。

2. 钢筋混凝土轴心受压柱，直径为 350 mm，计算长度 $l_0 = 4.5$ m，承受轴向压力设计值 $N = 1\,500$ kN，采用混凝土强度等级 C30，HRB335 级钢筋，设计使用年限为 50 年，环境类别为一类，求该柱的纵筋及箍筋。

3. 某钢筋混凝土轴心受压柱，截面尺寸 $b \times h = 350$ mm $\times$ 350 mm，计算长度 $l_0 = 4.5$m，柱内配筋 4Φ20 的 HRB335 级钢筋，采用混凝土强度等级为 C30，柱承受轴向压力设计值 $N = 1\,650$ kN，设计使用年限为 50 年，环境类别为一类，求验算截面是否安全。

任务三　偏心受压构件的承载力计算

📻 任务描述

理解钢筋混凝土偏心受压构件类型的判定方法，运用受压构件构造知识，能够对偏心受压构件进行简单设计及承载能力复核。

📝 任务分析

了解偏心受压构件的破坏特征，对偏心受压构件进行简单的设计及承载能力复核。

📖 相关知识

偏心受压构件承受轴向力 N 和弯矩 M 作用，其破坏形态有大偏心受压破坏和小偏心受压破坏两类。

一、偏心受压构件破坏形态

1. 大偏心受压破坏（受拉破坏）

当轴向力偏心距较大，且受拉钢筋配置不太多时，靠近轴向力一侧受压，另一侧受拉。随着荷载的不断增加，首先在受拉区出现横向裂缝并不断发展，受拉钢筋达到屈服强度，形成一条主裂缝，受压区高度迅速减小。最后受压边缘混凝土达到极限压应变 ε_{cu} 而被压碎，同时，受压钢筋也达到屈服强度，构件破坏。这种破坏始于受拉钢筋屈服，故称之为受拉破坏。它与适筋梁破坏形态相似，属于塑性破坏，如图 8-7 所示。

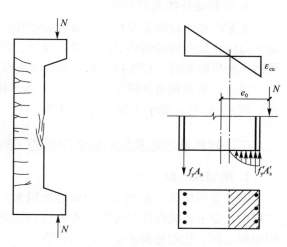

图 8-7　大偏心受压破坏形态

2. 小偏心受压破坏（受压破坏）

当轴向力偏心距较小，或者虽然偏心距较大但受拉纵筋配置过多时，可能出现构件全截面受压或大部分截面受压而另余小部分受拉。随着荷载的不断增加，受拉区混凝土的拉应变（或压应变）较小，裂缝发展较为缓慢。靠近轴向力一侧受压区边缘混凝土，首先达到极限压应变，该侧受压钢筋屈服而破坏，另一侧钢筋无论受拉还是受压均未屈服。这种破坏始于受压区混凝土压碎而破坏，故也称为受压破坏。它与超筋梁破坏形态相似，属于脆性破坏，如图 8-8 所示。

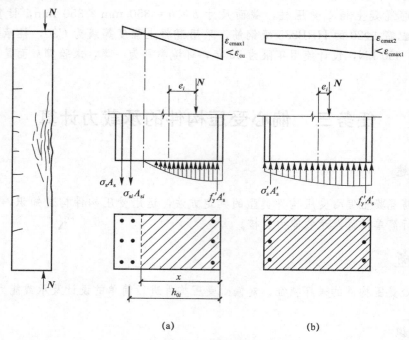

图 8-8 小偏心受压破坏形态
(a)截面小部分受压；(b)全截面受压

3. 两种破坏的判别条件

大偏心受压破坏是受拉钢筋屈服后受压区混凝土被压碎，小偏心受压破坏是受压区混凝土边缘先被压碎后同侧受压钢筋屈服。二者破坏界限与受弯构件中的适筋梁破坏和超筋梁破坏的界限相同，即受拉钢筋屈服，受压区边缘混凝土达到极限压应变而被压碎。

因此，采用相对界限受压区高度 ξ_b 为界限：当 $\xi \leqslant \xi_b (x \leqslant \xi_b h_0)$ 时，属于大偏心受压构件；当 $\xi > \xi_b$ 时，属于小偏心受压构件。

二、附加偏心距及纵向弯曲引起的二阶弯矩

1. 附加偏心距

同一受压构件，随轴向力的偏心距增大，使偏心受压构件的受压承载力降低。在实际工程中，由于荷载作用位置的不准确性、混凝土的非均匀性及施工偏差等因素影响而产生附加偏心距，故初始偏心距的表达式为

$$e_i = e_0 + e_a \tag{8-2}$$

式中 e_i——初始偏心距；

e_0——轴向力对截面重心的偏心距，$e_0 = \dfrac{M}{N}$；

e_a——附加偏心距，一般取 20 mm 和偏心方向截面尺寸 h 的 1/3 中的较大值。

2. 构件纵向弯曲引起的二阶弯矩

钢筋混凝土柱在偏心压力作用下，将产生纵向弯曲变形，即侧向挠度，从而导致偏心距增大，同时产生附加内力，称为 P-δ 二阶效应，如图 8-9 所示。

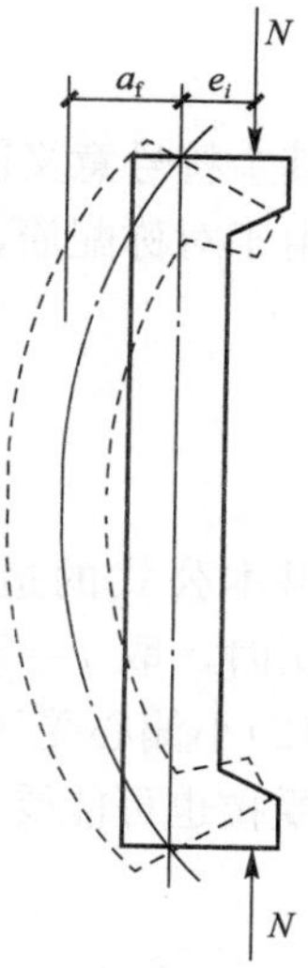

对于长细比较小的偏心受压构件，纵向弯曲很小，附加弯矩 $N \cdot a_{\mathrm{f}}$ 可忽略。具体条件是当同一主轴方向的杆端弯矩 M_1/M_2 之比及设计轴压比均不大于 0.9 时，且满足式(8-3)要求的偏心受压构件。反之，需按截面的两个主轴方向分别考虑构件自身纵向弯曲产生的附加弯矩影响。

图 8-9 偏心受压柱纵向弯曲变形

$$\frac{l_0}{i} \leqslant 34 - 12\left(\frac{M_1}{M_2}\right) \tag{8-3}$$

式中 l_0——构件的计算长度（取偏心受压构件相应主轴方向两端支撑点间的距离）；

i——偏心方向的截面回转半径；

M_1，M_2——构件同一主轴方向的两端弯矩设计值，$|M_2| > |M_1|$，二者比值同号为正、异号为负。

考虑二阶弯矩影响后，构件控制截面的弯矩设计值为

$$M = C_{\mathrm{m}} \eta_{\mathrm{ns}} M_2 \tag{8-4}$$

式中 C_{m}——构件端截面偏心距调节系数，$C_{\mathrm{m}} = 0.7 + 0.3\dfrac{M_1}{M_2}$，当 $C_{\mathrm{m}} < 0.7$ 时，取 $C_{\mathrm{m}} = 0.7$；

η_{ns}——弯矩增大系数，其计算公式为

$$\eta_{\mathrm{ns}} = 1 + \frac{1}{1\,300\left(\dfrac{M_2}{N} + e_{\mathrm{a}}\right)/h_0}\left(\frac{l_0}{h}\right)^2 \zeta_{\mathrm{c}} \tag{8-5}$$

N——与端弯矩 M_2 相对应轴向压力设计值；

ζ_{c}——截面曲率修正系数，$\zeta_{\mathrm{c}} = \dfrac{0.5 f_{\mathrm{c}} A}{N}$，当 $\zeta_{\mathrm{c}} > 1.0$ 时，取 $\zeta_{\mathrm{c}} = 1.0$。

一般情况（剪力墙、核心筒体墙除外）下，当 $C_{\mathrm{m}} \eta_{\mathrm{ns}} < 1.0$ 时，取 1.0。

三、对称配筋矩形截面偏心受压构件正截面承载力计算

在实际工程中，考虑不同荷载组合下承受的变号弯矩作用，且便于施工，常采用对称配筋。

1. 基本公式及适用条件

（1）大偏心受压构件（$\xi \leqslant \xi_{\mathrm{b}}$）。大偏心受压构件与适筋梁的破坏形态相同，因此，其截面应力状态与适筋梁一致。

由静力平衡条件可得：

$$N \leqslant \alpha_1 f_{\mathrm{c}} b x + f_{\mathrm{y}}' A_{\mathrm{s}}' - f_{\mathrm{y}} A_{\mathrm{s}} \tag{8-6}$$

$$Ne \leqslant \alpha_1 f_{\mathrm{c}} b x \left(h_0 - \frac{x}{2}\right) + f_{\mathrm{y}}' A_{\mathrm{s}}' (h_0 - a_{\mathrm{s}}') \tag{8-7}$$

式中 e——轴向力作用点至受拉钢筋合力点之间的距离，按下式计算：

$$e = e_i + \frac{h}{2} - a_s \qquad (8-8)$$

其余符号意义同前。

由于对称配筋，且破坏时受压钢筋和受拉钢筋均屈服。故，$f'_y A'_s = f_y A_s$。

$$A'_s = A_s = \frac{Ne - \alpha_1 f_c bx \left(h_0 - \dfrac{x}{2} \right)}{f'_y (h_0 - a'_s)} \qquad (8-9)$$

$$N \leqslant \alpha_1 f_c bx \qquad (8-10)$$

基本公式的适用条件：①$x \leqslant \xi_b h_0$；②$x \geqslant 2a'_s$，当 $x < 2a'_s$ 时，取 $x = 2a'_s$。

(2)小偏心受压构件（$\xi > \xi_b$）。距 N 较远一侧的钢筋可能受拉也可能受压，破坏时仍不能屈服，其应力 σ_s 为

$$\sigma_s = \frac{\xi - \beta_1}{\xi_b - \beta_1} f_y \qquad (8-11)$$

符号意义同前。

其应力图形，如图 8-10 所示。

由静力平衡条件可得：

$$N \leqslant \alpha_1 f_c bx + f'_y A'_s - \sigma_s A_s \qquad (8-12)$$

$$Ne \leqslant \alpha_1 f_c bx \left(h_0 - \frac{x}{2} \right) + f'_y A'_s (h_0 - a'_s) \qquad (8-13)$$

《规范》给出 ξ 的近似计算公式：

$$\xi = \frac{N - \xi_b \alpha_1 f_c bh_0}{\dfrac{Ne - 0.43\alpha_1 f_c bh_0^2}{(\beta_1 - \xi_b)(h_0 - a'_s)} + \alpha_1 f_c bh_0} + \xi_b \qquad (8-14)$$

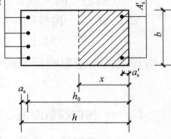

图 8-10 小偏心受压截面应力图形

由于对称配筋，所以：

$$A'_s = A_s = \frac{Ne - \alpha_1 f_c bx \left(h_0 - \dfrac{x}{2} \right)}{f'_y (h_0 - a'_s)} = \frac{Ne - \alpha_1 f_c bh_0^2 \xi (1 - 0.5\xi)}{f'_y (h_0 - a'_s)} \qquad (8-15)$$

2. 计算公式的应用

已知构件截面尺寸 $b \times h$，计算长度 l_0，材料强度等级，轴向力设计值 N，柱端弯矩 M_1、M_2，求纵向受力钢筋 A_s 及 A'_s。

计算步骤：

(1)计算考虑二阶弯矩影响的设计弯矩 M。

当 $M_1/M_2 > 0.9$ 时，应考虑附加弯矩影响，分别按公式计算出下列参量：

$\zeta_c = \dfrac{0.5 f_c A}{N}$，当 $\zeta_c > 1.0$ 时，取 $\zeta_c = 1.0$。

$C_m = 0.7 + 0.3 \dfrac{M_1}{M_2}$，当 $C_m < 0.7$ 时，取 $C_m = 0.7$。

e_a 取 20 mm 和 $h/3$ 较大值。

$$\eta_{ns} = 1 + \frac{1}{1\,300 \left(\dfrac{M_2}{N} + e_a \right) / h_0} \left(\frac{l_0}{h} \right)^2 \zeta_c$$

$$M = C_m \eta_{ns} M_2$$

(2)计算下列参量、判别类型。

$$e_0 = \frac{M}{N}$$

$$e_i = e_0 + e_a < 0.3h_0$$

$$e = e_i + \frac{h}{2} - a_s$$

当 $\alpha f_c b h_0 \xi_b \geqslant N$ 时与 $x \leqslant \xi_b h_0$ 一致，属于大偏心受压；

当 $\alpha f_c b h_0 \xi_b < N$ 时与 $x > \xi_b h_0$ 一致，属于小偏心受压。

(3)求纵向钢筋 A_s 及 A_s'。

大偏心情况：

$$x = \frac{N}{\alpha_1 f_c b}$$

当 $x < 2a_s'$ 时，取 $x = 2a_s'$：

$$A_s' = A_s = \frac{Ne - \alpha_1 f_c b x \left(h_0 - \dfrac{x}{2}\right)}{f_y'(h_0 - a_s')}$$

验算配筋率 $A_s' = A_s \geqslant 0.002bh$：

小偏心情况：

$$\xi = \frac{N - \xi_b \alpha_1 f_c b h_0}{\dfrac{Ne - 0.43\alpha_1 f_c b h_0^2}{(\beta_1 - \xi_b)(h_0 - a_s')} + \alpha_1 f_c b h_0} + \xi_b$$

$$A_s' = A_s = \frac{Ne - \alpha_1 f_c b h_0^2 \xi(1 - 0.5\xi)}{f_y'(h_0 - a_s')}$$

验算配筋率 $A_s' = A_s \geqslant 0.002bh$。

4)按构造要求确定纵向构造钢筋、箍筋，当 $h > 600$ mm 时，选择纵向构造钢筋。

四、偏心受压构件斜截面承载力计算

由于压力 N 的存在会使其斜截面承载力提高，一般情况剪力值相对较小，可不进行斜截面承载力的验算，但对于较大水平力作用的框架柱等构件，必须进行斜截面承载力计算。

1. 矩形、T 形、I 形偏心受压构件斜截面承载力计算公式

$$V \leqslant \frac{1.75}{\lambda + 1} f_t b h_0 + f_{yv} \frac{A_{sv}}{s} h_0 + 0.07N \tag{8-16}$$

式中　λ——偏心受压构件的剪跨比，对框架柱取 $\lambda = \dfrac{H_n}{2h_0}$，$H_n$ 为柱的净高；当 $\lambda < 1$ 时，取 $\lambda = 1$；当 $\lambda > 3$ 时，$\lambda = 3$；

　　N——与剪力设计值 V 对应的轴向压力设计值，当 $N > 0.3f_c b h_0$ 时，取 $N = 0.3f_c b h_0$。

2. 计算公式的适用条件

为了避免发生斜压破坏，箍筋强度不能充分发挥作用，《规范》规定受剪截面应满足：

$$V \leqslant 0.25\beta_c f_c b h_0 \tag{8-17}$$

各符号意义同受弯构件。

当剪力 V 较小且满足下式条件时，可不进行斜截面承载力计算，仅需按构造要求配置箍筋。

$$V \leqslant \frac{1.75}{\lambda+1} f_t bh_0 + 0.07N \tag{8-18}$$

拓展提高

1. 已知矩形截面柱的截面尺寸 $b \times h = 400$ mm $\times 600$ mm，计算长度 $l_0 = 3.6$ m，承受轴向压力设计值 $N = 1\ 200$ kN，柱两端弯矩 $M_1 = M_2 = 120$ kN·m，采用混凝土强度等级为 C25（$f_c = 11.9$ N/mm^2、$\alpha_1 = 1.0$、$\beta_1 = 0.8$），HRB335 级钢筋（$f_y = f'_y = 300$ N/mm^2、$\xi_b = 0.55$、$a_s = a'_s = 45$ mm），求对称配筋时纵筋的截面面积 A_s 及 A'_s。

【解】 （1）计算考虑二阶弯矩影响的设计弯矩 M。

$$h_0 = 600 - 45 = 555 \text{(mm)}$$

由于 $M_1 / M_2 = 1$，故应考虑附加弯矩的影响。

$$\zeta_c = \frac{0.5 f_c A}{N} = \frac{0.5 \times 11.9 \times 400 \times 600}{1\ 200 \times 10^3} = 1.19 > 1.0 \qquad 取\ \zeta_c = 1.0$$

$$C_m = 0.7 + 0.3 \frac{M_1}{M_2} = 1.0$$

$$e_a = \max(20 \text{ mm},\ h/30 = 20 \text{ mm}) = 20 \text{(mm)}$$

$$\eta_{ns} = 1 + \frac{1}{1\ 300\left(\frac{M_2}{N} + e_a\right)/h_0} \left(\frac{l_0}{h}\right)^2 \zeta_c$$

$$= 1 + \frac{1}{1\ 300 \times \left(\frac{120 \times 10^6}{1\ 200 \times 10^3} + 20\right)/555} \times \left(\frac{3\ 600}{600}\right)^2 \times 1.0$$

$$= 1.13$$

$$M = C_m \eta_{ns} M_2 = 1.0 \times 1.13 \times 120 = 135.6 \text{(kN·m)}$$

（2）判别偏心受压构件的类型。

$$e_0 = \frac{M}{N} = \frac{135.6 \times 10^6}{1200 \times 10^3} = 113 \text{(mm)}$$

$$e_i = e_0 + e_a = 113 + 20 = 133 \text{(mm)} < 0.3h_0 = 0.3 \times 555 = 166.5 \text{(mm)}$$

$$e = e_i + \frac{h}{2} - a_s = 133 + 600/2 - 45 = 388 \text{(mm)}$$

$$x = \frac{N}{\alpha_1 f_c b} = \frac{1\ 200 \times 10^3}{1.0 \times 11.9 \times 400} = 252.1 \text{(mm)}$$

$$\xi_b h_0 = 0.55 \times 555 = 305.3 \text{(mm)}$$

且 $x > 2a'_s = 90$ mm。

属于大偏心受压构件。

（3）求对称配筋时的纵向钢筋 A_s 及 A'_s。

$$A'_s = A_s = \frac{Ne - \alpha_1 f_c bx\left(h_0 - \dfrac{x}{2}\right)}{f'_y(h_0 - a'_s)}$$

$$= \frac{1\ 200 \times 10^3 \times 388 - 1.0 \times 11.9 \times 252.1 \times \left(555 - \dfrac{252.1}{2}\right)}{300 \times (555 - 45)}$$

$$=3\ 035(mm^2)>0.002bh=0.002\times400\times600=480(mm^2)$$

选每侧 $5\Phi28$ 对称配筋($A_s'=A_s=3\ 079\ mm^2$),按构造要求选 $\Phi8@250$ 箍筋。

2.5 号教学楼矩形截面偏心受压柱,截面尺寸 $b\times h=400\ mm\times700\ mm$,承受轴向压力设计值 $N=2\ 700\ kN$,柱端弯矩设计值 $M=260\ kN\cdot m$(已考虑偏心距调整系数和弯矩增大系数),采用混凝土强度等级为 C30($f_c=14.3\ N/mm^2$、$\alpha_1=1.0$、$\beta_1=0.8$),HRB335 级钢筋($f_y=f_y'=300\ N/mm^2$、$\xi_b=0.55$、$a_s=a_s'=40\ mm$),求对称配筋时纵筋的截面面积 A_s 及 A_s'。

【解】 (1)求相关参量。

$$h_0=700-40=660(mm)$$

$$e_0=\frac{M}{N}=\frac{260\times10^6}{2\ 700\times10^3}=96.3(mm)$$

$$e_a=\max(20\ mm,\ h/30=23.3\ mm)=23.3(mm)$$

$$e_i=e_0+e_a=96.3+23.3=119.6(mm)$$

$$e=e_i+\frac{h}{2}-a_s=119.6+700/2-40=429.6(mm)$$

(2)判别类型。

$$x=\frac{N}{\alpha_1 f_c b}=\frac{2\ 700\times10^3}{1.0\times14.3\times400}=472(mm)>\xi_b h_0=0.55\times660=363(mm)$$

属于小偏心受压构件。

(3)求 ξ。

$$\xi=\frac{N-\xi_b\alpha_1 f_c b h_0}{\dfrac{Ne-0.43\alpha_1 f_c b h_0^2}{(\beta_1-\xi_b)(h_0-a_s')}+\alpha_1 f_c b h_0}+\xi_b$$

$$=\frac{2\ 700\times10^3-0.55\times1.0\times14.3\times660}{\dfrac{2\ 700\times10^3\times429.6-0.43\times1.0\times14.3\times400\times660^2}{(0.8-0.55)\times(660-40)}+1.0\times14.3\times400\times660}+0.55$$

$$=0.605$$

(4)求对称配筋时的 A_s 及 A_s'。

$$A_s'=A_s=\frac{Ne-\alpha_1 f_c b h_0^2\xi(1-0.5\xi)}{f_y'(h_0-a_s')}$$

$$=\frac{2\ 700\times10^3\times429.6-1.0\times14.3\times400\times660^2\times0.706\times(1-0.50\times0.605)}{300\times(660-40)}$$

$$=583.2(mm^2)>0.002bh=0.002\times400\times700=560(mm^2)$$

选每侧 $3\Phi16$($A_s'=A_s=603\ mm^2$),按构造要求选 $\Phi8@250$ 箍筋。

3. 实训楼的矩形截面偏心受压柱,截面尺寸 $b\times h=400\ mm\times600\ mm$,柱净高 $H_n=2.8\ m$,柱端作用剪力设计值 $V=270\ kN$,相应的轴向压力设计值 $N=700\ kN$,采用混凝土强度等级为 C30($f_c=14.3\ N/mm^2$、$f_t=1.43\ N/mm^2$、$\beta_c=1.0$),箍筋 HPB300 级钢筋($f_{yv}=270\ N/mm^2$、$a_s=a_s'=40\ mm$),求所需箍筋的数量。

【解】 (1)验算最小截面尺寸。

$$h_0=600-40=560(mm)$$

$$\frac{h_w}{b}=\frac{560}{400}=1.44$$

$$V=270(kN)<0.25\beta_c f_c b h_0=0.25\times1.0\times14.3\times400\times560\times10^{-3}=800.8(kN)$$

截面符合要求。

(2)验算是否需要计算箍筋。

$$\lambda = \frac{H_n}{2h_0} = \frac{2800}{2 \times 560} = 2.5$$

$$0.3 f_c A = 0.3 \times 14.3 \times 400 \times 600 = 1\ 029.6(\text{kN}) > V = 270\ \text{kN}$$

$$\frac{1.75}{\lambda+1} f_t b h_0 + 0.07N = \frac{1.75}{2.5+1} \times 1.43 \times 400 \times 560 + 0.07 \times 700 \times 10^3 = 205.5(\text{kN}) < V$$
$$= 270\ \text{kN}$$

故应计算箍筋。

(3)箍筋的计算。

$$\frac{A_{sv}}{s} = \frac{V - \left(\frac{1.75}{\lambda+1} f_t b h_0 + 0.07N\right)}{f_{yv} h_0} = \frac{270 \times 10^3 - 205.5 \times 10^3}{270 \times 560} = 0.427(\text{mm}^2/\text{mm})$$

选双肢 Φ8 箍筋，$A_{sv} = n A_{sv1} = 2 \times 50.3 = 100.6(\text{mm}^2)$

$$s \leqslant \frac{100.6}{0.427} = 235.6(\text{mm})，取 S = 250\ \text{mm}。$$

拓展实训

1. 已知矩形截面柱的截面尺寸 $b \times h = 400\ \text{mm} \times 600\ \text{mm}$，计算长度 $l_0 = 4.8\ \text{m}$，承受轴向压力设计值 $N = 1\ 500\ \text{kN}$，柱两端弯矩 $M_1 = M_2 = 320\ \text{kN} \cdot \text{m}$，采用混凝土强度等级为 C30，HRB400 级钢筋，HPB300 级箍筋，设计使用年限为 50 年，环境类别为一类，求对称配筋时纵筋的截面面积 A_s 及 A'_s 及选配钢筋、箍筋。

2. 矩形截面偏心受压柱，截面尺寸 $b \times h = 500\ \text{mm} \times 700\ \text{mm}$，承受轴向压力设计值 $N = 2\ 720\ \text{kN}$，柱端弯矩设计值 $M = 85\ \text{kN} \cdot \text{m}$(已考虑偏心距调整系数和弯矩增大系数)，采用混凝土强度等级为 C30，HRB335 级钢筋和 HPB300 级钢筋，$a_s = a'_s = 40\ \text{mm}$，求对称配筋时纵筋的截面面积 A_s 及 A'_s 及箍筋。

3. 矩形截面偏心受压柱，截面尺寸 $b \times h = 400\ \text{mm} \times 600\ \text{mm}$，计算长度 $l_0 = 7.5\ \text{m}$，承受轴向压力设计值 $N = 1\ 000\ \text{kN}$，偏心距 $e_0 = 396\ \text{mm}$(已考虑纵向弯曲影响)，采用混凝土强度等级为 C30，配有每边 4Φ25 的 HRB335 级钢筋，$a_s = a'_s = 40\ \text{mm}$，试复核该柱承载力是否满足要求。

4. 矩形截面偏心受压柱，截面尺寸 $b \times h = 350\ \text{mm} \times 500\ \text{mm}$，计算长度 $l_0 = 4.2\ \text{m}$，承受轴向压力设计值 $N = 1\ 230\ \text{kN}$，偏心距 $e_0 = 135\ \text{mm}$(已考虑纵向弯曲影响)，采用混凝土强度等级为 C25，配有每边 2Φ20 的 HRB335 级钢筋，$a_s = a'_s = 40\ \text{mm}$，试复核该柱承载力是否满足要求。

5. 某矩形截面偏心受压柱，截面尺寸 $b \times h = 400\ \text{mm} \times 600\ \text{mm}$，柱净高 $H_n = 4.5\ \text{m}$，计算长度 $l_0 = 6\ \text{m}$，柱端作用剪力设计值 $V = 360\ \text{kN}$，相应的轴向压力设计值 $N = 1\ 280\ \text{kN}$，$M = 400\ \text{kN} \cdot \text{m}$，采用混凝土强度等级为 C25，HRB335 级纵向钢筋及 HPB300 级箍筋，$a_s = a'_s = 40\ \text{mm}$，求对称配筋时所需纵向钢筋及箍筋的数量。

任务四　钢筋混凝土受拉构件承载力的计算

任务描述

理解轴心受拉构件的特点及承载力计算方法，掌握偏心受拉构件的承载力计算方法。

任务分析

了解受拉构件承载力计算方法，并在实际工程中应用。

相关知识

由于在实际工程中，较少采用钢筋混凝土受拉构件，因此，主要介绍轴心受拉构件及偏心受拉构件承载力计算的基本知识。

一、轴心受拉构件承载力的计算

钢筋混凝土受拉构件分为轴心受拉构件和偏心受拉构件。当轴向拉力作用线与构件截面形心轴重合时，称为轴心受拉构件；当轴向拉力作用线与构件截面形心轴不重合时，称为偏心受拉构件。实际工程中，可近似按轴心受拉构件计算的有：承受节点荷载的屋架（或托架）的受拉弦杆、腹杆；刚架、拱的拉杆等。

轴心受拉构件从逐级加荷开始至构件破坏，经历以下三个阶段：

(1)混凝土开裂前，拉力由钢筋与混凝土共同承受，混凝土即将开裂。

(2)混凝土开裂后，构件带裂缝工作阶段。裂缝与构件轴线垂直且贯穿整个截面，混凝土退出工作，拉力全部由钢筋承受，但并不意味着构件丧失承载力，荷载还可以继续增加，新的裂缝产生及原有裂缝加宽。一般情况下，当截面配筋率较高、在相同配筋率条件下，钢筋直径较细、根数较多、分布较均匀时，裂缝间距小、宽度较细；反之，裂缝间距大、宽度较宽。

(3)钢筋屈服后的破坏阶段。当轴向拉力使裂缝截面处钢筋的应力达到抗拉强度时，构件进入破坏阶段。当构件采用有明显屈服点的钢筋配筋时，构件的变形还可以有较大的发展，但裂缝宽度将达到不适于继续承载的状态。当采用无明显屈服点钢筋时，构件有可能被拉断。轴心受拉构件截面的应力，如图8-11所示。

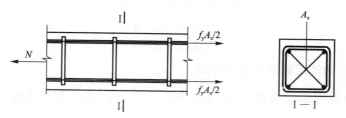

图8-11　轴心受拉构件截面的应力图形

根据力的平衡条件可得：

$$N \leqslant f_y A_s \tag{8-19}$$

式中　N——轴向拉力设计值；

　　　f_y——钢筋抗拉强度设计值；

　　　A_s——纵向受拉钢筋截面面积。

偏心受拉构件在实际工程中，受地震作用的框架边梁，承受节点荷载的下弦拉杆等可按单向偏心受拉构件计算。

二、偏心受拉构件承载力的计算

(一)偏心受拉构件正截面承载力计算

根据轴向拉力作用位置的不同，偏心受拉构件有小偏心受拉构件和大偏心受拉构件两种。

1. 小偏心受拉构件正截面承载力计算

当轴向拉力作用在纵向钢筋 A_s 和 A'_s 之间($e_0 \leqslant \dfrac{h}{2} - a_s$)时，属于小偏心受拉构件。构件全截面受拉，随着荷载增加，混凝土开裂并贯通整个截面，混凝土退出工作，拉力完全由钢筋承担，最后钢筋应力达到屈服强度而破坏。其截面应力，如图 8-12(a)所示。

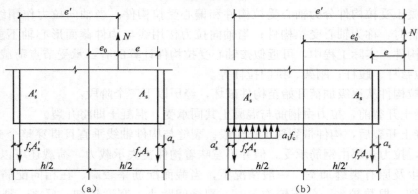

图 8-12　偏心受拉构件截面的应力图形

(a)小偏心受拉；(b)大偏心受拉

由静力平衡条件可得：

$$Ne \leqslant f_y A'_s (h - a_s - a'_s) \tag{8-20}$$

$$Ne' \leqslant f_y A_s (h - a_s - a'_s) \tag{8-21}$$

$$e = h/2 - e_0 - a_s \tag{8-22}$$

$$e' = h/2 - a_s + e_0 \tag{8-23}$$

2. 大偏心受拉构件正截面承载力计算

当轴向拉力作用在纵向钢筋 A_s 和 A'_s 之外($e_0 > \dfrac{h}{2} - a_s$)时，属于大偏心受拉构件，构件截面部分受拉、部分受压。随着荷载的增加，受拉区混凝土首先开裂，然后受拉钢筋达到屈服，最后，受压区混凝土被压碎的同时，受压钢筋达到屈服构件破坏。其截面应力，如图 8-12(b)所示。

由静力平衡条件可得：

$$N \leqslant f_y A_s - f'_y A'_s - \alpha_1 f_c bx \tag{8-24}$$

$$Ne \leqslant f'_y A'_s (h_0 - a'_s) + \alpha_1 f_c bx \left(h_0 - \frac{x}{2} \right) \tag{8-25}$$

公式适用条件：为避免发生超筋及保证受压钢筋强度充分发挥，应满足：$2a'_s \leqslant x \leqslant \xi_b h_0$。

(二)偏心受拉构件斜截面承载力计算

由于拉力 N 的存在会使其斜截面承载力降低，其降低程度与拉力成正比。

$$V \leqslant \frac{1.75}{\lambda + 1} f_t bh_0 + f_{yv} \frac{A_{sv}}{s} h_0 - 0.2N \tag{8-26}$$

式中符号意义同前，式中的 $f_{yv} \dfrac{A_{sv}}{s} h_0$ 值不得小于 $0.36 f_t bh_0$。

受拉构件的构造要求与受弯构件及受压构件的相关构造相同。

拓展实训

1. 轴心受拉构件各阶段有何受力特点？
2. 如何区别大小偏心受拉构件？
3. 偏心受拉构件拉力 N 对其斜截面抗剪承载力有何影响？

项目九　预应力混凝土构件的认知及应力损失的计算

任务一　预应力混凝土构件的认知与计算

任务描述

了解预应力混凝土构件的基本原理，认知其施工方法、锚具；掌握张拉控制应力的确定方法及预应力损失产生的原因、减小措施及计算与组合方法。

理解混凝土构件的基本概念及原理、预应力混凝土构件的张拉控制应力、预应力损失产生的原因、减小措施分析及相关计算方法，为后续课程学习及解决施工中遇到的问题奠定基础。

一、预应力混凝土的基本原理

钢筋混凝土构件，由于混凝土的极限拉应变值为$(0.1\sim0.15)\times10^{-2}$，在使用阶段通常带裂缝工作且变形过大，其适用范围受到限制。对于使用上不允许开裂的构件，受拉钢筋应力只能达到$20\sim30$ N/mm²；对允许开裂的构件，受拉钢筋应力达到 250 N/mm² 时，裂缝宽度已经达到 0.2～0.3 mm。

由前述内容，我们可以通过加大截面、增加钢筋、提高材料强度等级等措施对截面刚度有一定提高，但会影响结构使用性能，同时也不经济，高强度钢筋不能充分发挥。

为了充分发挥高强度钢筋和混凝土的作用，可以在构件受荷以前，预先人为对受拉区的混凝土施加压力，使其产生预压应力，以抵消或减小使用荷载作用下产生的拉应力。因此，可延缓裂缝的出现、减小裂缝宽度以满足要求。这种在构件受荷以前预先对受拉区施加压应力的构件，称为预应力混凝土构件。

现以预应力混凝土简支梁为例，说明预应力混凝土的基本原理。如图 9-1 所示，在构件受荷前，通过张拉钢筋固定在构件端部，反作用于梁的受拉区一对平衡预压力 N，使梁截面下边缘混凝土产生预压应力 σ_c，上边缘产生预拉应力 σ_{ct}，如图 9-1(a)所示。当荷载作用时，使梁截面下边缘产生拉应力 σ_{ct}，梁上边缘产生压应力 σ_c，如图 9-1(b)所示，最后的截面应力为上述两种情况的叠加，如图 9-1(c)所示。因此，不难看出预应力混凝土构件可延缓构件的开裂，提高构件的抗裂性能及刚度，减小变形，扩大了混凝土结构的应用范围，使高强度混凝土和钢筋得以在工程中使用。但预应力混凝土构件的正截面承载力无明显影响，具有结构计算与施工都比较繁杂，施工中需要专门的张拉及锚固设备，施工的周期长、费用高等缺点。

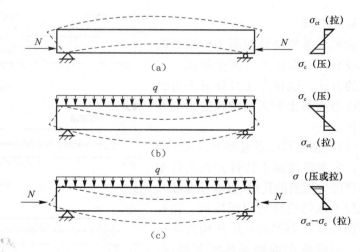

图 9-1 预应力混凝土的基本原理

二、施加预应力的方法及锚具

目前，工程中常用的施加预应力的方法，是通过张拉结构构件中的纵向受力钢筋，利用钢筋的弹性回缩，使受拉区混凝土获得预压应力。按照张拉钢筋与浇筑混凝土的先后次序，施加预应力的方法分为先张法和后张法两种。

1. 先张法

先张法是先张拉预应力钢筋，然后浇筑混凝土的方法。其主要工序：首先，在台座上（或钢模内）将预应力钢筋张拉到控制应力并临时锚固；然后，浇筑混凝土，待混凝土达到设计强度的 75% 以上时剪断或放松钢筋，如图 9-2 所示。钢筋刚性回弹受钢筋与混凝土的粘结力阻止，混凝土即获得预加压力。

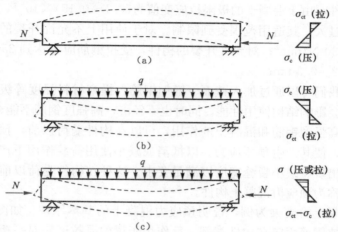

图 9-2 先张法主要工序示意图

(a)张拉钢筋；(b)浇筑混凝土；(c)切断钢筋

2. 后张法

后张法是先浇筑混凝土，待混凝土结硬后，在构件上直接张拉预应力钢筋的方法。这种方法具体分为有粘结预应力混凝土和无粘结预应力混凝土两种。

（1）有粘结预应力混凝土。其主要工序：先浇筑混凝土构件并在构件中预留预应力钢筋的孔道（直线或曲线），待混凝土达到设计规定强度后，在孔道内穿入预应力钢筋，依托构件张拉钢筋，用锚具在构件端部将其锚固，在孔道内压力灌浆，使钢筋与混凝土粘结为整体，同时可防止钢筋锈蚀，如图 9-3 所示。

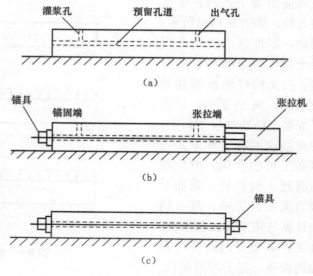

图 9-3 后张法主要工序示意图

(a)浇筑混凝土；(b)张拉钢筋；(c)灌浆锚固

后张法与先张法不同在于，后张法不需要台座，但需要永久性的锚具，既可在预制厂生产也可在施工现场生产大中型构件，钢材消耗及成本一般高于先张法，而且工序复杂、生产周期长。为此，可以采用集先张法和后张法优点于一身的无粘结预应力混凝土，克服了工序繁杂的不足。

（2）无粘结预应力混凝土。其主要工序：预应力钢筋表面涂刷润滑防腐层(防腐沥青、防腐油脂)，包上塑料布(管)，与构件中的非预应力钢筋同时铺设并浇筑混凝土，待混凝土达到设计规定强度后张拉钢筋并锚固。其中，涂层作用是使预应力筋与混凝土隔离无粘结力，能够保证预应力钢筋在套管内自由拉伸，减少预应力损失并防止钢筋锈蚀。施工工艺与普通混凝土相同，无须预留孔道、穿筋、灌浆等。

张拉预应力钢筋除采用机械张拉方法外，还有电热张拉法及膨胀水泥自张法。电热张拉法是利用低电压强电流使预应力钢筋受热伸长，达到规定要求后切断电源锚固，钢筋冷却回缩，使混凝土获得预压应力。膨胀水泥自张法是利用膨胀水泥制作钢筋混凝土构件，使钢筋伸长混凝土自由膨胀受阻而获得预压应力。

3. 锚具

锚具是制作预应力混凝土构件，夹持锚固预应力钢筋的专用工具，分为夹具和锚具两种。通常将预应力混凝土构件制作完毕后能够取下重复使用的称为夹具；锚固在构件端部不能取下重复使用的称为锚具。有时为简便计，将夹具和锚具统称为锚具。

锚具种类较多，目前，建筑工程施工中常用的锚具有螺丝端杆锚具、JM12 锚具、套筒式夹具、镦头锚具等，如图 9-4 所示。

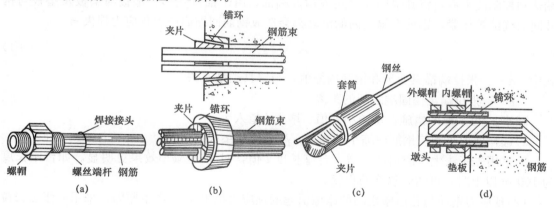

图 9-4　几种常见的锚具

(a)螺丝端杆锚具；(b)JM12 锚具；(c)套筒式夹具；(d)镦头锚具

三、张拉控制应力与预应力损失

1. 张拉控制应力 σ_{con}

张拉控制应力是指在张拉预应力钢筋时所控制达到的最大应力值。其值为张拉设备上的测力计所指示的总拉力除以预应力钢筋截面面积而得出的应力值，用 σ_{con} 表示。

张拉控制应力的取值，直接影响预应力混凝土构件的使用效果。取值越高，混凝土获得的预压应力越大，构件的抗裂性能越好，变形越小，但不能过高，采用超张拉施工工艺时，张拉钢筋过程中可能发生钢筋被拉断的现象。因此，《规范》规定张拉控制应力应符合

表 9-1 的要求。

表 9-1　张拉控制应力允许值

钢筋种类	张拉控制应力
消除应力钢丝、钢绞线	$\sigma_{con} \leqslant 0.75 f_{ptk}$
中强度预应力钢丝	$\sigma_{con} \leqslant 0.70 f_{ptk}$
预应力螺纹钢筋	$\sigma_{con} \leqslant 0.85 f_{pyk}$

注：1. f_{ptk} 为预应力筋极限强度标准值，f_{pyk} 为预应力螺纹钢筋屈服强度标准值。

　　 2. 下列情况表中数值允许提高 $0.05 f_{ptk}$：为了提高构件在施工阶段的抗裂性能而在使用阶段受压区内设置预应力筋；为了部分抵消由于应力松弛、摩擦、钢筋分批张拉以及预应力钢筋与张拉台座之间的温差产生的预应力损失。

　　 3. 对于消除应力钢丝、钢绞线、中强度预应力钢丝的张拉控制应力值不应小于 $0.4 f_{ptk}$；预应力螺纹钢筋的张拉控制应力值不宜小于 $0.5 f_{ptk}$。

2. 预应力损失

由于张拉工艺和材料特性等原因，从张拉钢筋开始直至构件使用阶段的过程中，钢筋的应力不断降低，其降低部分称为预应力损失。同时，混凝土预压应力随之降低，产生预应力损失的因素很多，对预应力构件的设计、施工及使用会产生直接影响。为此，我们必须认识损失产生的原因，并从中找出减小损失的措施。

(1)张拉端锚具的变形和钢筋内缩引起的预应力损失 σ_{l1}。产生原因：在预应力钢筋张拉端达到控制应力后，将其锚固在台座或构件端部，由于锚具变形、垫板与垫板及垫板与构件间的缝隙被压紧；钢筋在锚具内的滑动都会造成钢筋回缩而产生预应力损失 σ_{l1}。

$$\sigma_{l1} = \frac{a}{l} E_s \tag{9-1}$$

式中　a——张拉端锚具变形和钢筋内缩值，与锚具类型有关；

　　　l——张拉端至锚固端之间的距离。

减小 σ_{l1} 可采取的措施：从减小 a 值、增大 l 值入手。

1)选择变形小和使钢筋内缩小的锚具，尽量减小垫板的数量；

2)采用先张法生产的构件，增大台座长度 l 值，对 σ_{l1} 的减小效果更明显。如台座长度为 100 m 以上时，可达到忽略的程度。

(2)预应力钢筋与孔道壁之间的摩擦引起的预应力损失 σ_{l2}。产生原因：采用后张法张拉预应力钢筋时，由于预应力钢筋与孔道壁接触而产生摩擦阻力，以致预应力截面随距张拉端的距离增加而增大，即预应力损失 σ_{l2} 增大。

$$\sigma_{l2} = \sigma_{con} \left(1 - \frac{1}{e^{kx + \mu\theta}} \right) \tag{9-2}$$

式中　k——孔道每米长度局部偏差的摩擦系数，与孔道成型方式有关；

　　　x——张拉端与计算截面的距离；

　　　μ——预应力钢筋与孔道壁之间的摩擦系数，与孔道成型方式及预应力钢筋种类有关；

　　　θ——从张拉端到计算截面曲线孔道部分切线的夹角。

减小 σ_{l2} 可采取的措施如下：

1)对于较长的构件可采用两端张拉，x 值减小一半，σ_{l2} 也减小一半；

2)采用超张拉的施工方法：$0 \longrightarrow 1.03\sigma_{con} \longrightarrow (1.05\sigma_{con}) \xrightarrow{\text{持荷2分钟}} \sigma_{con}$。

此法比一次张拉到 σ_{con} 的预应力均匀，且距张拉端最远截面预应力值是由超张拉获得的应力，从而减少了 σ_{con} 损失。

(3)混凝土加热养护时受张拉钢筋与承受拉力设备之间的温差引起的预应力损失 σ_{l3}。产生原因：对于先张法构件，为缩短周期，提高设备周转率通常采用蒸汽养护方法以加快混凝土的结硬。升温时，钢筋受热膨胀相对伸长，产生预应力损失。降温时，钢筋与混凝土粘结作用，两者同步回缩，故损失不可恢复。

$$\sigma_{l3} = 2\Delta t \tag{9-3}$$

式中 Δt——预应力钢筋与台座之间的温度差。

减小 σ_{l3} 可采取的措施如下：

1)采用两次升温养护，即先升温 20 ℃养护至混凝土强度达 7~10 N/mm^2 时，再次升温到规定的养护温度，钢筋与混凝土同步胀缩而不再产生应力损失，故此时 $\sigma_{l3} = 2\Delta t = 40$ N/mm^2。

2)在钢模上张拉预应力钢筋，无温度差而言，故 $\sigma_{l3} = 0$，消除了 σ_{l3}。

(4)预应力钢筋的应力松弛引起的预应力损失 σ_{l4}。产生原因：钢筋在高应力作用下，其塑性变形随时间而增长，长度保持不变，钢筋应力也随之降低的现象，称为钢筋的应力松弛。由此引起应力损失 σ_{l4}，与预应力钢筋种类及张拉工艺等因素有关，按表 9-2 规定计算。

减少 σ_{l4} 可采取的措施：

1)采用低松弛的高强度钢筋；

2)采用超张拉的施工方法，松弛在短时间内完成，从而减少预应力损失。

表 9-2　预应力钢筋应力松弛引起的预应力损失 σ_{l4}

	普通松弛	$0.4\left(\dfrac{\sigma_{con}}{f_{ptk}} - 0.5\right)\sigma_{con}$
消除应力钢丝、钢绞线	低松弛	当 $\sigma_{con} \leqslant 0.7f_{ptk}$ 时，$0.125\left(\dfrac{\sigma_{con}}{f_{ptk}} - 0.5\right)\sigma_{con}$
		当 $0.7f_{ptk} \sigma_{con} \leqslant 0.8f_{ptk}$ 时，$0.2\left(\dfrac{\sigma_{con}}{f_{ptk}} - 0.575\right)\sigma_{con}$
中强度预应力钢丝		$0.08\sigma_{con}$
预应力螺纹钢筋		$0.03\sigma_{con}$

(5)混凝土收缩与徐变引起的预应力损失 σ_{l5}。产生原因：由于混凝土的收缩与徐变，使构件长度缩短，预应力钢筋也随之回缩造成预应力损失 σ_{l5}、σ'_{l5}（受压区纵向预应力钢筋的预应力损失）。

先张法构件：
$$\sigma_{l5} = \frac{60 + 340\dfrac{\sigma_{pc}}{f_{cu}}}{1 + 15\rho} \tag{9-4}$$

$$\sigma'_{l5} = \frac{60 + 340\dfrac{\sigma'_{pc}}{f'_{cu}}}{1 + 15\rho'} \tag{9-5}$$

后张法构件：
$$\sigma_{l5} = \frac{55 + 300\dfrac{\sigma_{pc}}{f_{cu}}}{1 + 15\rho} \tag{9-6}$$

$$\sigma'_{l5} = \frac{55 + 300\dfrac{\sigma'_{pc}}{f'_{cu}}}{1 + 15\rho'} \tag{9-7}$$

式中　σ_{pc}，σ'_{pc}——受拉区、受压区预应力钢筋在各自合力点处混凝土的法向压应力；

　　f'_{cu}——施加预应力时的混凝土立方体抗压强度不低于 $0.75f'_{cu}$；

　　ρ，ρ'——受拉区、受压区预应力钢筋和非预应力钢筋的配筋率；

先张法构件：
$$\rho = \frac{A_p + A_s}{A_0} \text{、} \rho' = \frac{A'_p + A'_s}{A_0}$$

后张法构件：
$$\rho = \frac{A_p + A_s}{A_n} \text{、} \rho' = \frac{A'_p + A'_s}{A_n}$$

　　A_0——混凝土换算截面面积[扣除孔道等削弱部分面积加上全部纵向钢筋(含非预应力钢筋)换算成混凝土的截面面积]；

　　A_n——净截面面积，不含截面削弱部分面积及钢筋的换算面积。

减少 σ_{l5} 可采取的措施：

1)采用高强度水泥，减少水泥用量，降低水胶比，采用干硬性混凝土；

2)采用级配较好的集料，加强振捣，提高混凝土的密实性；

3)加强养护，以减少混凝土的收缩；

4)控制预应力钢筋放张时混凝土的立方体强度及预压应力 σ_{pc}、σ'_{pc} 值，均不能大于 $0.5f'_{cu}$。

(6)用螺旋式预应力钢筋作配筋的环形构件，由于混凝土的局部挤压引起的预应力损失 σ_{l6}。产生原因：由于预应力钢筋对环形构件的外壁径向压力作用，使混凝土产生局部挤压，使构件直径减小，预应力钢筋回缩而引起的 σ_{l6}。当构件的外径 $d \leqslant 3$ m 时，$\sigma_{l6} = 30$ N/mm²；当 $d > 3$ m 时，$\sigma_{l6} = 0$。

3. 预应力损失值的组合

上述各项预应力损失 $\sigma_{l1} \sim \sigma_{l6}$ 中，对先张法构件和后张法构件的发生各不相同，发生的先后时间也不尽相同。为了计算方便，将预应力损失划分成两批：发生在混凝土预压前的预应力损失，称为第一批预应力损失，用 σ_{lI} 表示；发生在混凝土预压后的预应力损失，称为第二批预应力损失。用 σ_{lII} 表示。其组合情况，见表 9-3。

表 9-3　各阶段预应力损失值的组合表

预应力损失的组合	先张法构件	后张法构件
混凝土预压前(第一批)的损失	$\sigma_{l1} + \sigma_{l2} + \sigma_{l3} + \sigma_{l4}$	$\sigma_{l1} + \sigma_{l2}$
混凝土预压后(第二批)的损失	σ_{l5}	$\sigma_{l4} + \sigma_{l5} + \sigma_{l6}$

计算求得预应力总损失 σ_l 小于下列数值时，应按下列数值取用：先张法构件 100 N/mm²；后张法构件 80 N/mm²。

拓展实训

1. 什么是预应力混凝土构件？其工作原理是什么？

2. 与普通混凝土构件相比，预应力混凝土构件有何特点？

3. 什么是先张法与后张法？各自有何特点？

4. 预应力混凝土构件对材料有什么要求？

5. 什么是张拉控制压力？为什么要对张拉应力进行控制？

6. 张拉控制应力的确定有何规定？其原因是什么？

7. 什么是预应力损失？预应力损失有哪些类型？各种预应力损失的减小措施有哪些？

8. 如何进行预应力损失组合？其限值有何规定？

任务二　预应力混凝土构件的构造应用

任务描述

掌握预应力混凝土构件对材料方面的要求，掌握预应力混凝土构件的构造设计方法及在实际工程中的运用。

任务分析

掌握预应力混凝土构件的构造设计方法，为后续课程学习及解决施工中遇到的问题奠定基础。

相关知识

一、预应力混凝土构件对材料的要求

1. 钢筋

预应力混凝土构件对所选用的钢筋应具有强度高、塑性及可焊性好、低松弛及良好的粘结性能。因此，宜采用预应力钢丝、钢绞线、预应力螺纹钢筋，其抗拉强度可达到 $1\,000\ N/mm^2$ 以上。对于中小型预应力混凝土构件，还可采用冷轧带肋钢筋、冷轧扭钢筋等，其强度标准值为 $650 \sim 970\ N/mm^2$。

2. 混凝土

预应力混凝土构件的混凝土应满足强度高、快硬早强、收缩与徐变小的性能要求。因此，混凝土强度等级不应低于 C30，而且不宜低于 C40。

二、截面形式与尺寸

预应力混凝土构件截面形式同普通的钢筋混凝土受弯构件，常见截面有矩形、T 形、I 形和箱形等。由于截面抗弯刚度大、抗裂度高、材料强度高，因此，构件截面尺寸比普通的钢筋混凝土构件小，适用大跨度结构。一般截面高度 h 取其跨度 l 的 $1/20 \sim 1/14$，腹板

宽度 b 取其截面高度 h 的 $1/15\sim1/8$。

三、先张法构件的构造措施

(1)先张法预应力钢筋之间的净距，不宜小于其公称直径的 2.5 倍和混凝土粗集料粒径的 1.25 倍，且应符合下列规定：预应力钢丝，不应小于 15 mm；3 股钢绞线，不宜小于 20 mm；7 股钢绞线，不应小于 25 mm。

(2)先张法构件端部宜采取下列加强措施：

1)对单根配置的预应力钢筋，其端部设置长度不小于 150 mm，且不少于 4 圈螺旋筋，如图 9-5(a)所示。也可以利用支座垫板上的插筋代替，根数不应少于 4 根，如图 9-5(b)所示。

2)对于分散布置的多根预应力筋，在构件端部 $10d$ 且不小于 100 mm 范围内，设置 $3\sim5$ 片与预应力钢筋垂直的钢筋网片，如图 9-5(c)所示。

3)对于采用预应力钢丝配筋的薄板，在板端 100 mm 范围内适当加密横向钢筋，如图 9-5(d)所示。

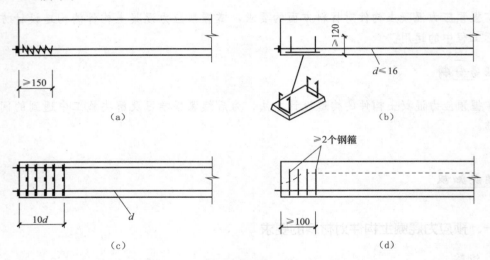

图 9-5　先张法构件配筋构造要求

4)对于槽形板类构件，应在构件端部 100 mm 范围内，沿板面设置附加横向钢筋，其数量不少于 2 根。

预制槽形板，宜设置加强其整体性和横向刚度的横肋，端横肋的受力钢筋应弯入纵肋内。当采用先张长线法生产有端横肋的预应力混凝土肋形板时，应在设计和制作上采取防止放张预应力时，端横肋产生裂缝的有效措施。

5)在预应力混凝土屋面梁、吊车梁等构件靠近支座的斜向主拉应力较大部位，宜将一部分预应力钢筋弯起配置。

6)预应力钢筋在构件端部全部弯起的受弯构件或直线配筋的先张法构件，当构件端部与下部支承结构焊接时，应考虑混凝土收缩、徐变及温度变化所产生的不利影响，宜在构件端部可能产生裂缝的部位设置足够的非预应力纵向构造钢筋。

四、后张法构件的构造措施

随着无粘结预应力混凝土技术的广泛应用，现已纳入《规范》，因此，对预留孔道的相关构造内容本书不再介绍，主要介绍后张法构件端部加强措施。

（1）宜将一部分预应力钢筋在靠近支座处弯起，弯起的预应力钢筋宜按构件端部均匀布置。

（2）当构件端部预应力钢筋需集中布置在截面下部或集中布置在上部和下部时，应在构件端部 $0.2h$（h 为构件端部截面高度）范围内设置附加竖向焊接钢筋网（宜采用带肋钢筋，通过计算确定）、封闭式箍筋或其他形式的构造钢筋。

（3）当构件在端部有凹进时，应增设折线构造钢筋，如图 9-6 所示。

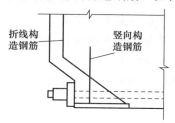

图 9-6　端部凹进处构造钢筋

1—折线构造钢筋；2—竖向构造钢筋

（4）构件端部应考虑锚具的布置，张拉设备的尺寸和局部受压的要求，必要时适当加大。

拓展实训

1. 为什么要对构件端部局部加强？加强的构造措施有哪些？
2. 无粘结预应力混凝土与有粘结预应力混凝土有什么不同？
3. 完成 5 号教学楼中预应力混凝土梁施工中减小预应力损失的措施报告。

项目十　钢筋混凝土梁板结构的设计

1. 掌握单向板肋梁楼盖的结构组成与布置知识。
2. 掌握单向板肋梁楼盖中板、次梁、主梁的计算及构造设计方法。
3. 理解双向板肋梁楼盖的结构组成与布置方法。
4. 掌握双向板肋梁楼盖的计算与构造知识设计方法。
5. 掌握钢筋混凝土楼梯的结构类型判别方法。
6. 掌握板式楼梯、梁式楼梯的结构组成、计算及构造设计方法。

1. 具有楼板的结构类型的判别能力。
2. 具有单向板肋梁楼盖中板、次梁、主梁的计算与构造设计能力。
3. 具有双向板肋梁楼盖的构造设计能力。
4. 具有判别钢筋混凝土楼梯结构类型的能力。
5. 具有板式楼梯、梁式楼梯的设计能力。

1. 单向板、双向板的识别与判定，单向板肋梁楼盖的结构组成与布置。
2. 单向板肋梁楼盖中板、次梁、主梁的计算与构造要点。
3. 双向板肋梁楼盖板与梁的配筋与构造要点。
4. 钢筋混凝土楼梯的结构类型判别，板式楼梯与梁式楼梯的结构组成构件的配筋计算与构造。

单向板肋梁楼盖中板、次梁、主梁的内力计算。

10 课时

混凝土梁板结构是建筑结构的重要组成部分，其中，钢筋混凝土肋梁楼盖、楼梯的结构组成与布置、受力特点、计算与构造是本项目的核心内容。

混凝土梁板结构在建筑工程中应用十分广泛，如楼盖、屋盖、筏形基础、阳台、雨篷等，是建筑结构的重要组成部分。对于6～12层的框架结构，楼盖用钢量占全部结构用钢量的 50% 左右。因此，楼盖结构选型、布置的合理性以及结构计算和构造的正确性，对建筑的安全使用和经济有着非常重要的意义。

任务一　单向板肋梁楼盖的设计

任务描述

了解肋梁楼盖的分类方法，能够对常见的肋梁楼盖的类型进行判定；能够运用单向板肋梁楼盖的结构组成与布置及相关构造知识，对单向板肋梁楼盖中的板、次梁、主梁进行相关设计。

任务分析

单向板肋梁楼盖的设计主要有以下学习任务：①确定结构平面布置图及组成构件的截面尺寸；②板的荷载计算、计算简图、内力计算、配筋计算、构造设计处理；③次梁的荷载计算、计算简图、内力计算、配筋计算、构造设计处理；主梁的荷载计算、计算简图、内力计算、配筋计算、构造设计处理；④绘制结构施工图等。

相关知识

一、现浇混凝土楼盖概述

混凝土楼盖按施工方法的不同，可分为现浇式、装配式和装配整体式三种类型。

现浇混凝土楼盖具有整体性好、抗震性强、防水性能好、适用于平面形状不规则等情况的优点，其缺点是模板使用量大、现场工作量较大等，但随着大尺寸规格模板及商品混凝土的使用已克服。因此，现浇混凝土楼盖应用日益普遍。

现浇混凝土楼盖主要有单向板肋梁楼盖、双向板肋梁楼盖、井式楼盖和无梁楼盖四种形式，如图 10-1 所示。

单向板肋梁楼盖由板、次梁和主梁组成，双向板肋梁楼盖由板、梁组成，是应用最为广泛的常见结构形式；井式楼盖由板和正交或斜交的梁组成，两个方向的梁具有相同截面尺寸，将天棚分成若干个有规律的区格，适于建筑物中的各种大厅（门厅、会议厅、展厅等）；无梁楼盖是板直接支承在柱上（板受荷载较大时，设柱帽），适用于净空要求较大，房间平面尺寸大的建筑（如仓库、商场等）。

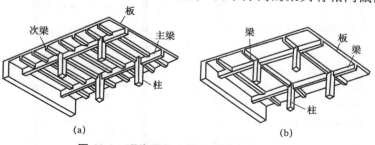

图 10-1　现浇混凝土楼盖的四种结构形式
（a）单向板肋梁楼盖；（b）双向板肋梁楼盖

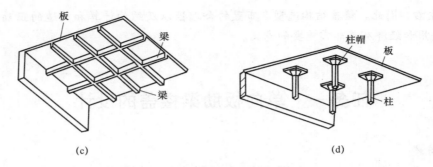

图 10-1　现浇混凝土楼盖的四种结构形式(续)

(c)井式楼盖；(d)无梁楼盖

二、单向板肋梁楼盖

(一)受力特点及结构布置

1. 受力特点

单向板肋梁楼盖一般由板、次梁、主梁组成,板的四边可支承在次梁、主梁或砖墙上。当板的长边 l_2 与短边 l_1 之比较大($l_2/l_1 \geqslant 3$)时,板上荷载主要沿短边方向传递,而沿长边方向传递的荷载很小可忽略不计。因此,板中的受力钢筋将沿短边方向布置于板受拉外侧。沿板的长边方向仅配构造钢筋(分布筋),布置于受力钢筋内侧。这种板称为单向板。当板的长边 l_2 与短边 l_1 之比较小($l_2/l_1 \leqslant 2$)时,板上荷载沿两个方向均不可忽略,且均配受力钢筋,长边方向受力钢筋布置于短边方向受力钢筋的内侧,这种板称为双向板。而当 $2 < l_2/l_1 < 3$ 时,宜按双向板计算;若按单向板计算时,应沿长边方向布置足够数量的构造钢筋。

2. 结构布置

结构布置包括柱网、承重墙、梁、板的布置,应满足使用功能、受力合理及经济合理要求。根据设计经验,主梁的经济跨度(柱网)一般为 5~8 m;次梁的经济跨度(主梁间距)一般为 4~6 m;板的经济跨度(次梁间距)一般为 1.7~2.7 m,常用跨度为 2 m 左右。单向板肋梁楼盖结构布置,如图 10-2 所示。

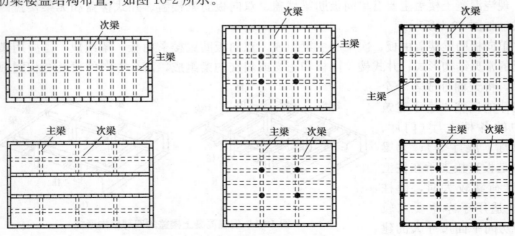

图 10-2　单向板肋梁楼盖结构布置

(二)单向板肋梁楼盖的内力计算

1. 梁板的计算简图

(1)约束条件的确定。单向板肋梁楼盖荷载的传递路线是：活荷载→板→次梁→主梁→柱或墙。

板的支座为次梁，次梁的支座为主梁，主梁的支座为柱或墙。板、梁均为多跨连续受弯超静定结构构件，即一般将端支座简化为铰支座、中间支撑简化为连杆，当主梁的支座为截面较大的钢筋混凝土柱(主梁与柱的线刚度之比小于 4，柱两侧主梁跨度相差 10% 以上)时，柱对主梁的转动有较大约束，主梁与柱视为框架。

(2)计算单元与荷载计算。通常板取 1 m 宽板带作为计算单元，板承受楼面均布荷载(板的自重及板所受的均布活荷载)；次梁承受左右各 1/2 板跨度板传来的均布线荷载(次梁自重及板传来的荷载)；主梁承受左右各 1/2 次梁跨度次梁传来的集中荷载(主梁的自重及次梁传来的集中荷载)，一般将主梁自重的均布荷载转化为对应次梁的位置集中荷载。

由于中间支座的次梁对板、主梁对次梁具有一定的约束，使板、次梁的跨中弯矩相对于按铰支计算有所减少，一般按增大恒荷载及减小活荷载的办法考虑，即用折算恒荷载 g' 和折算活荷载 q' 来代替实际的恒荷载 g 和活荷载 q。

板：	$g'=g+q/2$	$q'=q/2$ (10-1)
次梁：	$g'=g+q/4$	$q'=3q/4$ (10-2)
主梁：	$g'=g$	$q'=q$ (10-3)

(3)计算跨度与跨数的取定。梁板的计算跨度 l_0 是指在内力计算时所采用的跨长，它与构件(梁板)的支撑长度及其抗弯刚度有关。跨度相差不超过 10% 的多跨连续梁板，可按等跨考虑。对于 5 跨及 5 跨以内的连续梁(板)，按实际跨数考虑；对于 5 跨以上的连续梁(板)，可近似按 5 跨考虑，中间跨的内力按第 3 跨内力取定。

板、次梁、主梁的计算简图，如图 10-3 所示。

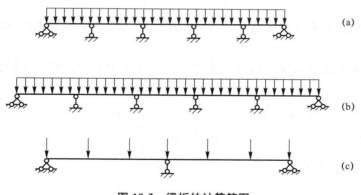

图 10-3　梁板的计算简图

(a)板的计算简图；(b)次梁的计算简图；(c)主梁的计算简图

2. 梁板的内力计算

(1)板与次梁的内力计算。由于板、次梁在单向板肋梁楼盖中属于次要构件，一般按塑性理论计算内力，即考虑混凝土的开裂、受拉钢筋的屈服、内力塑性重分布的影响，设计中可人为地减少支座负弯矩 20% 以内，适时产生塑性铰，内力向跨中转移，但跨中正弯矩并不大于最不利荷载组合时的正弯矩，总用钢量减少，且为施工带来方便。因此，可利用弯矩调幅法求得的弯矩和剪力系数计算弯矩和剪力。

1)弯矩。板与次梁跨中及支座的弯矩为

$$M = \alpha(g+q)l_0^2 \tag{10-4}$$

式中　α——弯矩系数，两端在支承在墙体上的连续板与次梁可按表 10-1 采用；

　　　g、q——分别为作用在梁板上的均布恒荷载和均布活荷载设计值；

　　　l_0——计算跨度。

2)剪力。次梁支座的剪力为

$$V = \beta(g+q)l_n \tag{10-5}$$

式中　β——剪力系数，两端支承在墙体上的连续次梁可按表 10-1 采用；

　　　l_n——次梁的净跨。

表 10-1　弯矩系数 α 与剪力系数 β

截面	边跨中	第一内支座	中跨中	中间支座
α	1/11	−1/11	1/16	−1/14
截面	边支座	第一内支座左	第一内支座右	中间支座
β	0.45	0.6	0.55	0.55

(2)主梁的内力计算。主梁应按弹性理论计算内力，即前述力学方法计算。由于活荷载作用位置的可变性，故应考虑活荷载的最不利组合，以求得梁各截面的最大内力。

最不利活荷载布置的原则：

1)若求某跨跨中最大正弯矩时，应在该跨布置活荷载，然后再隔跨布置活荷载；

2)若求某支座最大负弯矩时，应在该支座左右两跨布置活荷载，然后再隔跨布置活荷载；

3)若求某支座截面最大剪力时，其活荷载的布置与求该支座最大负弯矩的活荷载布置相同。

以上求得支座截面最大负弯矩和最大剪力都是支座中心位置的，实际应取支座边缘截面的内力。

支座边缘截面的弯矩设计值为

$$M = M_c - V_0\frac{b}{2} \tag{10-6}$$

支座边缘截面的剪力设计值：

均布荷载时：

$$V = V_c - (g+q)\frac{b}{2} \tag{10-7}$$

集中荷载时：

$$V = V_c \tag{10-8}$$

式中　M_c、V_c——支座中心处的弯矩和剪力设计值；

　　　V_0——按简支梁计算的支座中心处剪力设计值；

　　　b——支座宽度。

(三)单向板肋梁楼盖的配筋计算与构造要求

1. 板的配筋计算与构造要求

（1）板的配筋计算。

1）板一般能够满足斜截面抗剪承载力要求，设计时可不进行抗剪承载力验算。

2）在竖向荷载作用下，考虑板的周边（梁）将对它产生水平推力的有利影响，其跨中截面及中间支座截面的计算弯矩可减少20%，其他截面则不予降低。

3）根据弯矩算出各控制截面的钢筋面积后，为使跨数较多的内跨钢筋与计算值尽可能一致，同时使支座截面可利用跨中弯起的钢筋，以保证钢筋（直径、间距）协调，应按先内跨后边跨、先跨中后支座的次序选择钢筋的直径和间距。

（2）板的构造要求。

1）板的厚度。板厚应尽量薄，但也不应小于前述最小板厚。

2）板的支承长度。应满足其受力钢筋在支座内锚固的要求，且一般不小于板厚，当搁置在砖墙上时，不小于120 mm。

3）板中受力钢筋。一般采用HPB300、HRB335、HRB400级钢筋，常用直径为6 mm、8 mm、10 mm、12 mm等，对于支座负弯矩钢筋，为了便于施工架立，宜采用较大直径钢筋。受力钢筋间距，一般不小于70 mm；当板厚$h \leqslant 150$ mm时，不应大于200 mm；当板厚$h > 150$ mm时，不应大于$1.5h$，且不应大于250 mm。伸入支座下的钢筋，其间距不应大于250 mm，且不应小于跨中受力钢筋截面面积的1/3。

连续板受力钢筋有弯起式和分离式两种配筋方式，如图10-4所示。

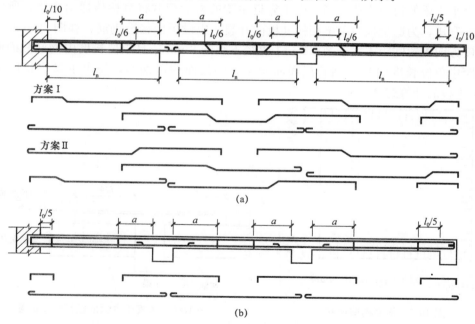

图10-4 连续板受力钢筋的配筋方式

(a)弯起式；(b)分离式

当板厚$h \leqslant 120$ mm且所受动态荷载不大时，可采用施工方便的分离式配筋方式，跨中和支座钢筋各自单独选配。跨中正弯矩筋宜全部伸入支座，其锚固长度不应小于$5d$，支座负弯矩筋末端加工成直角弯钩直抵模板，以保证钢筋位置及加强锚固。

弯起式配筋是将跨中一部分受力钢筋（1/3～1/2）在支座处弯起，兼起支座负弯矩筋，如果不足可另加直筋补充。弯起钢筋的弯起角度一般为 $30°$，当板厚 $h>120$ mm 时，弯起角度可取为 $45°$，如果相邻跨板的钢筋有变化时，为便于施工，钢筋的直径种类变化不宜过多。

钢筋的弯起点和截断点，按图 10-4 的构造确定。当 $q/g \leqslant 3$ 时，图中 a 值取 $l_0/4$；当 $q/g>3$ 时，a 值取 $l_0/3$。q、g、l_0 分别为恒载设计值、活载设计值和板的计算跨度。

4）板中构造钢筋。

①分布钢筋。垂直布置于受力钢筋内侧的构造钢筋，单位长度上分布钢筋的截面面积不宜小于单位长度上的受力钢筋截面面积的 15%，并且不宜小于该方向板的截面面积的 0.15%，其间距不宜大于 200 mm，直径不宜小于 6 mm。在受力钢筋的弯折处必须设分布钢筋。

②板面构造钢筋。与支承梁或墙整体浇筑的混凝土板，以及嵌固在砌体墙内的现浇混凝土板，为防止板面（支承边、支承四角）出现裂缝，需设置板面构造钢筋。钢筋直径不宜小于 8 mm，间距不宜大于 200 mm，而且单位长度内钢筋截面面积不宜小于该方向跨中受力钢筋的 1/3，沿非受力方向配置的构造钢筋可适当减少。当板与混凝土梁、墙整体浇筑时，板面构造钢筋从支承边伸入板内长度不应小于 $l_1/4$，当板嵌固在砌体墙内时，构造钢筋伸出墙边的长度不应小于 $l_1/7$，角区构造钢筋伸出墙边长度不应小于 $l_1/4$，l_1 为板的短边跨度，如图 10-5 所示。

垂直于主梁的板面构造钢筋，由于靠近主梁的板面荷载将直接传递给主梁，所以会产生一定负弯矩，为避免板与主梁相接处板面开裂，应设板面构造钢筋，如图 10-6 所示。沿主梁长度方向配置间距不大于 200 mm，直径不小于 8 mm，且单位长度内钢筋截面面积不小于板跨中单位长度内受力钢筋截面面积 1/3 的板面构造钢筋，伸出主梁边长度不小于 $l_0/4$，l_0 为板的计算跨度。

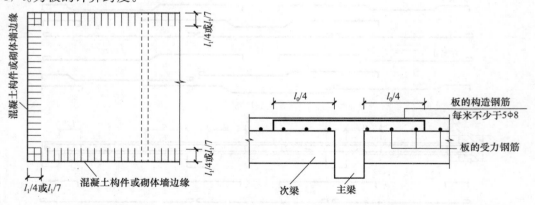

图 10-5　板面构造钢筋　　　　　　　图 10-6　垂直于主梁的板面构造钢筋

③板洞口周边的附加钢筋。当洞口边长或圆形洞口直径不大于 300 mm 时，可不设附加钢筋，板内受力钢筋可绕过洞口（不截断），当洞口边长或直径大于 300 mm，但小于1 000 mm 时，应在洞口边每侧加设附加钢筋，其面积不小于洞口被截断受拉钢筋的 1/2，且不小于 $2\phi 8$。当洞口边长或直径大于 1 000 mm 时，宜在洞口边加设小梁（或暗梁）。

2. 次梁的计算与构造要求

（1）次梁的配筋计算。

1）次梁的截面尺寸应满足高跨比（1/18～1/12）和宽高比（1/3～1/2）的要求。

2）按正截面抗弯承载力计算纵向受拉钢筋时，通常跨中按 T 形截面计算，支座因翼缘位于受拉区，按矩形截面计算。

3）按斜截面抗剪承载力计算横向钢筋，一般只利用箍筋抗剪，当剪力较大时，宜在支座附近设置弯起钢筋，以减少箍筋用量，便于施工。

（2）次梁的构造要求。

1）次梁的一般构造要求同前述内容。

2）次梁的钢筋组成及布置可参考图 10-6。次梁伸入砌体墙内长度一般不小于 240 mm。

3）当次梁相邻跨度差不超过 20%，且 $q/g \leqslant 3$ 时，其纵向受力钢筋的弯起和截断可按图 10-7 进行，否则应按弯矩包络图确定。

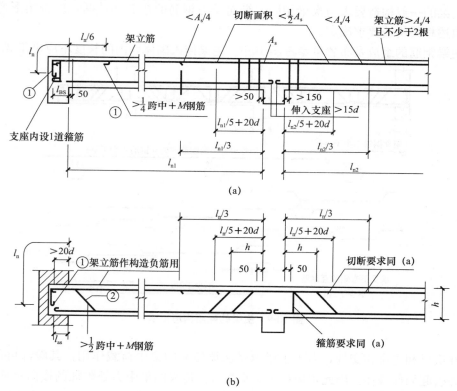

图 10-7　次梁的配筋构造要求

（a）无弯起钢筋；（b）设弯起钢筋

3. 主梁的配筋计算与构造要求

（1）主梁的配筋计算。

1）主梁截面应满足高跨比（1/14～1/8）和宽高比（1/3～1/2）的要求。

2）正截面抗弯计算与次梁相同，通常跨中按 T 形截面计算，支座按矩形截面计算。当跨中出现负弯矩时，跨中也按矩形截面计算。

3)由于支座处板、次梁的钢筋重叠交错，且主梁负筋位于次梁和板的负筋之下（图10-8），故主梁截面有效高度在支座处有所减小。如一类环境时，单排钢筋布置 $h_0 = h - (50 \sim 60)$ mm；双排钢筋布置 $h_0 = h - (80 \sim 90)$ mm。

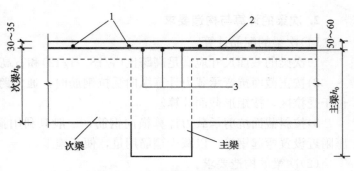

图10-8　主梁支座处钢筋布置

4)主梁承受集中荷载，剪力图呈矩形，若跨中钢筋可供弯起的根数不多，则应在支座设置专门抗剪的鸭筋。

(2)主梁的构造要求。

1)主梁的一般构造要求与次梁相同，纵向受力钢筋的弯起和截断，应按矩形弯矩包络图及其前述相关构造要求确定。

2)主梁钢筋的组成及布置可参考图10-9。主梁伸入砌体墙内的长度不应小于370 mm。

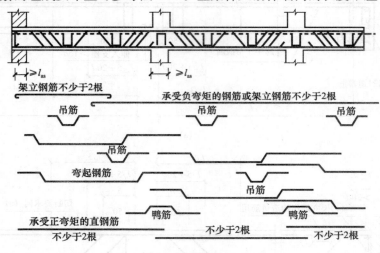

图10-9　主梁的配筋构造要求

3)在次梁和主梁相交处，由于主梁承受次梁传来的集中荷载作用，其腹部可能出现斜裂缝，并引起局部破坏。因此，应在主梁承受次梁传来的集中力处附加的横向钢筋（吊筋或箍筋），《规范》建议宜优先采用箍筋。附加横向钢筋应布置在 $s = 2h_1 + 3b$ 的范围内，第一道附加箍筋距离次梁50 mm，如图10-10所示。

当集中力全部由附加箍筋承受时，则所需附加箍筋的总截面面积为

$$A_{sv} = \frac{F}{f_{yv}} \tag{10-9}$$

选定附加箍筋的直径和肢数后，再根据 A_{sv} 值即可计算出 s 范围内附加箍筋的个数。

当集中力全部由附加吊筋承受时，则吊筋的总截面面积为

$$A_{sb} = \frac{F}{2f_{yv}\sin\alpha} \tag{10-10}$$

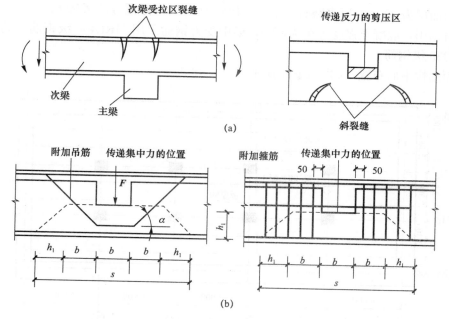

图 10-10　主梁腹部破坏情形与附加箍筋及吊筋设置
(a)集中力作用产生的裂缝情形；(b)附加横向钢筋设置

选定吊筋直径后，再根据 A_{sb} 值即可计算出吊筋的根数。

当集中力同时由附加吊筋和附加箍筋共同承受时，则应满足下式要求：

$$F \leqslant 2f_{yv}A_{sb}\sin\alpha + mnA_{sv1}f_{yv} \tag{10-11}$$

式中　F——次梁传来的集中荷载设计值；

　　　f_{yv}——箍筋抗拉强度设计值；

　　　A_{sb}——附加吊筋的总截面面积；

　　　A_{sv1}——附加箍筋单肢的截面面积；

　　　n——同一截面内附加箍筋的肢数；

　　　m——在 s 范围内附加箍筋的个数；

　　　α——附加吊筋弯起部分与构件轴线夹角，同弯起钢筋的弯起角度。

(四)单向板肋梁楼盖实例介绍

1. 单向板肋梁楼盖的设计步骤

(1)确定结构平面布置图及组成构件的截面尺寸。

(2)板的荷载计算、计算简图、内力计算、配筋计算、构造设计处理。

(3)次梁的荷载计算、计算简图、内力计算、配筋计算、构造设计处理；主梁的荷载计算、计算简图、内力计算、配筋计算、构造设计处理。

(4)绘制结构施工图。

2. 实例介绍

(1)资料。

1)多层工业用仓库，楼面活荷载标准值为 6 kN/m²，设计使用年限为 50 年，环境类别为一类。

2)楼面面层为 30 mm 厚水磨石，梁底、板底为 15 mm 厚混合砂浆抹灰。

3)材料选用：混凝土强度等级为 C30，梁中受力钢筋采用 HRB400 级钢筋、其他钢筋采用 HRB335 级钢筋。

4)楼面结构平面布置，如图 10-11 所示。

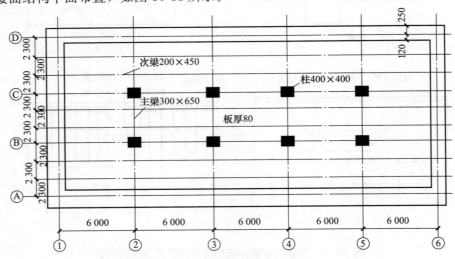

图 10-11 楼盖结构平面布置图

(2)设计成果。

1)板厚：依据工业楼板厚度应不小于 70 mm，取 80 mm。次梁截面尺寸：梁高 h 按 $(1/18\sim1/14)l$ 估算，取 450 mm；宽度 b 按 $(1/3\sim1/2)h$ 估算，取 200 mm。主梁截面尺寸：梁高 h 按 $(1/14\sim1/8)l$ 估算，取 650 mm；宽度 b 按 $(1/3\sim1/2)h$ 估算，取 300 mm。

2)绘制板、次梁、主梁的配筋，如图 10-12～图 10-15 所示。

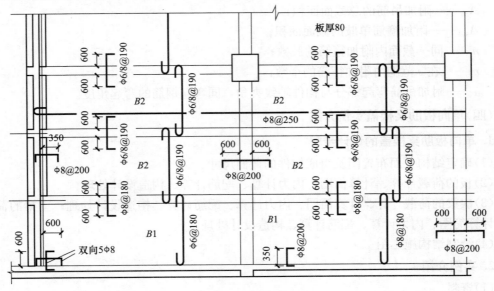

图 10-12 板的配筋图

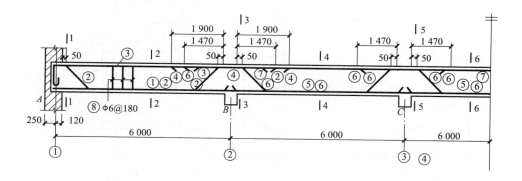

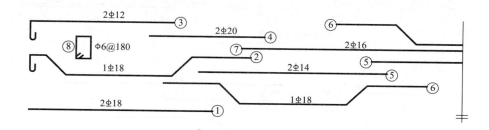

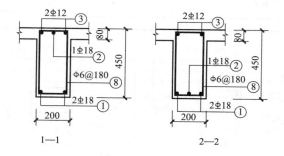

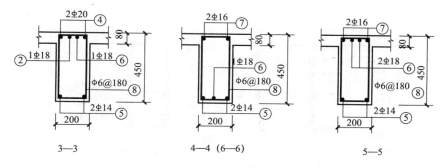

图 10-13　次梁配筋图

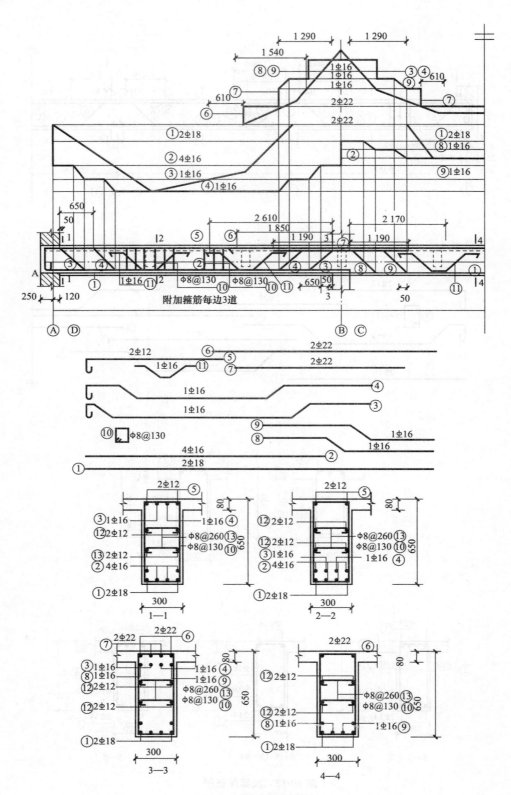

图 10-14　主梁配筋图

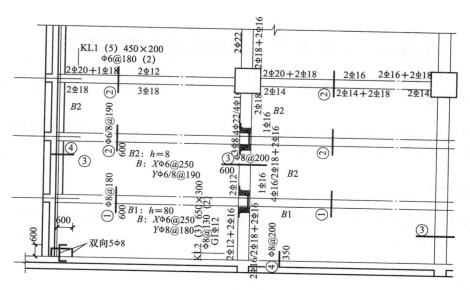

图 10-15　梁、板平法配筋图

拓展实训

一、名词解释

1. 单向板肋梁楼盖；2. 双向板肋梁楼盖；3. 折算荷载。

二、填空题

1. 混凝土楼盖按施工方法的不同，可分为_____、_____、_____三种类型。

2. 现浇混凝土楼盖主要有_____、_____、_____和_____四种形式。

3. 单向板肋梁楼盖由_____、_____和_____组成。双向板肋梁楼盖由_____、_____组成。

4. 连续板受力钢筋有_____和_____两种配筋方式。

5. 次梁的截面尺寸应满足高跨比_____和宽高比_____的要求。

6. 次梁与主梁正截面抗弯承载力计算时，通常跨中按_____截面计算，支座按_____截面计算。

7. 主梁截面应满足高跨比_____和宽高比_____的要求。

三、简答题

1. 简述最不利活荷载布置的原则。

2. 主梁截面有效高度在支座处应如何取定？

3. 单向板中钢筋的种类有哪些？各起什么作用？应如何设置？

4. 在主次梁相交处为什么设置附加横向钢筋？其设置数量与范围如何确定？

5. 完成 5 号教学楼楼板结构类型、组成、荷载传递路线及构造分析。

任务二　钢筋混凝土双向板肋梁楼盖的设计

📠**任务描述**

能够运用双向板肋梁楼盖的结构组成及相关构造知识，对双向板肋梁楼盖中的板、梁进行相关构造设计分析。

📝**任务分析**

理解双向板肋梁楼盖的组成构件的内力计算方法，运用其工作设计要点对双向板肋梁楼盖进行构造设计分析。

📖**相关知识**

一、双向板的受力特点及试验研究

对于周边支承板（包括两邻边及三边支承板），在荷载作用下，将沿两个方向发生弯曲并产生内力，即两方向均受力的板称为双向板。

试验表明，四边简支混凝土双向板，当板面承受的均布荷载逐渐增加时，首先在板底中部沿平行于长边方向出现第一批裂缝并逐渐延伸，然后沿约45°方向向四角扩展，此时，板顶角区也产生垂直于对角线方向的环状裂缝，最终导致板底裂缝进一步开展，跨中钢筋屈服而破坏，如图10-16所示。因此，双向板需在两个方向同时配置受力钢筋。

  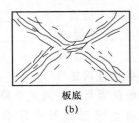

板底　　　　　　　板顶　　　　　　　　　　板底
　(a)　　　　　　　　　　　　　　　　　　　(b)

图10-16　简支双向板破坏时的裂缝
(a)方形双向板；(b)矩形双向板

二、双向板肋梁楼盖的内力计算

1. 板的内力计算

双向板按弹性理论法计算内力，即不考虑塑性铰的影响，按力学中的计算方法进行内力计算。

(1)单区格双向板的内力计算。单区格双向板有四边简支；一边固定、三边简支；两对边固定、两对边简支；两邻边固定、两邻边简支；三边固定、一边简支；四边固定6种支承情况。不同支撑情况，计算用表中的弯矩系数不同。

单位板宽内跨中及支座的弯矩为

$$M = 表中系数 \times (g+q)l_0^2 \qquad (10\text{-}12)$$

式中 　g、q——楼面均布恒荷载、活荷载；

　　　l_0——板的短边计算跨度。

（2）多区格双向板的内力计算。当同一方向区格的跨度差≤20%时，采用近似的实用计算方法，其基本假定条件如下：

1）支撑梁的抗弯刚度很大，其垂直位移可忽略不计；

2）支撑梁的抗扭刚度很小，可自由转动。

最不利的活荷载布置原则：

1）若求支座最大负弯矩时，各区格满布活荷载；

2）若求跨中最大正弯矩时，该区格布置活荷载，然后在其上下左右每隔一跨布置活荷载，通常称为棋盘式布置。

计算支座最大负弯矩，由于各区格满布活荷载，故内区格板按四边固定的双向板计算，外区格则按实际支承情况考虑。

计算跨中最大正弯矩，由于满布恒荷载及活荷载采用棋盘式布置，可将其分解为反对称荷载 $g+q/2$ 和正对称荷载 $\pm q/2$ 两种分荷载作用，最后将各区格板在两种荷载作用下的跨中弯矩叠加，即求得各区格板跨中最大正弯矩，如图 10-17 所示。

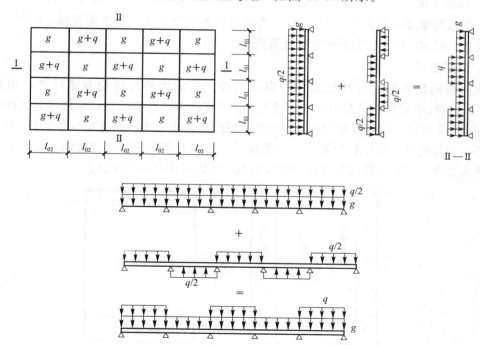

图 10-17　棋盘式活荷载布置及计算简图

2. 双向板支承梁的内力计算

支承梁所受双向板传来的荷载采用近似的计算方法，从每个区格的四角作 45°斜线与长边方向的中线相交，将板上的荷载作用分成四个区域，传给短边支承梁的荷载呈三角形分布，传给长边支承梁的荷载呈梯形分布，如图 10-18 所示。为简化计算，可将三角形、梯形分布的荷载转换成等效的均布荷载。按各种最不利活荷载布置求得跨中弯矩及支座剪力。

三、双向板的配筋构造要求

1. 截面配筋特点

双向板的受力钢筋沿两个方向设置，沿短边方向的受力钢筋应放在沿长边方向的受力钢筋外侧，故沿长边方向计算截面有效高度减少 d（d 为沿短边方向的受力钢筋直径）。受力钢筋宜选用 HPB300、HRB335、HRB400 级钢筋，配筋率应满足前述 ρ_{min}，且不应大于 $(35\alpha_1 f_c / f_y)\%$。

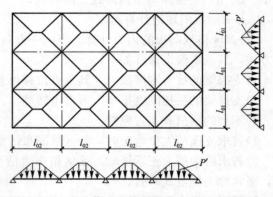

图 10-18　双向板支承梁的荷载作用及计算简图

2. 板的厚度

双向板的厚度一般为 $80\sim160$ mm，为满足板的刚度要求，对于简支板，$h \geqslant l_0/40$；对于连续板，$h \geqslant l_0/45$，l_0 为板的短边计算跨度。

3. 配筋方式

双向板的配筋形式有弯起式和分离式两种。当采用弹性理论方法计算，短跨 $l_1 \geqslant 2\,500$ mm 时，中间板带的跨中正弯矩最大，靠近板的两边弯矩很小，采用弯起式配筋形式应按图 10-19 划定，边缘板带配筋量较跨中区域配筋减少一半，但每米不得少于 3 根；其他情况不必划分板带，按计算配筋。为方便施工，目前大多采用分离式配筋，跨中正弯矩筋全部伸入支座，但对于跨度及荷载均较大的双向板则采用弯起式配筋。

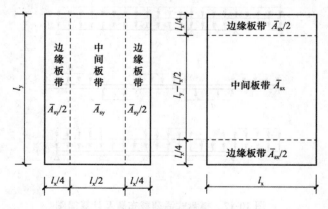

图 10-19　双向板的板带划分及配筋

4. 构造钢筋

为防止板面支承边及四角出现裂缝，需设置板面构造钢筋，同单向板的相应构造要求。

一、填空题

1. 单区格双向板有_____、_____、_____、_____、_____、_____六种支承情况。

2. 双向板的厚度一般为_____，为满足板的刚度要求，对于简支板，_____；对于连续板，_____。

二、简答题

1. 双向板肋梁楼盖最不利的活荷载布置原则是什么？

2. 双向板中钢筋的种类有哪些？各起什么作用？应如何设置？

3. 完成3号教学楼双向板肋梁楼盖的组成、荷载传递路线及构造分析。

任务三　钢筋混凝土楼梯的设计

任务描述

能够判定楼梯的结构类型，板式楼梯、梁式楼梯的构件组成分析、计算简图确定内力计算方法与构造设计分析。

任务分析

理解楼梯的结构类型判定方法，并对板式楼梯、梁式楼梯的构件组成进行分析，理解应用组成构件的内力计算、配筋计算方法，对构造要点进行设计分析，为后续学习及工作奠定基础。

相关知识

一、楼梯的类型

楼梯是多、高层建筑必不可少的竖向通道。按施工方法不同，可分为现浇整体式楼梯和预制装配式楼梯；按结构形式不同，可分为板式楼梯、梁式楼梯、折板悬挑式楼梯和螺旋式楼梯等，如图10-20所示。

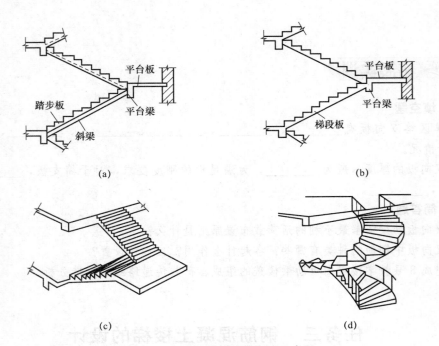

图 10-20　常见楼梯结构形式示意图
(a)梁式楼梯；(b)板式楼梯；(c)折板悬挑式楼梯；(d)螺旋式楼梯

二、现浇板式楼梯的计算与构造

板式楼梯一般由梯段板、平台板、平台梁组成。平台梁支承于楼梯间墙(柱)上，其下表面平整，便于模板支设，梯段跨度在 3 m 以内时，较为经济合理。

1. 梯段板

(1)梯段板厚度。为保证刚度要求，梯段板厚度一般取梯段水平投影跨度 l_0 的 1/30 左右，常取 80~120 mm。

(2)计算单元及荷载。取 1 m 宽板带作为计算单元。其上的荷载包括活荷载、斜板及抹灰层自重的恒荷载，为了计算方便，一般应将沿斜向均匀分布的恒荷载换算成水平方向分布的荷载后，再与沿水平方向分布的活荷载相加，即得出 $g+q$。

(3)内力计算。将斜板简化为两端简支于平台梁的斜向受弯构件，再简化成相同水平跨度的水平受弯构件，如图 10-21 所示。

简支斜板(梁式楼梯的斜梁)在均布荷载作用下的跨中最大弯矩为

$$M_{max}=\frac{1}{8}(g+q)l_0^2 \tag{10-13}$$

简支斜板(梁)在均布荷载作用下的最大剪力为

$$V_{max}=\frac{1}{2}(g+q)l_n\cos\alpha \tag{10-14}$$

式中　　g、q——作用于梯段板上沿水平投影方向的恒载、活载设计值；

l_0、l_n——梯段板沿水平投影的计算跨度及净跨；

α——梯段板(或斜梁)与水平方向的夹角。

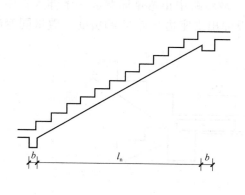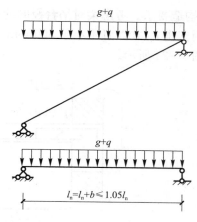

图 10-21　梯段板支承情况及计算简图

实际工程中，平台梁与梯段板整浇在一起，平台梁对梯段板有弹性约束，故计算时取：

$$M_{max}=\frac{1}{10}(g+q)l_0^2 \qquad (10-15)$$

斜板同一般板相同，不进行斜截面抗剪计算，荷载作用下产生轴向压力设计时不予考虑。

（4）构造要求。梯段板中受力钢筋可采用弯起式或分离式配筋。采用弯起式时，将跨中正弯矩筋一半钢筋伸入支座，另一半钢筋靠近支座弯起，负弯矩筋的数量一般与跨中受力钢筋相同，由平台板的正弯矩筋一半弯起补充。梯段板中分布钢筋按构造要求配置，每个踏步至少设置 1 根钢筋，如图 10-22 所示。

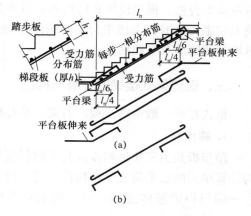

图 10-22　梯段板配筋构造

2. 平台板

（1）平台板厚度。为保证刚度要求，板厚取 $h \geqslant l_0/35$（l_0 为平台板的计算跨度），常取 $60 \sim 80$ mm。

（2）平台板的内力计算。平台板一般为单向板，有与梁整浇一起或一端与梁整浇在另一端支承于砌体墙上的两种支承情况，如图 10-23 所示。前者考虑梁对板端的约束作用取：$M_{max}=\frac{1}{10}(g+q)l_0^2$；后者则取：$M_{max}=\frac{1}{8}(g+q)l_0^2$。

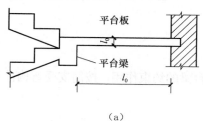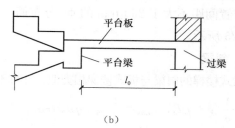

（a）　　　　　　　　　　　　　　　（b）

图 10-23　平台板的两种支承情况

（a）一端梁支承一端墙支承；（b）两端梁支承

（3）构造要求。考虑梁对平台板的约束作用，故将跨中正弯矩筋弯起一半伸入支座，其上弯点距支座 $l_n/10$，且不小于 300 mm。另加设伸出支座边缘 $l_n/4$ 的负筋，数量同弯起钢筋，如图 10-24 所示。

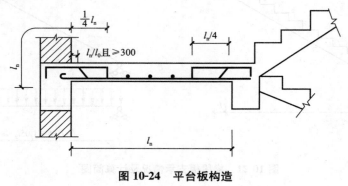

图 10-24　平台板构造

3. 平台梁

平台梁一般支承在楼梯间墙（或暗柱）上，截面高度取 $h \geqslant l_0/12$，视为水平简支梁，受自重及平台板、梯段板传来的均布荷载作用。当平台梁与平台板整浇连接时，配筋计算按倒 L 形截面计算。考虑平台梁两侧荷载（梯段板、平台板）传来的不一致而引起扭矩，宜酌量增加其箍筋及纵筋用量。

三、现浇梁式楼梯的计算与构造

梁式楼梯一般由踏步板、斜梁、平台板、平台梁组成。

1. 踏步板

踏步板是由三角形踏步及其下的斜板组成，斜板厚度应不小于 40 mm，取一个踏步作为计算单元的水平简支受弯构件，支承情况有：①一端与斜梁整体连接，另一端支承在墙上，$M_{max} = \dfrac{1}{8}(g+q)l_0^2$；②两端均与斜梁连接，$M_{max} = \dfrac{1}{10}(g+q)l_0^2$。

配筋计算时，将梯形截面换算成矩形截面（等截面原则），每级踏步下一般需配不少于 2φ6 的受力钢筋，且每隔一根弯起。整个楼梯段内布置间距不大于 250 mm 的 φ6 分布筋，如图 10-25 所示。

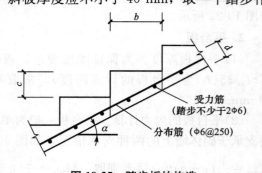

图 10-25　踏步板的构造

2. 斜梁

梁式楼梯的斜梁与板式楼梯相类似，计算不考虑平台梁的约束作用，按简支受弯构件计算：$M_{max} = \dfrac{1}{8}(g+q)l_0^2$，$V_{max} = \dfrac{1}{2}(g+q)l_n \cos\alpha$。

斜梁的截面高度取 $h \geqslant l_0/20$（l_0 为斜梁水平投影的计算跨度），当踏步板两端均有斜梁时，斜梁按倒 L 形截面计算，其他情况按矩形截面计算。

斜梁的构造要求同一般梁的前述构造。

3. 平台板

梁式楼梯平台板的计算与构造同板式楼梯。

4. 平台梁

与板式楼梯平台梁区别在于梁上所受斜梁传来的集中荷载而非均布荷载，其他计算及构造与板式楼梯的平台梁相同。

拓展实训

一、填空

1. 楼梯按结构形式不同可分为_____、_____、_____和螺旋式楼梯等。

2. 板式楼梯一般由_____、_____、_____组成。

3. 梁式楼梯一般由_____、_____、_____、_____组成。

二、简答

1. 梁式楼梯、板式楼梯的结构组成构件各有哪些？其荷载传递途径如何？

2. 常用钢筋混凝土楼梯有哪些类型？

3. 如何计算板式楼梯、梁式楼梯各组成构件的内力？构造钢筋如何设置？

4. 判别 5 号教学楼楼梯的结构类型，说明构件组成及荷载传递路线，分析其是否满足构造设计。

项目十一　多高层结构与排架结构的构造设计

1. 了解《高层建筑混凝土结构技术规程》(JGJ 3—2010)中的结构体系及应用范围的知识。

2. 掌握现浇钢筋混凝土框架结构、剪力墙结构、框架-剪力墙结构的特点与构造设计知识。

3. 了解筒体结构基本形式与特点的知识。

4. 掌握排架结构的组成与布置、排架柱的受力特点与构造设计方法。

5. 掌握排架结构的支撑系统及主要构件连接构造方法。

1. 具有现浇钢筋混凝土框架结构构造设计应用能力。

2. 具有剪力墙结构构造设计应用能力。

3. 具有框架-剪力墙结构的构造设计应用能力。

4. 具有排架结构的判别与构造设计能力。

1. 现浇钢筋混凝土框架结构、剪力墙结构、框架-剪力墙结构的特点与构造设计方法。

2. 排架结构的支撑系统及主要构件连接构造设计方法。

现浇钢筋混凝土框架结构、剪力墙结构、框架-剪力墙结构的构造设计方法。

16 课时

钢筋混凝土结构是多、高层建筑及单层工业厂房常用结构类型。常见的有框架结构、剪力墙结构、框架-剪力墙结构、筒体结构、排架结构等。其中，结构体系的选取、高层建筑结构的受力特点、结构构造、抗震构造措施、排架结构组成与布置、柱与其他构件的连接构造是本项目的核心内容。

任务一　钢筋混凝土多高层建筑结构的构造与抗震

任务描述

了解《高层建筑混凝土结构技术规程》(JGJ 3—2010)中的结构体系及应用范围；了解筒体结构基本形式与特点的知识；能够运用现浇钢筋混凝土框架结构、剪力墙结构、框架-剪力墙结构构造设计知识进行结构施工图纸的识读与工程实践。

任务分析

能够对常见的框架结构、剪力墙结构、框架-剪力墙结构、筒体结构的结构类型进行判别，运用各种结构的构造知识，对实际工程的施工图构造设计进行核对分析，并应用到实际工程的施工过程中。

相关知识

一、多层与高层建筑的结构体系

目前，世界各国对多层和高层建筑的规定尚无统一定义，我国《高层建筑混凝土结构技术规程》(JGJ 3—2010)规定，10层及10层以上或房屋高度超过28 m的住宅建筑和高度超过24 m的民用建筑混凝土结构定义为高层建筑。10层以下且高度低于28 m的住宅建筑定义为多层建筑。钢筋混凝土结构是多、高层建筑常用结构类型。其常见的结构体系有框架结构、剪力墙结构、框架-剪力墙结构、筒体结构等。

(一)框架结构

框架结构是由梁、柱为主要构件组成的承受竖向和水平作用的空间结构，如图11-1所示。设计时将空间结构简化成纵向框架和横向框架，承受水平和竖向荷载作用，都会在梁、柱产生内力及变形，框架梁的主要内力为弯矩和剪力；框架柱的主要内力为轴向力、弯矩和剪力。

由于框架结构侧向刚度小，在水平荷载作用下侧移大，因此其高度受到一定限制。随着框架结构的高度增大，水平荷载也将随之增大，使结构变形(主要指侧移)增大更为突出。增大到一定程度，水平荷载作用将代替竖向荷载作用的影响而起控制作用。

考虑框架结构柱截面通常为矩形、方形，其截面尺寸一般大于墙厚，会形成棱角凸出墙面而影响房间的使用和观瞻效果，可将柱截面改为 L 形、T 形、

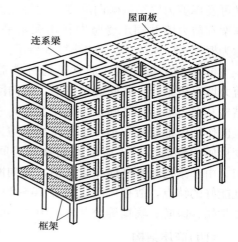

图 11-1　框架结构

Z形或十字形截面的异形柱。异形柱框架抗震性能较差，因此，一般适用于非抗震设计或6～7度抗震设计的12层以下的建筑。

框架结构具有平面布置灵活、空间大、建筑立面简洁，自重轻，在一定高度范围内经济等优点，同时具有侧移刚度小、侧移大的缺点，因此，在设计中，必须控制建筑高度和高宽比。

(二)剪力墙结构

利用建筑物的墙体组成的承受水平和竖向作用的结构称为剪力墙结构，如图11-2所示。钢筋混凝土墙具有承重、围护、分隔等作用，而且侧向刚度大，整体性能好，相对框架结构能有效地控制房屋的侧移，无凸出墙面的梁、柱，整齐美观，适用于大滑模等施工方法。

对于高度较大的建筑，水平作用起控制作用，将使固接于基础的墙体产生剪力和弯矩，故称为剪力墙结构。剪力墙结构不足的地方在于结构自重加大，房间布置受到限制，一般适用于住宅及旅店等开间尺寸较小，高度为15～50层的建筑。

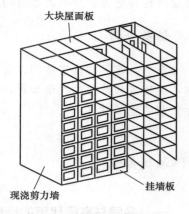

图 11-2　剪力墙结构

有时为了使剪力墙底部获得较大空间，通常将剪力墙结构房屋的首层或底部几层的部分剪力墙取消，做成框支柱而形成部分框支剪力墙。其与上部结构刚度相差悬殊，抗震性能较差，因此，在抗震设防烈度9度及9度以上的地区不宜采用。

(三)框架-剪力墙结构

当建筑物需要有较大空间且高度超过了框架结构的合理经济高度时，可在框架结构中适当位置设置一定数量的剪力墙，使框架和剪力墙两者结合起来，既可充分发挥框架结构平面布置灵活、空间大的特点，又可发挥剪力墙结构侧向刚度大的特点。这样形成了框架和剪力墙共同承受竖向作用和水平作用的结构，称为框架-剪力墙结构，如图11-3所示。

框架-剪力墙结构，通常是通过楼盖将框架柱和剪力墙有机结合，共同协调变形，侧向刚度介于框架结构和剪力墙结构之间。为简化设计，一般结构所受竖向作用由框架柱承担，水平作用由剪力墙承担。其变形属于弯剪型，多层层间侧移和层间剪力趋于均匀。由于结构具有平面布置灵活、侧向刚度大、抗震性能好的特点，故被广泛应用于10～20层的办公楼、教学楼、医院、宾馆等公共建筑中。

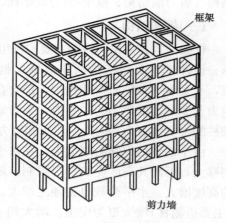

图 11-3　框架-剪力墙结构

(四)筒体结构

由封闭的剪力墙或密柱深梁形成的承受水平和竖向作用的空间结构称为筒体结构。筒体的基本形式有实腹筒、框筒及桁架筒三种。其中，由剪力墙围成的筒体称为实腹筒，如图 11-4(a)所示。在实腹筒的墙体上开设规则的窗洞，形成密柱深梁框架围成的筒体称为框筒，如图 11-4(b)所示。四壁由竖杆和斜杆形成的桁架组成的筒体称为桁架筒，如图 11-4(c)所示。

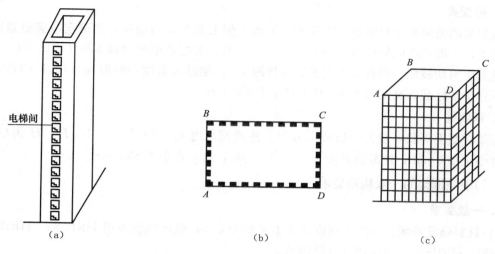

图 11-4　筒体的基本形式
(a)实腹筒；(b)框筒；(c)桁架筒

实腹筒一般由位于房屋中部的电梯井、楼梯间、管道井等形成，又称为核心筒，其周边用框筒或桁架筒作外筒，由核心筒作内筒形成筒中筒或组合筒，即常见的筒中筒结构、框筒结构、成束筒结构等。

筒体结构最主要的特点是它的空间受力性能好。无论哪一种筒体，在水平荷载作用下，都可视为固定于基础的箱形悬臂构件，具有很大的抗侧刚度和承载力及很好的抗扭刚度。因此，被广泛应用于多功能、多用途的高层及超高层建筑中。

框架结构、框架-剪力墙结构、剪力墙结构、筒体结构适用的最大高度，见表 11-1。

表 11-1　钢筋混凝土房屋的最大高度　　　　　　　　　　　　　　　　　　　　m

结构体系		非抗震	抗震设防烈度				
			6 度	7 度	8 度		9 度
					0.20 g	0.30 g	
框架结构		70	60	55	40	35	—
框架-剪力墙结构		140	130	120	100	80	50
剪力墙结构	全部落地剪力墙结构	150	140	120	100	80	60
	部分框支剪力墙结构	130	120	100	80	50	—
筒体结构	框架-核心筒结构	160	150	130	100	90	70
	筒中筒结构	200	180	150	120	100	80
注：1. 表中"—"表示不应采用；							
2. 房屋高度指室外地坪到结构顶部高度，不包括屋顶局部凸出部分。							

二、框架结构的构造要求

(一)框架梁、柱的截面形状及尺寸

1. 框架梁

框架梁的截面形状有矩形、倒 T 形、T 形、倒 L 形等,截面尺寸的确定应满足强度和刚度要求,一般现浇框架梁高 $h_b=(1/12\sim1/10)l_0$;装配式框架梁高 $h_b=(1/10\sim1/8)l_0$。为避免发生剪切破坏,梁高不宜大于梁净跨的 $1/4$。梁截面宽度一般取 $b_b=(1/3\sim1/2)h_b$,同时不宜小于柱截面宽度的 $1/2$,且不宜小于 250 mm。

2. 框架柱

框架柱截面形状一般为矩形或正方形。柱截面高度 $h_c=(1/15\sim1/10)H$,H 为层高,且不宜小于 400 mm;柱截面宽度 $b_c=(1/2\sim1)h_c$,且不宜小于 300 mm。

(二)现浇框架的一般构造要求

1. 一般要求

(1)材料强度等级。混凝土强度等级不应低于 C20;纵向钢筋采用 HRB335、HRB400、HRB500、HRBF400、HRBF500 级钢筋。

(2)框架梁的配筋构造。框架梁的跨中截面上部应配置不少于 2ϕ12 的钢筋,与梁端截面的负弯矩筋搭接长度不应小于 $1.2l_a$,且负弯矩筋自柱边缘的长度不应小于 $l_n/4$。箍筋应沿梁全跨设置,直径、间距等构造要求同前述一般梁,但一般不采用弯起钢筋抗剪。

(3)框架柱的配筋构造。框架柱宜采用对称配筋,纵筋直径不宜小于 12 mm,柱中全部纵筋配筋率不宜大于 5%,最小配筋率为 0.4%。

2. 框架节点构造

框架节点是框架的重要组成部分,主要是梁与柱及上、下层柱之间的构造。一般做成刚性节点,柱的纵向钢筋连续穿过节点,梁的纵向钢筋应有足够的锚固长度。

(1)中间层端部节点。

1)当采用直线锚固形式时,梁的纵筋在节点范围内的锚固长度不应小于 l_a,且伸过柱中心线不宜小于 $5d$,如图 11-5(a)所示。

2)当柱截面尺寸不足时,可采用弯折锚固方式,其弯折前的水平长度不应小于 $0.4l_a$,弯折后的垂直段长度不应小于 $15d$,如图 11-5(b)所示。

3)当采用钢筋端部加锚头的机械锚固方式时,梁上部纵向钢筋宜伸至柱外侧纵筋内边,其水平投影锚固(包括锚头)长度不应小于 $0.4l_a$,如图 11-5(c)所示。

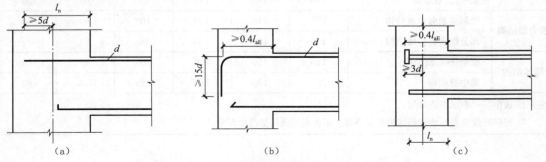

图 11-5　中间层端部节点梁上部纵筋的锚固

4)梁下部纵筋至少应有两根伸入柱中,锚固要求同中间层中间节点相应的构造。

5)框架柱的纵筋构造也同中间层中间节点相应的构造。

(2)中间层中间节点。框架梁上部纵筋应贯穿中间节点,梁下部纵筋伸入中间节点或支座,其锚固长度应符合下列要求:

1)当计算不利用钢筋的强度时,梁下部纵筋伸入节点(或支座)的锚固长度,对于带肋钢筋不应小于 $12d$,对于光圆钢筋不应小于 $15d$(d 为纵筋的最大直径)。

2)当计算需充分利用钢筋的抗压强度时,钢筋伸入节点的直线锚固长度不应小于 $0.7l_a$。

3)当计算需充分利用钢筋的抗拉强度时,钢筋锚固在中间节点或支座内的长度不应小于 l_a,如图 11-6(a)所示。当柱截面尺寸不够时,可采用向上弯折方式,其水平段长度不应小于 $0.4l_a$,垂直段长度不应小于 $15d$,如图 11-6(b)所示。钢筋也可在梁中弯矩较小的支座外(不小于 $1.5h_0$ 处)设搭接接头,如图 11-6(c)所示。

4)框架柱的纵筋接头应设在节点区以外,搭接长度 l_l 不应小于 $1.2l_a$。搭接区范围内箍筋间距不应大于 $5d$(d 为柱中纵筋较小直径),且不大于 100 mm。

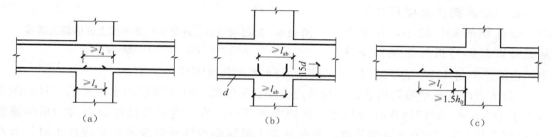

图 11-6 中间层中间节点梁下部纵筋的锚固与搭接
(a)直线锚固;(b)弯折锚固;(c)节点外的搭接

(3)顶层中间节点。

1)顶层梁中间节点的构造同中间层梁中间节点的构造。

2)顶层中柱纵筋应伸入顶层梁内锚固,应伸至柱顶且在节点范围内锚固长度不应小于 l_a,如图 11-7(a)所示。

3)当顶层梁截面尺寸不足时,可采用弯折式锚固,垂直段长度不应小于 $0.5l_{ab}$,弯折后的水平段长度不宜小于 $12d$,如图 11-7(b)所示。也可采用带锚头机械锚固方式,其垂直锚固长度不应小于 $0.5l_{ab}$,如图 11-7(c)所示。

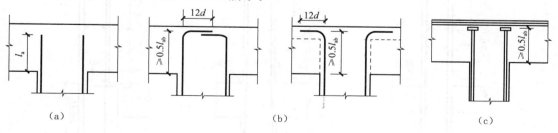

图 11-7 顶层中间节点柱纵筋的锚固
(a)直线锚固;(b)弯折锚固;(c)机械锚固

(4)顶层端部节点。顶层端部节点柱外侧纵筋与梁上部纵筋的搭接方法如下:

1)搭接接头沿顶层端部节点外侧及梁端顶部布置,如图 11-8(a)所示。搭接长度不应小

于 $1.5l_{ab}$。其中，伸入梁内的柱外侧钢筋不宜小于柱外侧纵筋的 65%；梁宽范围以外的柱外侧钢筋宜沿节点顶部伸至柱内边锚固。位于柱顶第一层外侧的钢筋伸至柱内边向下弯折 $8d$ 后截断，位于柱顶第二层的外侧钢筋可不向下弯折，即伸至柱内边截断。梁宽范围以外的柱外侧钢筋可伸入现浇板内锚固，并与梁宽范围内的柱外侧纵筋锚固相同。梁上部纵筋应沿节点上部及柱外侧延伸弯折至梁底截断。

2）当梁上部及柱外侧钢筋较多时，搭接接头沿柱顶外侧布置，如图 11-8(b)所示。梁上部纵筋下伸的搭接长度不应小于 $1.7l_{ab}$，当梁上部纵筋配筋率大于 1.2% 时，梁上部钢筋应在满足上述要求搭接长度的基础上，分两批截断，且断点间距不宜小于 $20d$。

3）当梁的截面高度尺寸较大时，梁柱钢筋直径较小，柱纵筋从梁底算起的弯折长度延伸至柱内侧边缘已满足 $1.5l_{ab}$ 的要求时，其弯折后的水平段长度不应小于 $15d$。

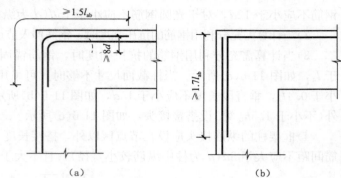

图 11-8　顶层端部节点柱外侧纵筋与梁上部纵筋的搭接

(a)弯折搭接接头；(b)直线搭接接头

（5）节点内的水平箍筋构造。框架节点内应设置不低于柱中箍筋的水平箍筋，且间距不宜大于 250 mm，对四边均有梁与之相连的中间节点，节点内可只设置沿周边的矩形箍筋（不设复合箍筋）。对于顶层端节点，当设有梁上部纵筋与柱外侧纵筋的搭接接头时，节点内水平箍筋设置应满足：直径不小于 $d/4$（d 为搭接钢筋较大直径），间距不大于 $5d$（d 为搭接钢筋较小直径），也不应大于 100 mm。

（6）上、下层柱的连接构造。框架柱纵筋的接头宜采用焊接连接、机械连接，当钢筋直径 $d \leqslant 22$ mm 时，也可以采用绑扎连接，相邻纵筋的连接接头应相互错开，同一截面内钢筋接头面积百分率不应大于 50%。焊接连接相邻连接接头间隔应不小于 $35d$，且不小于 500 mm。机械连接接头间隔不小于 $35d$。绑扎连接接头间隔 $l_l \geqslant 1.2l_{ab}$，如图 11-9 所示。

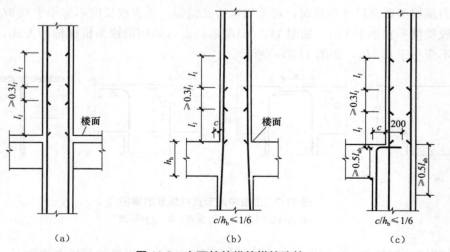

图 11-9　上下柱的纵筋搭接连接

(a)等截面中柱；(b)变截面中柱；(c)变截面边柱

(三)框架结构的抗震构造措施

1. 框架结构抗震等级

框架结构抗震等级，见表11-2。

表 11-2　钢筋混凝土框架结构抗震等级

结构类型		抗震设防烈度						
		6 度		7 度		8 度		9 度
框架结构	高度/m	≤24	>24	≤24	>24	≤24	>24	≤24
	普通框架	四	三	三	二	二	一	一
	大跨度框架	三		二		一		一

2. 材料强度等级

一级框架混凝土强度等级不应低于 C30，二、三级框架不应低于 C20；设防烈度为 9 度时，不宜超过 C60；设防烈度为 8 度时，不应超过 C70。钢筋宜优先采用延性好、韧性和可焊性好的钢筋，施工中不宜用较高等级的钢筋代替原设计中的纵向受力钢筋。

3. 钢筋的锚固与接头

纵向钢筋的最小锚固长度按 l_{aE} 取值：一、二级抗震等级，$l_{aE}=1.15l_a$；三级抗震等级，$l_{aE}=1.05l_a$；四级抗震等级，$l_{aE}=1.0l_a$。

钢筋的接头构造同非抗震框架的相关构造要求。

4. 箍筋的形式

箍筋须做成封闭式，端部加工成 135°弯钩，弯钩的平直段长度不应小于 $10d$。

5. 梁的纵筋构造

(1)通长钢筋。沿梁全长顶面和底面至少配置两根通长钢筋，一、二级框架不应少于 $2\phi14$，且不应少于梁两端顶面和底面纵筋较大截面面积的 1/4；三、四级框架不应少于 $2\phi12$。

(2)贯通钢筋。一、二级框架梁内贯通中柱的纵向钢筋直径不宜大于柱该方向截面尺寸的 1/20。

(3)梁内纵筋接头。一级框架梁纵筋应采用机械连接接头；二、三、四级框架梁纵筋宜采用机械连接，也可以采用焊接或搭接接头，接头位置宜避开箍筋加密区。

(4)梁的箍筋构造。

1)框架梁两端箍筋加密。箍筋加密区的长度，加密区范围内箍筋的最大间距及最小直径应符合表 11-3 的规定。

表 11-3　梁端箍筋加密区的长度，箍筋的最大间距及最小直径　　　　　mm

抗震等级	加密区长度(取较大值)	箍筋最大间距(取最小值)	箍筋最小直径
一	$2h_b$，500	$h_b/4$，$6d$，100	10
二	$1.5h_b$，500	$h_b/4$，$8d$，100	8
三	$1.5h_b$，500	$h_b/4$，$8d$，150	8
四	$1.5h_b$，500	$h_b/4$，$8d$，150	6

注：1. d 为纵筋直径，h_b 为梁的截面高度；

2. 当梁端纵筋配筋率大于 2% 时，箍筋最小直径应增大 2 mm。

加密区箍筋肢距，一级不宜大于 200 mm 和 20d，二、三级不宜大于 250 mm 和 20d，四级不宜大于 300 mm。

2)非加密区箍筋间距不宜大于加密区箍筋间距的两倍，其他与加密区相同。

(5)框架柱的箍筋。

1)框架柱上、下两端部箍筋应加密。箍筋加密区长度、加密区内箍筋最大间距及最小直径应符合表 11-4 规定。

表 11-4　柱端箍筋加密区的长度，箍筋的最大间距及最小直径　　　mm

抗震等级	加密区长度(取较大值)	箍筋最大间距(取最小值)	箍筋最小直径
一		6d，100	10
二	$h(D)$， $H_n/6$(柱根部 $H_n/6$) 500	8d，100	8
三		8d，150(柱根部 100)	8
四		8d，150(柱根部 100)	6(柱根部 8)

注：1. d 为纵筋直径，h 为柱的截面高度，D 为圆柱直径，H_n 为柱的净高；

2. 框支柱及一、二级框架角柱，应沿柱全高范围加密；

3. 柱的根部指底层柱的嵌固端。

对应不同框架梁的加密区箍筋肢距要求，每隔一根纵筋至少宜在两个方向有箍筋或拉筋约束。

2)柱非加密区的箍筋间距，一、二级框架柱不应大于 10d，三、四级框架柱不应大于 15d(d 为柱纵筋直径)。

(6)框架节点构造。框架节点内的水平箍筋的最大间距和最小直径应不低于柱加密区的构造要求。其他未尽事项与非抗震框架的相关构造要求相同。

三、剪力墙结构的构造要求

(一)剪力墙结构的一般构造要求

1. 材料

混凝土强度等级不宜低于 C20。分布钢筋的箍筋一般采用 HPB300 级钢筋，其他钢筋可采用 HRB335 级钢筋。

2. 剪力墙的截面厚度

剪力墙的厚度不应小于 140 mm，且不应小于层高的 1/25，以满足结构的刚度和稳定性等方面的要求。

3. 剪力墙的竖向受力钢筋与分布钢筋

(1)剪力墙的竖向受力钢筋。在墙肢两端位于边缘构件(暗柱)内，设每端不宜小于 4 根直径 12 mm 或两根直径为 16 mm 的竖向受力钢筋，竖向钢筋的锚固与框架结构柱内纵筋的锚固相同。沿竖向钢筋方向宜配置直径不小于 6 mm，间距为 250 mm 的拉筋。

(2)剪力墙的分布钢筋。在剪力墙的墙身内应配置水平和竖向的分布钢筋，以提高结构的延性、抗剪能力及减少和防止混凝土开裂等。

对于墙厚大于 160 mm 或结构重要部位的剪力墙，可配置双排分布钢筋网，其他情况可配置单排分布钢筋网。双排钢筋网应采用直径不小于 6 mm，间距不大于 600 mm 的拉筋与外侧钢筋钩牢。竖向分布钢筋宜在墙内侧、水平分布钢筋在墙外侧，且采用相同直径和间距的钢筋。

剪力墙的水平分布钢筋和竖向分布钢筋的配筋率分别不应小于 0.20%，直径不应小于 8 mm，间距不应大于 300 mm。无翼墙时，水平分布钢筋应伸至墙端并向内水平弯折 $10d$ 后截断。有翼墙或转角墙时，内墙两侧和外墙内侧的分布钢筋应伸至外墙边，且向两侧水平弯折 $15d$ 后截断；转角墙处外墙外侧水平钢筋应弯入翼墙，并与翼墙外侧水平分布钢筋相搭接，搭接长度不应小于 $1.2l_a$，同排两侧分布钢筋上、下相邻水平分布钢筋的搭接区段相互错开，净距不宜小于 500 mm，竖向分布钢筋可在同一高度全部搭接，搭接长度不小于 $1.2l_a$，且应不小于 300 mm。分布钢筋直径大于 28 mm 时，不宜采用搭接连接。

4. 连梁的配筋构造

连梁的底面和顶面纵向受力钢筋伸入两端墙内的锚固长度不应小于 l_a，其全跨范围内设置直径不小于 6 mm，间距不大于 150 mm 的箍筋。

剪力墙内水平分布钢筋在梁内通长连续配置，当连梁高度大于 700 mm 时，应设置直径不小于 10 mm，间距不大于 200 mm 的构造钢筋。

(二)剪力墙结构的抗震构造措施

1. 剪力墙结构的抗震等级

剪力墙结构的抗震等级，见表 11-5。

表 11-5　钢筋混凝土剪力墙结构抗震等级

结构类型		抗震设防烈度								
		6 度		7 度			8 度			9 度	
		≤80	>80	≤24	>24 且≤80	>80	≤24	>24 且≤80	>80	≤24	>24 且≤60
剪力墙结构	高度/m										
	普通框架	四	三	四	三	二	三	二	一	二	一

2. 剪力墙的厚度

一、二级剪力墙厚度不应小于 160 mm，且不宜小于层高或无支长度的 1/20，一字形墙厚度不应小于 180 mm；三、四级剪力墙厚度不应小于 140 mm，且不小于层高或无支长度的 1/25。

底部加强部位的墙厚，一、二级墙厚度不应小于 200 mm，且不宜小于层高或无支长度的 1/16；三、四级墙厚度不应小于 160 mm，且不宜小于层高或无支长度的 1/20；一字形剪力墙墙厚度不应小于 180 mm。

3. 边缘构件

《建筑抗震设计规范(2016 年版)》(GB 50011—2010)规定，抗震剪力墙墙肢两端和洞口两侧应设置边缘构件。边缘构件分为约束边缘构件和构造边缘构件两类。

(1)约束边缘构件的设置。一、二级剪力墙底部加强部位及相邻的上一层墙肢端部；对于部分框支剪力墙结构，一、二级落地剪力墙底部加强部位及相邻的上一层墙肢端部及洞口两侧；不落地剪力墙应在底部加强部位及相邻的上一层墙肢端部。

(2)构造边缘构件的设置。一、二级剪力墙的其他部位；三、四级剪力墙墙肢端部。

(3)约束边缘构件的构造。约束边缘构件沿墙肢方向的长度 l_c 和配筋构造应符合表 11-6 的规定要求，箍筋的配筋范围，如图 11-10 所示。

表 11-6　剪力墙约束边缘构件的范围及配筋

项目		一级(9度)		二级(8度)		二、三级	
		$\lambda \leqslant 0.2$	$\lambda > 0.2$	$\lambda \leqslant 0.3$	$\lambda > 0.3$	$\lambda \leqslant 0.4$	$\lambda > 0.4$
l_c(暗柱)		$0.20h_w$	$0.25h_w$	$0.15h_w$	$0.20h_w$	$0.15h_w$	$0.20h_w$
l_c(翼墙或暗柱)		$0.15h_w$	$0.20h_w$	$0.10h_w$	$0.15h_w$	$0.10h_w$	$0.15h_w$
λ_v		0.12	0.20	0.12	0.20	0.12	0.20
纵向钢筋(取较大值)		$0.012A_c$，$8\Phi16$		$0.012A_c$，$8\Phi16$		$0.010A_c$，$6\Phi16$ (三级)$6\Phi14$	
箍筋或拉筋沿竖向间距/mm		100		100		150	

注：1. l_c 为约束边缘构件沿墙肢长度且不小于墙厚和 400 mm；有翼墙或端柱时不应小于翼墙厚度或端柱沿墙肢方向截面高度加 300 mm；

2. λ_v 为约束边缘构件的配箍特征值，λ 为墙肢轴压比，h_w 为墙肢长度，A_c 为约束边缘构件范围的截面面积。

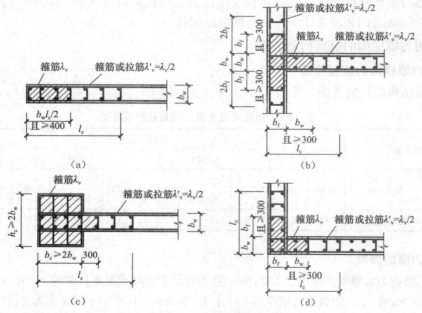

图 11-10　剪力墙约束边缘构件

(a)暗柱；(b)有翼墙；(c)端柱；(d)转角墙

(4)构造边缘构件的构造。构造边缘构件的设置范围，宜按图 11-11 采用，其配筋应符合表 11-7 的规定要求。

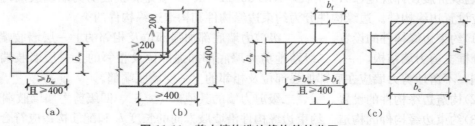

图 11-11　剪力墙构造边缘构件的范围

(a)暗柱；(b)翼柱；(c)端柱

表 11-7 剪力墙构造边缘构件的配筋

| 抗震等级 | 底部加强部位 | | | 其他部位 | | |
| | 纵向钢筋最小量（取较大值） | 箍筋 | | 纵向钢筋最小量（取较大值） | 箍筋 | |
		最小直径/mm	沿竖向最大间距/mm		最小直径/mm	沿竖向最大间距/mm
一	$0.010A_c$，$6\phi16$	8	100	$0.008A_c$，$6\phi14$	8	150
二	$0.008A_c$，$6\phi14$	8	150	$0.006A_c$，$6\phi12$	8	200
三	$0.006A_c$，$6\phi12$	6	150	$0.005A_c$，$4\phi12$	6	200
四	$0.005A_c$，$4\phi12$	6	200	$0.004A_c$，$4\phi12$	6	250

注：A_c 为边缘构件的截面面积。

4. 剪力墙的配筋构造

当剪力墙的厚度大于 140 mm、400 mm、700 mm 时，应分别配置双排、三排、四排竖向和水平方向的分布钢筋网，且设拉筋拉结。

分布钢筋的直径不应小于 8 mm，也不宜大于墙厚的 1/10，间距不应大于 300 mm。水平分布筋的锚固：分布钢筋应伸至端部翼墙弯折 15d 后截断；有端柱时，锚固长度不应小于 l_{aE}，且必须伸至柱对边，当不满足 l_{aE} 时，应向两侧弯折 15d，且保证弯前长度不小于 $0.4l_{aE}$。

5. 连梁的配筋构造

连梁的底面和顶面纵向受力钢筋两端伸入墙内的锚固长度不应小于 l_{aE}，且不应小于 600 mm。全跨范围设置同框架梁端加密区的箍筋，顶层连梁纵筋伸入墙内设置间距不大于 150 mm 的箍筋，直径应与连梁箍筋相同。当梁高 $h_w \geqslant 450$ mm 时，应设腰筋，且满足上述一般构造要求。

四、框架-剪力墙结构的抗震构造措施

框架-剪力墙结构除应满足一般的框架、剪力墙结构的有关构造要求外，还应满足下列抗震构造措施：

(1)剪力墙的厚度不应小于 160 mm，且不应小于层高或无支长度的 1/20；底部加强部位的剪力墙厚度不应小于 200 mm，且不应小于层高或无支长度的 1/16。

(2)剪力墙端柱箍筋宜按框架柱加密区箍筋沿全高加密设置。剪力墙在楼盖处宜设暗梁，暗梁高度不宜小于墙厚，且不小于 400 mm。

(3)剪力墙应设双排的分布钢筋网，箍筋直径不宜大于 10 mm，间距不宜大于 300 mm，拉筋直径不应小于 6 mm，间距不应大于 400 mm。

► 拓展实训

一、填空题

1. 常见的结构体系有_____、_____、_____、_____等。

2. 框架结构是由_____为主要构件组成的承受_____作用的空间结构。

3. 利用建筑物的_____组成的承受_____作用的结构称为剪力墙结构。

4. 简体的基本形式有_____、_____及_____三种。

5. 框架梁的截面尺寸的确定应满足_____和_____要求，一般现浇框架梁高 $h_b=$ _____，为避免发生剪切破坏，梁高不宜大于梁净跨的_____。梁截面宽度一般不宜小于柱截面宽度的_____，且不宜小于_____。

6. 框架柱截面高度不宜小于_____ mm；柱截面宽度不宜小于_____ mm。

7. 框架梁的跨中截面上部应配置不少于_____的钢筋，与梁端截面的负弯矩筋搭接长度不应小于_____，且负弯矩筋自柱边缘的长度不应小于_____。

8. 框架柱宜采用对称配筋，纵筋直径不宜小于_____，柱中全部纵筋配筋率不宜大于_____，最小配筋率为_____。

9. 框架梁加密区箍筋肢距，一级不宜大于_____和_____，二、三级不宜大于_____和_____，四级不宜大于_____。

10. 框架柱非加密区的箍筋间距，一、二级框架柱不应大于_____，三、四级框架柱不应大于_____。

11. 剪力墙的截面厚度不应小于_____，且不应小于层高的_____，以满足结构的_____和稳定性等方面要求。

12. 在剪力墙的墙身内应配置水平和竖向的_____钢筋，以提高结构的_____、_____及减少和防止混凝土开裂等。

13. 剪力墙结构中的连梁底面和顶面纵向受力钢筋伸入两端墙内的锚固长度不应小于_____，其全跨范围内设置直径不小于_____，间距不应大于_____的箍筋。

14. 剪力墙内水平分布钢筋在梁内通长连续配置，当连梁高度大于 700 mm 时，应设置直径不小于_____，间距不大于_____的构造钢筋。

15. 剪力墙结构中的边缘构件分为_____构件和_____构件两类。

16. 当剪力墙的厚度大于 140 mm、400 mm、700 mm 时，应分别配置_____排、_____排、_____排竖向和水平方向的分布钢筋网，且设拉筋拉结。

二、简答题

1. 高层建筑钢筋混凝土结构体系有哪几种？其特点与适用范围如何？

2. 简述现浇钢筋混凝土框架结构的一般构造要求及抗震构造措施。

3. 钢筋混凝土框架结构梁、柱的控制截面及箍筋加密范围与构造如何？

4. 简述钢筋混凝土框架结构的节点构造(或绘制节点构造图)。

5. 简述钢筋混凝土剪力墙结构的一般构造要求及抗震构造措施。

6. 简述钢筋混凝土框架-剪力墙结构的一般构造要求及抗震构造措施。

7. 对 5 号教学楼结构施工图的梁、柱、剪力墙进行构造设计核对分析。

任务二　钢筋混凝土排架结构的构造与设计

📠 **任务描述**

能够进行单层厂房的结构组成、结构布置设计；对厂房围护结构抗风柱、圈梁、连系梁、基础梁等进行布置。能够运用构件及与柱的连接节点构造指导施工。

📝 **任务分析**

绘制排架结构的构件间的荷载传递路线图、单厂排架结构支撑体系的布置图，绘制排架结构构造设计图。

📋 **相关知识**

一、单层厂房的结构的组成与布置

(一)单层厂房的结构类型

1. 单层与多层

在工业建筑中，对于设备与产品较重、占用空间较大的厂房，如冶金、机械工业的炼钢、铸造、锻造、金工、装备等车间，宜采用单层厂房。对于设备及产品小而轻的车间，宜采用多层厂房。

2. 单跨与多跨

对于跨度较大及对邻近厂房干扰较大的车间，宜采用单跨厂房，如图 11-12(a)所示。有时可将功能相近、跨度较小各自独立的车间，合并成一个多跨厂房，可增强厂房横向刚度，减少围护结构、减轻自重、降低造价，但自然通风、采光困难，须设置天窗或人工采光和通风，如图 11-12(b)所示。

对于多跨厂房，尽量做成等高厂房，如工艺要求高差较大(大于 2 m)，低跨面积达到总面积的 50% 左右时，可做成不等高多跨，如图 11-12(c)所示。

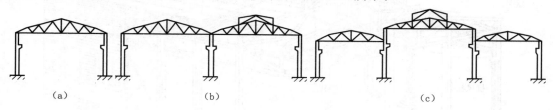

(a)	(b)	(c)

图 11-12　单跨与多跨排架结构

(a)单跨；(b)等高多跨；(c)不等高多跨

3. 排架与刚架

单层厂房的结构形式通常有排架和刚架两种。

排架结构由屋面梁（或屋架）、柱、基础组成，柱与屋架铰接，但与基础刚接。可做成等高、不等高或锯齿形等形式，锯齿形排架通常用于一个方向采光的工厂，如纺织厂等，如图 11-13 所示。排架结构是钢筋混凝土单层厂房的基本结构形式，跨度可超过 36 m、吊车起重量可达 250 t、高度可达 30 m 或更大。

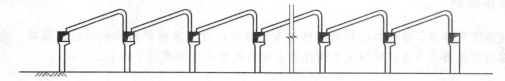

图 11-13　锯齿形排架

刚架结构也是由横梁、柱、基础组成，与排架结构不同的是，刚架结构的梁与柱为刚接，柱与基础常为铰接。刚架按横梁形式的不同，可分为折线形的门式刚架和拱形门式刚架，如图 11-14 所示。前者施工较简便，在双坡屋面的单层厂房应用较广泛，本单元主要介绍单层厂房装配式钢筋混凝土排架结构。

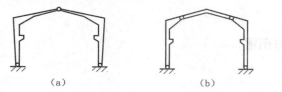

图 11-14　门式刚架

(a)三铰拱折线形门式刚架；(b)两铰拱折线形门式刚架；(c)两铰拱拱形门式刚架

(二)单层厂房的结构组成与布置

1. 单层厂房的结构组成

单层厂房的组成构件，如图 11-15 所示。这些构件又分别组成屋盖结构、横向排架、纵向排架和围护结构。

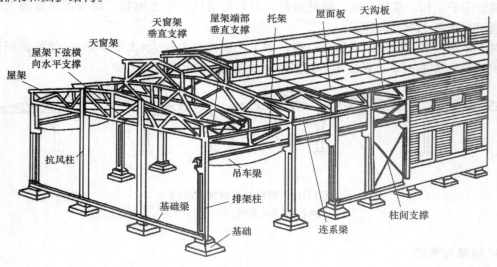

图 11-15　单层厂房的结构组成

（1）屋盖结构。屋盖结构分为有檩体系和无檩体系两种。前者由轻型屋面板、檩条和屋架（含屋盖支撑）组成。后者由大型屋面板（包括天沟板）、天窗架、屋架（或屋面梁）、支撑等组成。有时为了满足生产工艺中柱要求，还设有托架。屋盖结构的主要作用是承受屋面活荷载、自重以及其他荷载，并传给排架柱，其次还起围护、通风、采光作用。

（2）横向平面排架。横向平面排架由横梁（屋架或屋面梁）、横向柱列及基础组成，如图 11-16所示。承受厂房结构的主要荷载包括竖向荷载（自重、屋面活荷载、雪荷载和吊车竖向荷载等）和横向水平荷载（风荷载、吊车横向荷载、地震力等），通过横向排架传至基础和地基。其中，排架柱是主要的受力构件。

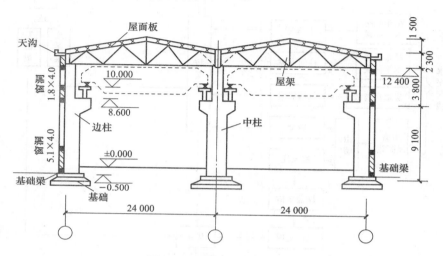

图 11-16　横向平面排架结构

（3）纵向平面排架。纵向平面排架由纵向柱列、柱间支撑、连系梁、吊车梁和基础等组成，如图 11-17 所示。其作用是保证结构的纵向刚度和稳定性，并承受屋盖结构（通过山墙和天窗端壁）传来的纵向风荷载、吊车纵向制动力、纵向地震力作用等，再将其传至基础和地基。纵向平面排架中的吊车梁，具有承受吊车荷载和联系纵向柱列的双重作用，也是厂房结构中的主要组成构件。

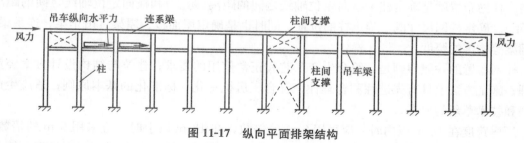

图 11-17　纵向平面排架结构

（4）围护结构。围护结构由纵墙、横墙（山墙）、连系梁、抗风柱（有时设抗风梁或桁架）和基础梁等构件组成，兼起围护和承重作用。主要承受墙体和构件的自重，以及作用在墙面上的风荷载。

单层厂房排架结构的荷载传递路线，如图 11-18 所示。

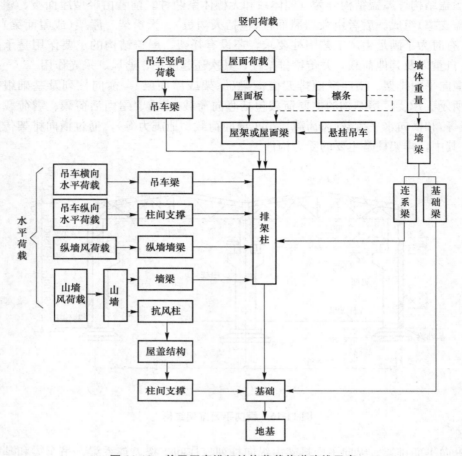

图 11-18 单层厂房排架结构荷载传递路线示意

2. 结构布置

(1)柱网布置。柱网是指厂房承重柱的纵向定位轴线和横向定位轴线,在平面上形成的网格。柱网布置就是确定柱子纵向定位轴线之间的距离(跨度)和横向定位轴线之间的距离(柱距)。确定柱网尺寸既是确定柱的位置,同时也是确定屋面板、屋架、吊车梁、连系梁、基础梁等构件的跨度。

柱网布置的一般原则是:符合生产工艺和正常使用的要求;建筑与结构设计方案经济合理;施工方法上具有先进性和合理性;符合厂房统一化、标准化的基本原则;适应生产发展和技术革新的要求。

厂房跨度在 18 m 以内时,应采用 3 m 的倍数,在 18 m 以上时,应采用 6 m 的倍数,厂房柱距一般应采用 6 m 或 6 m 的倍数,如图 11-19 所示。当工艺布置和技术经济有明显优越性时,也可采用 21 m、27 m、33 m 的跨度和 9 m 或其他柱距。

(2)变形缝。变形缝包括伸缩缝、沉降缝、防震缝三种。

1)伸缩缝。当厂房的长度或宽度过大时,为减少厂房结构的温度应力,应设置伸缩缝。对于钢筋混凝土装配式排架结构,其伸缩缝的最大间距:露天时为 70 m,室内或土中时为 100 m。此外,对于下列情况,伸缩缝最大间距还应适当减小:从基础顶面算起的柱高低于

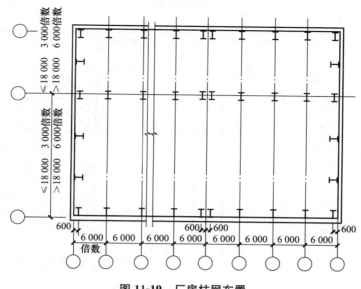

图 11-19　厂房柱网布置

8 m 的排架结构；屋面无保温、隔热措施的排架结构；材料收缩较大，室内结构因施工外露时间较长时或位于气候干燥地区，经常处于高温状态下的排架结构等。

2)沉降缝。单层厂房一般不做沉降缝，当相邻厂房高度相差 10 m 以上、地基承载力或下卧层土质有巨大差异、厂房结构类型明显不同、厂房各部分施工时间先后相差较长时，为避免地基不均匀沉降造成结构破坏而设置沉降缝。

沉降缝应从建筑物的基础到屋顶全部分开，当两边发生不同沉降时，不致相互影响，一般最小缝宽不得小于 50 mm，沉降缝可兼起伸缩缝。

3)防震缝。防震缝是为了减轻震害而采取的措施之一，当相邻跨厂房高度或刚度相差很大时，应设置防震缝将厂房相邻部分分开，如厂房纵、横跨交接处，缝宽一般不小于 50 mm。

(3)支撑的布置。支撑的主要作用是加强厂房结构的空间刚度，保证结构构件在安装和使用阶段的安全及稳定，有效传递荷载的作用。单层厂房支撑体系包括屋盖支撑系统和柱间支撑系统两部分。

1)屋盖支撑。屋盖支撑系统包括上弦横向支撑、下弦横向(纵向)水平支撑、垂直支撑、天窗架支撑及纵向水平系杆。

①屋架上弦横向支撑的作用是增强屋盖的整体刚度，保证屋架上弦或屋面梁上翼缘的侧向稳定，同时，可将抗风柱传来的风荷载传至纵向排架柱列的柱顶。一般布置在相邻屋架上弦(屋面梁上翼缘)的平面内，由交叉角钢和屋架上弦组成平面桁架，设在厂房端部及温度区段两端的第一或第二柱间，如图 11-20 所示。

②屋架下弦水平支撑，布置在屋架下弦平面内的水平支撑，包括屋架下弦横向水平支撑和屋架下弦纵向水平支撑，如图 11-21 所示。

屋架下弦横向水平支撑的作用是将屋架下弦受到的水平力传至纵向排架柱顶，防止下弦产生振动。当厂房跨度 $L \geqslant 18$ m 时，宜设于厂房端部及伸缩缝处第一柱间。

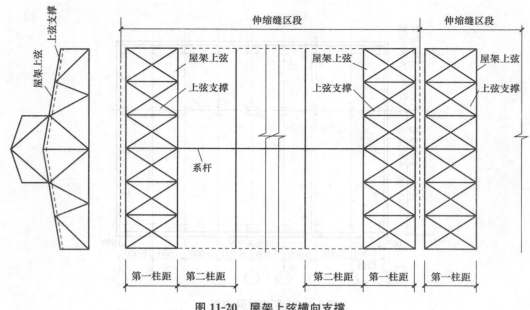

图 11-20　屋架上弦横向支撑

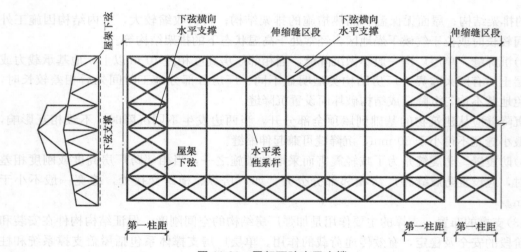

图 11-21　屋架下弦水平支撑

屋架下弦纵向水平支撑的作用是提高厂房空间刚度，保证横向水平荷载的纵向分布，加强各排架间的空间工作。如设有托架时，还可以保证托架翼缘的侧向稳定，以承受屋架传来的横向风力，并传至相邻柱上。其是由交叉角钢和屋架下弦第一节间组成水平桁架，与下弦横向水平支撑形成平面封闭的支撑体系。

③垂直支撑及水平系杆的作用是保证屋架在安装和使用阶段的侧向稳定，防止在吊车运行工作时屋架下弦的侧向颤动，保证屋架上弦（或屋面梁上翼缘）的侧向稳定。

垂直支撑设置在相邻屋架之间的角钢与屋架竖直腹杆组成垂直平面桁架，与下弦横向水平支撑布置在同一柱间，如图 11-22 所示。

垂直支撑及水平系杆的设置：当厂房跨度 $L \le 18$ m 且无天窗时，可不设垂直支撑及水平系杆；当厂房跨度 L 为 18～30 m 时，在屋架跨中设一道垂直支撑；当厂房跨度 $L > 30$ m

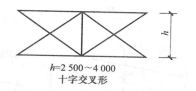

h=2 500~4 000
十字交叉形

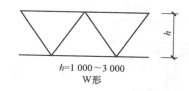

h=1 000~3 000
W形

图 11-22　屋架垂直支撑

时，在屋架 1/3 跨度左右节点处布置两道垂直支撑；当屋架端部高度大于 1.2 m 时，还应在屋架两端各布置一道垂直支撑。当屋盖设置垂直支撑时，应在未设垂直支撑的屋架间，在相应垂直支撑的平面内的屋架下弦节点处，设置通长的水平系杆，系杆可用直径大的钢筋，也可用单角钢，必要时采用双角钢的刚性系杆。

④天窗架支撑包括天窗两端第一柱间的上弦横向支撑和沿天窗架两侧设置的垂直支撑。前者的作用是传递天窗端壁所受的风力和保证天窗架上弦的侧向稳定，后者的作用是保证天窗架的整体稳定，应尽可能与屋架上弦横向支撑布置在同一柱间。

2)柱间支撑。柱间支撑的主要作用是增强厂房的纵向刚度和稳定性，承受由山墙传来的风荷载，由屋盖结构传来的纵向水平荷载及由吊车梁传来的纵向水平荷载，并传至基础。

柱间支撑按其位置可分为上柱间支撑和下柱间支撑，分别位于吊车梁的上部及下部。一般设置在伸缩缝区段中央或临近中央的柱间，宜用交叉杆件，杆件倾角通常在 35°~55° 之间，如图 11-23(a)所示。

当柱间因交通、设备布置或柱距较大而不能采用交叉斜杆支撑时，可采用门架支撑，如图 11-23(b)所示。

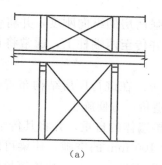

(a)

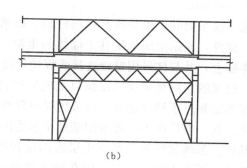

(b)

图 11-23　柱间支撑
(a)交叉支撑；(b)门架支撑

(4)围护结构的布置。

1)抗风柱。抗风柱设置在山墙内侧，承受山墙传来的风荷载，传至屋盖结构及其基础。抗风柱一般与基础刚接，与屋架上弦铰接，也可以同时与屋架下弦铰接。抗风柱与屋架连接必须满足两个要求：一是在水平方向必须与屋架有可靠的连接，以保证有效地传递风荷载；二是在竖向应允许二者之间有一定竖向相对位移，以防止厂房与抗风柱沉降不均匀时产生不利影响。因此，抗风柱与屋架一般采用竖向可移动、水平方向又有较大刚度的弹簧板连接，如图 11-24(a)所示。如厂房沉降较大时，宜采用通过长圆孔的螺栓进行连接，如图 11-24(b)所示。抗风柱下柱的顶面与屋架下弦的底面之间应留有不小于 150 mm 的空隙，以防止二者变形不一致的不利影响。

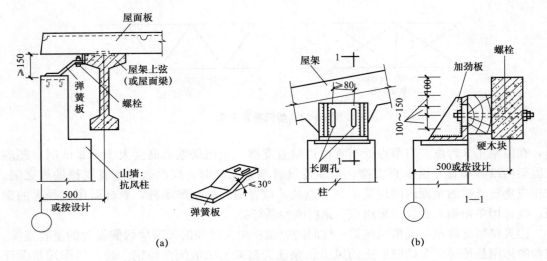

图 11-24 抗风柱与屋架连接

(a)弹簧钢板连接；(b)长圆孔螺栓连接

2)圈梁。圈梁的作用是将墙体与厂房柱箍在一起，以增强厂房的整体刚度，防止由于地基不均匀沉降或较大振动荷载对厂房引起的不利影响。圈梁布置与墙体高度、对厂房刚度要求及地基情况有关。圈梁应连续设置在墙体的同一平面内，并尽可能沿建筑形成封闭状，其宽度宜与墙厚相同，当墙厚 $h \geqslant 240$ mm 时，其宽度不宜小于墙厚的 $2/3$。圈梁高度不应小于 120 mm，纵向钢筋不应少于 $4\phi10$，绑扎接头的搭接长度按受拉钢筋考虑，箍筋间距不应小于 300 mm。

3)连系梁。连系梁的作用是连系纵向柱列，以增强厂房的纵向刚度，并将传递风荷载到纵向柱列。此外，连系梁还承受其上墙体的重量，并传至两端柱上，通常将预制的连系梁搁置在柱牛腿上，并与柱采用螺栓连接或焊接连接。

4)过梁。过梁的作用是承受门窗洞口上的墙体自重。在进行厂房结构布置时，应尽可能将圈梁、连系梁和过梁结合起来。以节约材料降低造价，方便施工。

5)基础梁。在一般厂房中，通常用基础梁承受围护墙体的自重，并将其传给柱下基础，而不另设墙基础。基础梁底部距其下土层表面应预留 100 mm 的空隙，使梁可随柱基础一起沉降，当基础梁下有冻胀黏土时，应在梁下铺设一层干砂、碎石、炉渣等松散材料，并留 $50 \sim 150$ mm 的空隙，防止冻土膨胀将基础梁顶裂。基础梁可直接搁置在基础杯口顶面，如图 11-25(a)所示。当基础埋置较深时，则搁置在基顶的混凝土垫块上，如图 11-25(b)所示。基础梁顶面标高一般为 -0.050 m 处。

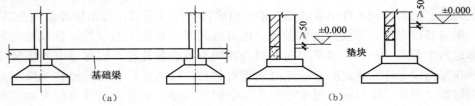

图 11-25 基础梁的布置

(a)直接搁置；(b)基础顶面设置垫块

二、单层厂房排架柱

(一)排架柱的受力特点与截面形式

柱是排架结构中的主要受力构件，既要承受屋架传来的荷载又要承受吊车荷载及墙体传来的风荷载，其中，吊车荷载是通过吊车梁传来的移动集中的反复荷载，有水平和纵向之分，风荷载又分为风压力和风吸力，作用于柱顶集中力及沿柱高度范围的均布荷载，因此，柱为偏心受压构件，一般采用对称配筋，不仅要满足结构承载力的要求，还应具有足够的刚度，以保证使用过程中产生过大变形而影响吊车正常工作。排架柱的常见截面形式有矩形、工字形及双肢柱等截面，如图 11-26 所示。

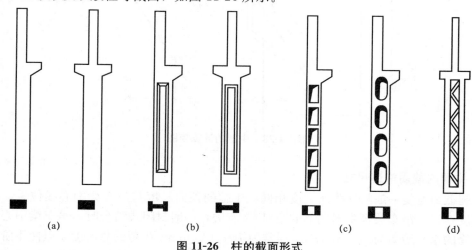

图 11-26　柱的截面形式

(a)矩形截面柱；(b)工字形截面柱；(c)平腹杆双肢柱；(d)斜腹杆双肢柱

(二)柱牛腿的受力特点与构造

1. 牛腿的受力特点

根据牛腿上竖向力 F_v 作用线至下柱边缘(牛腿根部)水平距离 a 的大小，将牛腿分为短牛腿和长牛腿两类：当 $a \leqslant h_0$(h_0 为牛腿的有效高度)时为短牛腿；当 $a > h_0$ 时为长牛腿，长牛腿的受力情况与悬臂梁相似，厂房柱的牛腿多为短牛腿，如图 11-27 所示。

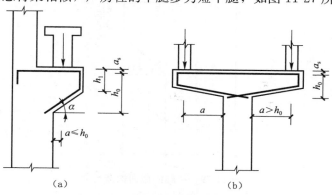

图 11-27　牛腿的类型

(a)短牛腿；(b)长牛腿

试验表明，牛腿在弹性阶段的主应力迹线大致为在牛腿上部产生与牛腿上表面基本平行且比较均匀的主拉应力，而在从加载点到牛腿下部与柱交接的连线附近则呈压应力状态，牛腿在即将破坏时的工作状态接近于三角桁架，如图 11-28 所示。其水平拉杆由纵向受拉钢筋组成，斜压杆由竖向力作用点与牛腿根部之间的混凝土组成。因此，牛腿中按构造要求配置一定数量的箍筋和弯起钢筋与压杆混凝土共同工作来保证，而三角桁架的拉杆应通过计算纵向受力钢筋来保证。

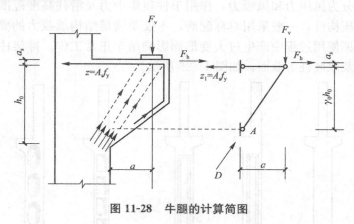

图 11-28　牛腿的计算简图

2. 牛腿的截面构造尺寸

牛腿截面宽度一般与柱截面宽度相同；牛腿的顶面长度与吊车梁中心线位置、吊车梁端部宽度 b_c 以及吊车梁至牛腿端部的距离 C_1 有关，一般封闭式结合时，吊车梁中心线到上柱外边缘的水平距离为 750 mm，C_1 通常为 70～100 mm。牛腿的总高度 h 以使用阶段不出现加载板内侧附近斜裂缝为控制条件来确定。牛腿的外边缘高度 h_1 不应小于 $h/3$，且不应小于 200 mm，底面倾角 α 要求不大于 45°，如图 11-29 所示。

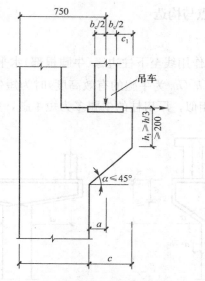

图 11-29　牛腿的截面构造尺寸

3. 牛腿的配筋构造要求

纵向受力钢筋宜采用 HRB400 级或 HRB500 级钢筋，全部纵向受力钢筋及弯起钢筋宜沿牛腿外边缘向下伸入下柱内 150 mm，如图 11-30(a)所示，并有足够的伸入上柱的钢筋锚固长度，应符合受拉钢筋锚固长度 l_a 的规定要求，当上柱尺寸不足时，上部钢筋应伸至节点对边并向下弯折 90°，弯折前的水平投影长度不应小于 $0.4l_{ab}$，弯折后的垂直投影长度不应小于 $15d$。

承受竖向力所需纵筋的配筋率不应小于 0.2% 及 $0.45f_t/f_y$，也不宜大于 0.6%，且根数不应少于 4 根，直径不应小于 12 mm。承受水平拉力的水平锚筋应焊在预埋件上，直径不应小于 12 mm，且不少于 2 根。

牛腿中应设置水平箍筋，以形成钢筋骨架和限制斜裂缝开展。水平箍筋直径宜为 6～12 mm，间距为 100～150 mm，且在上部 $2h_0/3$ 范围内水平箍筋的总面积不宜小于承受竖向力的受拉钢筋截面面积的 1/2。

当牛腿的剪跨比 $a/h_0 \geqslant 0.3$ 时，宜设置弯起钢筋。弯起钢筋宜采用 HRB335 级或 HRB400 级钢筋，并应配置在牛腿上部 $l/6$～$l/2$ 的范围内，如图 11-30(b)所示。其截面面积不宜小于承受竖向力的受拉钢筋截面面积的 1/2，根数不宜少于 2 根，直径不宜小于 12 mm，纵向受拉钢筋不得兼起弯起钢筋。

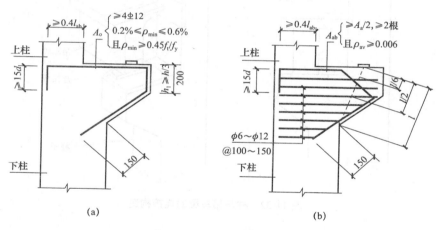

图 11-30　牛腿的钢筋构造
(a)牛腿纵向受力钢筋；(b)牛腿水平箍筋与弯起钢筋

(三)柱与其他构件的连接构造

1. 柱与屋架的连接

屋架端部预埋件与柱预埋件通过连接钢板焊接，屋架传来的竖向力直接由连接钢板(垫板)传至柱顶，屋架传来的水平剪力则由连接钢板与预埋件间的焊缝传至柱顶。因此，连接钢板的尺寸和位置应保证力的顺利传递，且应使竖向力作用线通过(屋架支座节点的垂线)的位置，一般距柱的定位轴线 150 mm 处，如图 11-31 所示。

2. 柱与吊车梁的连接

柱承受由吊车梁传来的竖向及水平荷载，因此，吊车梁与柱在两个方向都应具有可靠连接。吊车梁的竖向力通过吊车梁梁底支承板与牛腿顶面预埋件连接的钢板来传递；吊车

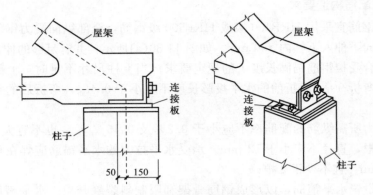

图 11-31　屋架与柱的连接构造

梁的水平力则通过吊车梁端部顶面预埋件与上柱内侧预埋件间的连接钢板（或角钢）来传递，且吊车梁与柱间的空隙宜用 C20 细石混凝土填实，如图 11-32 所示。

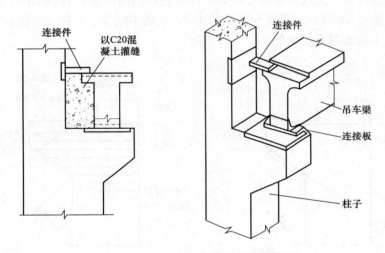

图 11-32　柱与吊车梁的连接构造

3. 柱与柱间支撑的连接

柱间支撑一般由型钢制成，上柱柱间支撑布置在上柱截面形心轴线上，其上下节点分别在上柱柱顶和上柱根部附近；下柱柱间支撑布置在下柱截面翼缘部分的形心线上，其上下节点分别在牛腿顶面和基础顶面附近，如图 11-33 所示。

4. 墙体与柱的连接

为了保证墙体的稳定及有效传递墙面所受的风荷载，墙与柱一般采用在钢筋混凝土柱中，沿高度每隔 500 mm 伸出拉结筋，并砌入墙体的灰缝中，圈梁处的拉结筋与圈梁现浇，如图 11-34 所示。

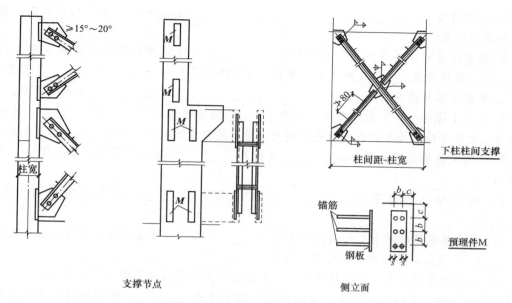

支撑节点   侧立面

图 11-33 柱与柱间支撑的连接构造

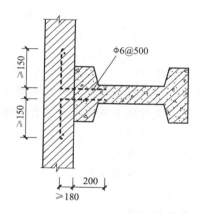

图 11-34 外墙与柱的连接构造

![拓展实训]

一、填空题

1. 单层厂房的结构形式通常有_____和_____两种。

2. 排架结构由_____、_____、_____组成，柱与屋架_____，但与基础_____。

3. 刚架结构是由_____、_____、_____组成，梁与柱为_____，柱与基础常为_____。

4. 单层厂房的排架结构是由_____结构、_____排架、_____排架和围护结构组成。

5. 围护结构由_____、_____、_____、_____和基础梁等构件组成，兼起围护和承重作用。

6. 支撑的主要作用是加强厂房结构的_____，保证结构构件在安装和使用阶段的_____，有效传递_____的作用。单层厂房支撑体系包括_____和_____两部分。

7. 屋盖支撑系统包括_____、_____、_____、_____及纵向水平系杆。

8. 柱间支撑的主要作用是增强厂房的_____刚度和稳定性，承受由_____传来的风荷载，由屋盖结构传来的纵向水平荷载及由吊车梁传来的纵向水平荷载，并传至基础。

9. 柱间支撑按其位置可分为_____支撑和_____支撑，分别位于吊车梁的上部及下部。

10. 抗风柱一般与基础_____，与屋架上弦_____，也可以同时与屋架下弦_____。

11. 基础梁底部距其下土层表面应预留_____的空隙，当基础梁下有冻胀黏土时，应留_____的空隙，基础梁顶面标高一般为_____处。

12. 牛腿的全部纵向受力钢筋及弯起钢筋宜沿牛腿外边缘向下伸入下柱内_____，当上柱尺寸不足时，上部钢筋应伸至节点对边并向下弯折_____，弯折前的水平投影长度不应小于_____，弯折后的垂直投影长度不应小于_____。

13. 承受竖向力所需纵筋根数不应少于_____根，直径不应小于_____。承受水平拉力的水平锚筋应焊在_____上，直径不应小于_____，且不少于_____根。

二、简答题

1. 单层工业厂房的结构类型有哪些？

2. 单层工业厂房排架结构的结构组成如何？其结构布置应考虑哪些因素？

3. 装配式排架结构厂房中两大支撑体系的组成及其作用有哪些？

4. 连系梁、圈梁在维护结构中有何作用？

5. 排架柱牛腿的种类及其计算简图如何？

6. 柱牛腿的构造尺寸及构造配筋有何要求？

7. 抗风柱与屋架连接构造如何？

8. 绘制柱与屋架、吊车梁连接构造图。

项目十二　砌体结构的构造应用与承载力的计算

知识目标

1. 了解砌体材料中块材与砂浆的种类、规格、强度等级及力学性能。
2. 掌握砌体结构的材料选用方法。
3. 了解无筋砌体受压构件受压破坏特征。
4. 掌握无筋砌体受压构件承载力计算方法。
5. 掌握无筋砌体局部受压承载力计算方法。
6. 了解混合结构房屋的承重体系。
7. 掌握混合结构房屋的静力计算方案，以及各种静力计算方案的确定方法。
8. 掌握砌体结构墙、柱的高厚比验算。
9. 了解过梁、墙梁、雨篷的承载力计算方法。
10. 了解砌体结构的一般要求和构造措施。

能力目标

1. 能根据块材和砂浆的力学性质并结合《砌体结构设计规范》(GB 50003—2011)合理选用建筑材料。
2. 能进行无筋砌体受压构件承载力计算。
3. 能进行无筋砌体局部受压承载力计算。
4. 能结合工程实际解决无筋砌体受压承载力相关问题。
5. 能确定混合结构房屋的静力计算方案。
6. 能进行墙、柱的高厚比验算。
7. 掌握砌体结构的一般要求和构造措施，能解决施工常见问题。

教学重点

1. 块材和砂浆的选用原则。
2. 无筋砌体受压构件承载力计算。
3. 无筋砌体局部受压承载力计算。
4. 砌体结构墙、柱的高厚比验算。

教学难点

1. 无筋砌体局部受压承载力计算。
2. 砌体结构墙、柱的高厚比验算。

16 课时

砌体是由块材和砂浆砌筑而成的以墙、柱作为主要受力构件的结构。砌体的材料主要包括块材和砂浆。其受力特点是抗压能力较强而抗拉、抗弯、抗剪能力较低，因此，砌体常用作轴心受压和偏心受压构件。砌体结构房屋，除进行承载力计算和高厚比验收外，还应满足砌体结构的一般构造要求。

任务一　砌体材料的性能认知与选用

任务描述

了解砌体结构所用块材及砂浆的性能、种类、强度等级，掌握砌体结构的种类及材料的选用原则，能够结合建筑物对不同砌体进行材料的选用分析。

任务分析

1. 砌体结构所用块材种类有砖、砌块、石材；砂浆种类有水泥砂浆、非水泥砂浆、混合砂浆。

2. 砌体的抗压强度较高，应充分利用砌体的抗压强度，而砌体的抗拉强度及抗弯、抗剪强度都较低。

3. 砌体结构的新进展和发展趋势：块体轻质高强并可改善其物理性能；砂浆提高强度和粘握度，改善砌体整体性能和抗震性；发展各种砌块，节省和利用资源，保护农田；采用配筋砌体(甚至预应力筋)，改善抗拉、抗剪强度；施工方面发展机械化和工业化方法；改善结构布置，避免砌体受拉、弯、剪。

相关知识

一、砌体材料种类及强度等级

(一)块材

目前我国常用的块材分为以下几种。

1. 砖

(1)烧结普通砖。烧结普通砖是把黏土、页岩、煤矸石或粉煤灰等分别作为主要材料，经高温焙烧制成的尺寸为 240 mm×115 mm×53 mm 的砖，也称为标准砖。它分为烧结煤矸石砖、烧结页岩砖、烧结粉煤灰砖等。根据抗压强度分为 MU30、MU25、MU20、MU15 和 MU10 五个强度等级。

（2）非烧结硅酸盐砖。非烧结硅酸盐砖是用硅酸盐材料压制成坯并经高压釜蒸汽养护而成。按其材料可分为蒸压灰砂砖、蒸压粉煤灰砖、矿渣硅酸盐、炉渣砖等，其规格尺寸与烧结普通砖相同。根据抗压强度分为 MU25、MU20、MU15、MU10 四个强度等级。

（3）烧结多孔砖。烧结多孔砖是以黏土、页岩、煤矸石为主要原料，经焙烧而成的孔洞率不小于 25% 的砖。其主要尺寸为 240 mm×115 mm×90 mm、240 mm×190 mm×90 mm 和 240 mm×180 mm×115 mm，如图 12-1 所示。根据抗压强度分为 MU30、MU25、MU20、MU15 和 MU10 五个强度等级。在我国以黏土、页岩、煤矸石、粉煤灰为主要原料，经焙烧而成，孔洞率等于或大于 40%，且主要用于非承重部位的砖或砌块，分别称为烧结空心砖、烧结空心砌块。

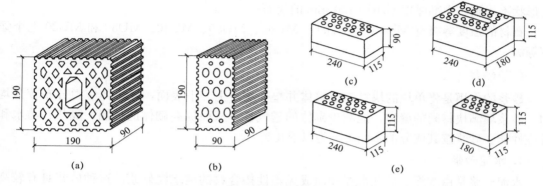

图 12-1　几种多孔砖的规格和孔洞形式
(a)KM1 型；(b)KM1 型配砖；(c)KP1 型；(d)KP2 型；(e)KP2 型配砖

（4）混凝土普通砖、混凝土多孔砖。混凝土普通砖是以水泥、集料、掺合料、外加剂等加水拌和、养护制成的实心砖。其主要规格尺寸为 240 mm×115 mm×53 mm，又称为混凝土普通砖。强度等级为 MU30、MU25、MU20、MU15 四个强度等级。混凝土多孔砖是以水泥、砂、石为主要原材料，经配料、搅拌、成型、养护制成，用于承重的多排孔混凝土砖，称为混凝土多孔砖。孔洞率应不小于 30%，主要规格尺寸为 240 mm×115 mm×90 mm、240 mm×190 mm×90 mm。强度等级为 MU25、MU20、MU15 三个强度等级。

2. 砌块

砌块是指采用普通混凝土及硅酸盐材料制作的实心或空心块材。其原材料丰富、制作简单、施工效率较高，且适用性强。砌块按尺寸的大小可分为小型砌块（高度为 350 mm 及以下）和中型砌块（高度为 360～900 mm）。根据所用材料和使用条件的不同，我国常用砌块的种类有以下几种：混凝土砌块，如图 12-2 所示。轻集料混凝土小型空心砌块（适用于多层或高层的非承重及承重保温墙、框架填充墙及隔墙）；粉煤

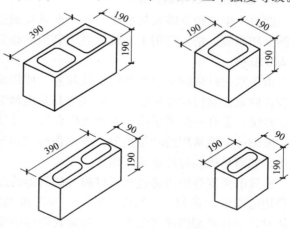

图 12-2　混凝土小型空心砌块

灰硅酸盐中型砌块；加气混凝土砌块（用于非承重填充墙或非承重隔墙）。砌块的强度等级有 MU20、MU15、MU10、MU7.5 和 MU5。

3. 石材

在承重结构中，常用的天然石材有花岗岩、砂岩和石灰岩等。天然石材具有抗压强度高及抗冻性强的优点，在有开采和加工石材经验的地区，天然石材是砌筑条形基础、挡土墙等的理想材料，在石材产地也可用于砌筑承重墙体。但天然石材传热性较高，不宜用作寒冷地区的墙体。

天然石材可分为料石和毛石两种。

料石按其加工后外形的规则程度又分为细料石、半细料石、粗料石和毛料石。毛石是指形状不规则、中部厚度不小于 150 mm 的块石。

石材的强度等级有 MU100、MU80、MU60、MU50、MU40、MU30 和 MU20 七个强度等级。

(二)砂浆

砂浆的作用是将单块的块材连成整体并垫平块材上、下表面，使块体应力分布较为均匀，砂浆填满块材间的缝隙，能减少砌体的透气性，从而提高砌体的保温、隔热、防水和抗冻性能。砂浆按其成分的不同可分为以下几类。

1. 水泥砂浆

水泥砂浆是由水泥、砂和水拌和而成无塑性掺合料的纯水泥砂浆。这种砂浆具有较高的强度和较好的耐久性，但其流动性和保水性较差。

2. 混合砂浆

混合砂浆是有塑性掺合料的水泥砂，如掺入了石灰的水泥石灰砂浆、掺入了黏土的水泥黏土砂浆等。这种砂浆具有一定的强度、较好的流动性和保水性。

3. 非水泥砂浆

非水泥砂浆是不含水泥的砂浆，如白灰砂浆、黏土砂浆、石膏砂浆等。这种砂浆的强度较低。

4. 混凝土砌块砌筑砂浆

混凝土砌块砌筑砂浆是水泥、砂、水以及根据需要掺入的掺合料和外加剂等，按一定比例拌和而成，是专门用于砌筑混凝土砌块的砌筑砂浆，简称砌块专用砂浆，其强度等级用 Mb 表示。

由于水泥砂浆的可塑性和保水性较差，使用水泥砂浆砌筑时，砌体强度低于相同条件下混合砂浆砌筑的砌体强度。一般仅对高强度砂浆或砌筑处于潮湿条件下的砌体时，采用水泥砂浆。混合砂浆由于掺入了塑性掺合料，可节约水泥，并提高砂浆的可塑性和保水性，是一般砌体中最常用的砂浆类型。非水泥砂浆由于强度很低，一般仅用于强度要求不高的砌体，如简易或临时性建筑的墙体。

砂浆的强度等级由通过标准试验方法测得的边长为 70.7 mm 立方体的 28 d 龄期抗压强度平均值确定，有 M15、M10、M7.5、M5 和 M2.5 五级。当验算施工阶段尚未硬化的新砌体时，可按砂浆强度等级为零来确定其砌体强度。

二、砌体的种类

在房屋建筑中，砌体常用作承重墙、柱、围护墙和隔墙，一般采用的砌体种类有无筋砌体和配筋砌体。

(一)无筋砌体

1. 砖砌体

在房屋建筑中，砖砌体用作内外承重墙或围护墙及隔墙。

实砌标准砖墙的厚度可为 120 mm、240 mm、370 mm、490 mm、620 mm 及 740 mm 等。当有特殊要求时，也可砌成 180 mm、300 mm 和 420 mm 等厚度的墙体。实心墙常采用一顺一丁、三顺一丁或梅花丁的砌筑方法，如图 12-3 所示。国内目前常用规格的空心砖可砌成 90 mm、180 mm、190 mm、240 mm、290 mm 和 390 mm 等厚度的墙体。

空斗墙因其整体性和抗震性能较差，现已较少采用。

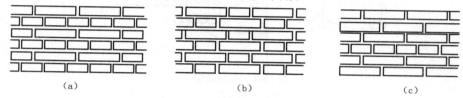

图 12-3　砖砌体的组砌方式
(a)一顺一丁；(b)梅花丁；(c)三顺一丁

2. 砌块砌体

由于砌块砌体自重轻，保温隔热性能好，施工进度快，经济效果好，因此，采用砌块建筑是墙体改革的一项重要措施。在确定砌块的规格尺寸和型号时，既要考虑起重能力，又要与房屋的建筑设计相协调，要有规律性，使砌块的类型尽量少，并能满足砌块之间的搭接要求。

3. 石砌体

石砌体分为料石砌体、毛石砌体和毛石混凝土砌体。料石和毛石砌体一般均用砂浆砌筑；毛石混凝土砌体由混凝土和毛石交替铺砌而成。料石砌体除用于建造房屋外，还可用于建造石拱桥、石坝等构筑物。毛石混凝土砌体砌筑方便，一般用于房屋的基础部位或挡土墙等。

(二)配筋砌体

配筋砌体是指在灰缝中配置钢筋或钢筋混凝土的砌体，包括网状配筋砌体、组合砖砌体、配筋混凝土砌块砌体。

1. 网状配筋砌体

网状配筋砌体是在砖柱或墙体的水平灰缝内配置直径为 3～4 mm 的方格网式钢筋网片，如图 12-4(a)所示，或配置直径为 6～8 mm 的连弯式钢筋网片，如图 12-4(b)所示，又称横向配筋砖砌体。

2. 组合砖砌体

组合砖砌体有两种，一种是在砌体外侧预留的竖向凹槽内配置纵向钢筋，再浇筑混凝土面层或钢筋砂浆面层，如图 12-4(c)所示；另一种是砖砌体和钢筋混凝土构造柱组合墙，并在各层楼盖处设置钢筋混凝土圈梁，使砖砌体墙与钢筋混凝土构造柱和圈梁组成一个构件共同受力。

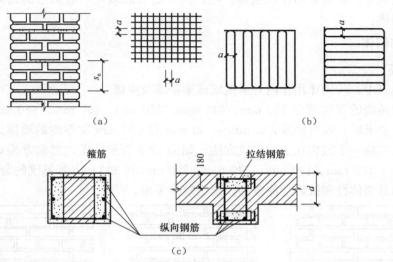

图 12-4　配筋砖砌体

(a)网状配筋砌体；(b)连弯式；(c)组合砖砌体

3. 配筋混凝土砌块砌体

配筋混凝土砌块砌体是在砌块墙体上下贯通的竖向孔洞中插入竖向钢筋，并用灌孔混凝土灌实，使竖向和水平钢筋与砌体形成一个共同工作的整体，如图 12-5 所示。

三、砌体的强度

(一)砌体的抗压强度

1. 影响砌体抗压强度的因素

(1)块材和砂浆强度等级。一般来说，用强度等级高的块材砌筑的砌体，其抗压强度也高。提高砂浆强度等级对砌体强度的影响不如提高块材的强度等级效果好。

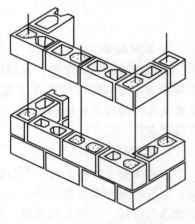

图 12-5　配筋砌块砌体墙

(2)块材的尺寸和形状。砌体强度随块材厚度的增大而增加，随块材的长度增加而降低。块材形状的规则与否也直接影响砌体的抗压强度。块材表面不平、形状不整都会使砌体抗压强度降低。

(3)砂浆的和易性和保水性。砂浆的和易性和保水性越好，灰缝就越容易铺砌均匀，砌体的抗压强度相对也越高。例如，水泥砂浆就比混合砂浆的和易性和保水性差，所以其砌体强度就要降低采用。

(4)砌筑质量。砌筑质量对砌体强度的影响，主要表现在砌体水平灰缝的饱满度、密实性、均匀性和合适的灰缝厚度。《砌体结构工程施工质量验收规范》(GB 50203—2011)规定，水平灰缝砂浆饱满度不得低于80%，并根据施工现场的质保体系、砂浆和混凝土的强度、砌筑工人技术等级方面的综合水平将施工技术水平划分为 A、B、C 三个等级，即砌体施工质量控制等级（表 12-1）。同时，在保证质量的前提下，快速砌筑，能使砌体内砂浆在硬化前就受压，增加水平灰缝的密实性，有益于提高砌体的抗压强度。

表 12-1　砌体施工质量控制等级

项目	施工质量控制等级		
	A	B	C
现场质量管理	监督检查制度健全，并严格执行；施工方有在岗专业技术管理人员，人员齐全，并持证上岗	监督检查制度基本健全，并能执行；施工方有在岗专业技术管理人员，人员齐全，并持证上岗	有监督检查制度，施工方有在岗专业技术管理人员
砂浆、混凝土强度	试块按规定制作，强度满足验收规定，离散性小	试块按规定制作，强度满足验收规定，离散性较小	试块按规定制作，强度满足验收规定，离散性大
砂浆拌和	机械拌和；配合比计量控制严格	机械拌和；配合比计量控制一般	机械或人工拌和；配合比计量控制较差
砌筑工人	中级工以上，其中高级工不少于30%	高、中级工不少于70%	初级工以上

2. 各类砌体的抗压强度

龄期为 28 d 的各类砌体以毛截面计算的抗压强度设计值 f，当施工质量控制等级为 B 级时，可按表 12-2～表 12-8 采用。当进行施工阶段承载力的验算时，强度设计值可按表中砂浆强度为零的情况确定。

对于表 12-9 所列使用情况，砌体强度设计值还应乘以调整系数 γ_a。

表 12-2　烧结普通砖和烧结多孔砖砌体的抗压强度设计值 f　　　MPa

砖强度等级	砂浆强度等级					砂浆强度
	M15	M10	M7.5	M5	M2.5	0
MU30	3.94	3.27	2.93	2.59	2.26	1.15
MU25	3.60	2.98	2.68	2.37	2.06	1.05
MU20	3.22	2.67	2.39	2.12	1.84	0.94
MU15	2.79	2.31	2.07	1.83	1.60	0.82
MU10	—	1.89	1.69	1.50	1.30	0.67

表 12-3　混凝土普通砖和混凝土多孔砌体的抗压强度设计值 f　　　MPa

砖强度等级	砂浆强度等级					砂浆强度
	Mb20	Mb20	Mb10	Mb7.5	Mb5	0
MU30	4.61	3.94	3.27	2.93	2.59	1.15
MU25	4.21	3.60	2.98	2.68	2.37	1.05
MU20	3.77	3.22	2.67	2.39	2.12	0.94
MU15	—	2.79	2.31	2.07	1.83	0.82

表 12-4 蒸压灰砂砖和蒸压粉煤灰砖砌体的抗压强度设计值 f MPa

砖强度等级	砂浆强度等级				砂浆强度
	M15	M10	M7.5	M5	0
MU25	3.60	2.98	2.68	2.37	1.05
MU20	3.22	2.67	2.39	2.12	0.94
MU15	2.79	2.31	2.07	1.83	0.82
注：当采用专用砂浆砌筑时，其砌体抗压强度设计值按表中数值采用。					

表 12-5 单排孔混凝土和轻集料混凝土砌块对孔砌筑砌体的抗压强度设计值 f MPa

砌块强度等级	砂浆强度等级					砂浆强度
	Mb20	Mb15	Mb10	Mb7.5	Mb5	0
MU20	6.30	5.68	4.95	4.44	3.94	2.33
MU15	—	4.61	4.02	3.61	3.20	1.89
MU10	—	—	2.79	2.50	2.22	1.31
MU7.5	—	—	—	1.93	1.71	1.01
MU5	—	—	—	—	1.19	0.70
注：1. 对独立柱或厚度为双排组砌的砌块砌体，应按表中数值乘以 0.7。						
2. 对 T 形截面砌体，应按表中数值乘以 0.85。						

表 12-6 双排孔、多排孔轻集料混凝土砌块砌体的抗压强度设计值 f MPa

砌块强度等级	砂浆强度等级			砂浆强度
	Mb10	Mb7.5	Mb5	0
MU10	3.08	2.76	2.45	1.44
MU7.5	—	2.13	1.88	1.12
MU5	—	—	1.31	0.78
MU3.5	—	—	0.95	0.56
注：1. 表内的砌体为火山渣、浮石和陶粒轻集料混凝土砌块。				
2. 对厚度方向为双排组砌的轻集料混凝土砌块砌体的抗压强度设计值，应按表中数值乘以 0.8。				

表 12-7 毛料石砌体的抗压强度设计值 f MPa

毛料石强度等级	砂浆强度等级			砂浆强度
	M7.5	M5	M2.5	0
MU100	5.42	4.80	4.18	2.13
MU80	4.85	4.29	3.73	1.91
MU60	4.20	3.71	3.23	1.65
MU50	3.83	3.39	2.95	1.51
MU40	3.43	3.04	2.64	1.35
MU30	2.97	2.63	2.29	1.17
MU20	2.42	2.15	1.87	0.95
注：对下列各类料石砌体，应按表中数值分别乘以系数：				
细料石砌体　　　1.4。				
粗料石砌体　　　1.2。				
干砌勾缝石砌体　0.8。				

表 12-8　毛石砌体的抗压强度设计值 *f*　　　　　　　　　　　　　MPa

毛石强度等级	砂浆强度等级			砂浆强度
	M7.5	M5	M2.5	0
MU100	1.27	1.12	0.98	0.34
MU80	1.13	1.00	0.87	0.30
MU60	0.98	0.87	0.76	0.26
MU50	0.90	0.80	0.69	0.23
MU40	0.80	0.71	0.62	0.21
MU30	0.69	0.61	0.53	0.18
MU20	0.56	0.51	0.44	0.15

3. 砌体强度设计值的调整

工程上砌体的使用情况多种多样，在某些情况下砌体强度可能降低，在某些情况下需要适当提高或降低结构构件的安全储备，因而在设计计算时需要考虑砌体强度的调整，即将上述砌体强度设计值乘以调整系数 γ_a，γ_a 值见表 12-9。

表 12-9　砌体强度设计值调整系数 γ_a

使用情况		γ_a
有吊车房屋砌体、跨度不小于 9 m 的梁下烧结普通砖砌体、跨度不小于 7.5 m 的梁下烧结多孔砖、蒸压灰砂砖、蒸压粉煤灰砖砌体，混凝土和轻集料混凝土砌块砌体		0.9
无筋砌体构件截面面积 A 小于 0.3 m²		$0.7+A$
配筋砌体构件，砌体截面面积 A 小于 0.2 m²		$0.8+A$
用低于 M5 的水泥砂浆砌筑的各类砌体	抗压强度	0.9
	一般砌体的抗拉、弯、剪强度	0.8
施工质量控制等级为 C 级		0.89
验算施工中房屋的构件		1.1

(二)砌体的轴心抗拉、弯曲抗拉及抗剪强度设计值

在实际工程中，砌体除受压力作用之外，有时还承受轴心拉力、弯矩、剪力作用。如圆形水池池壁或谷仓在液体或松散物体的侧向压力作用下将产生轴向拉力，如图 12-6 所示；挡土墙在土压力作用下，将产生弯矩、剪力作用，如图 12-7 所示；砖砌过梁在自重和楼面荷载作用下受到弯矩、剪力作用，如图 12-8 所示。龄期为 28 d 的以毛截面计算的各类砌体的轴心抗拉、弯曲抗拉和抗剪强度设计值，当施工质量控制等级为 B 级时，可按表 12-10 采用。

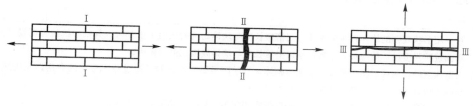

图 12-6　砖砌体轴心受拉

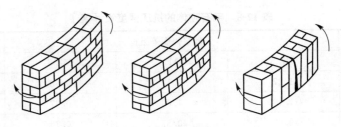

图 12-7 砖砌体弯曲受拉

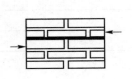 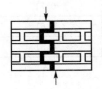 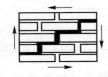

图 12-8 砖砌过梁受剪

表 12-10 沿砌体灰缝截面破坏时砌体的轴心抗拉强度设计值、
弯曲抗拉强度设计值和抗剪强度设计值   MPa

强度类别	破坏特征及砌体种类		砂浆强度等级			
			≥M10	M7.5	M5	M2.5
轴心抗拉	沿齿缝	烧结普通砖、烧结多孔砖	0.19	0.16	0.13	0.09
		混凝土普通砖、混凝土多孔砖	0.19	0.16	0.13	—
		蒸压灰砂普通砖、蒸压粉煤灰普通砖	0.12	0.10	0.08	—
		混凝土和轻集料混凝土砌块	0.09	0.08	0.07	—
		毛石	—	0.07	0.06	0.04
弯曲抗拉	沿齿缝	烧结普通砖、烧结多孔砖	0.33	0.29	0.23	0.17
		混凝土普通砖、混凝土多孔砖	0.33	0.29	0.23	—
		蒸压灰砂普通砖、蒸压粉煤灰普通砖	0.24	0.20	0.16	—
		混凝土和轻集料混凝土砌块	0.11	0.09	0.08	—
		毛石	—	0.11	0.09	0.07
	沿通缝	烧结普通砖、烧结多孔砖	0.17	0.14	0.11	0.08
		混凝土普通砖、混凝土多孔砖	0.17	0.14	0.11	—
		蒸压灰砂普通砖、蒸压粉煤灰普通砖	0.12	0.10	0.08	—
		混凝土和轻集料混凝土砌块	0.08	0.06	0.05	—
抗剪	烧结普通砖、烧结多孔砖		0.17	0.14	0.11	0.08
	混凝土普通砖、混凝土多孔砖		0.17	0.14	0.11	—
	蒸压灰砂普通砖、蒸压粉煤灰普通砖		0.12	0.10	0.08	—
	混凝土和轻集料混凝土砌块		0.09	0.08	0.06	—
	毛石		—	0.19	0.16	0.11

注：1. 对于用形状规则的块体砌筑的砌体，当搭接长度与块体高度的比值小于1时，其轴心抗拉强度设计值 f_t 和弯曲抗拉强度设计值应按表中数值乘以搭接长度与块体高度比值后采用；

2. 对蒸压灰砂普通砖、蒸压粉煤灰普通砖砌体，当采用经研究性试验且通过技术鉴定的专用砂浆砌筑，其抗剪强度设计值按相应的烧结普通砖砌体的采用；

3. 对采用混凝土块体的砌体，表中砂浆强度等级相应为≥Mb10、Mb7.5、Mb5。

(三)砌体材料的选择

砌体所用的块材和砂浆，应根据砌体结构的使用要求、使用环境、重要性，以及结构构件的受力特点等因素来考虑。选用的材料应符合承载能力、耐久性、隔热性、保温、隔声等要求。在抗震设防地区，选用的材料应符合有关规定。对于一般房屋的承重墙体，砖的强度等级常采用MU10。非烧结硅酸盐砖，在满足强度要求的前提下，可用于砌筑外墙和基础，但不宜作为承受高温的砌体材料。由于黏土砖烧制须毁坏耕地，根据有关规定将禁止使用。空心砖、多孔空心砖强度较高，常用于砌筑承重墙。大孔空心砖因强度较低，只用于隔墙和填充墙。对于石材，重质岩石的强度高，耐久性较好，但隔热性能较差。轻质岩石的保温、隔热性能好，容易加工，但强度较低，耐久性较差。可根据各种石材的不同性质来选用适当的石材。

(1)砌体结构的环境类别(表 12-11)。

表 12-11　砌体结构的环境类别

环境类别	条　件
1	正常居住及办公建筑的内部干燥环境
2	潮湿的室内或室外环境，包括与无侵蚀性土和水接触的环境
3	严寒和使用化冰盐的潮湿环境(室内或室外)
4	与海水直接接触的环境，或处于海滨地区的盐饱和的气体环境
5	有化学侵蚀的气体、液体或固态形式的环境，包括有侵蚀性土壤的环境

(2)处于环境类别 1 的砌体，其块体材料的最低强度等级，应符合表 12-12 的要求。

表 12-12　块材材料的最低强度等级

块体材料用途及类型		最低强度等级	备　注
承重	烧结普通砖、烧结多孔砖	MU10	用于外墙及潮湿环境的内墙时，强度等级应提高一级
	蒸压普通砖、混凝土砖	MU15	
	普通、轻集料混凝土小型空心砌块	MU7.5	以粉煤灰做掺合料时，粉煤灰的品质、取代水泥最大限量和掺量应符合现行国家标准《用于水泥和混凝土中的粉煤灰》(GB/T 1596)、《粉煤灰混凝土应用技术规程》(GB/T 50146)的有关规定
自承重	轻集料混凝土小型空心砌块	MU3.5	用于外墙及潮湿环境的内墙时，强度等级不应低于 MU5.0。全烧结陶粒保温砌块用于内墙时，强度等级不应低于 MU2.5、密度不应大于 800 kg/m³
	烧结空心砖、空心砌块	MU3.5	用于外墙及潮湿环境的内墙时，强度等级不应低于 MU5.0

(3)处于环境类别 2 的砌体，其块体材料的最低强度等级，应符合表 12-12 备注栏及表 12-13 的要求。

表 12-13　地面以下或防潮层以下的砌体所用材料的最低强度等级

潮湿程度	烧结普通砖	混凝土普通砖、蒸压普通砖	混凝土砌块	石材	水泥砂浆
稍潮湿的	MU15	MU20	MU7.5	MU30	M5
很潮湿的	MU20	MU20	MU10	MU30	M7.5
含水饱和的	MU20	MU15	MU15	MU40	M10

注：1. 在冻胀地区，地面以下或防潮层以下的砌体，不宜采用多孔砖，如采用时，其孔洞应用水泥砂浆灌实。当采用混凝土砌块砌体时，其孔洞应用强度等级不低于 Cb20 的混凝土灌实；

2. 对安全等级为一级或设计使用年限大于 50 年的房屋，表中材料强度等级应至少提高一级。

(4)处于环境类别 3～5 等有侵蚀性介质的砌体材料，应符合下列要求：

1)不应采用蒸压灰砂砖、蒸压粉煤灰砖。

2)应采用实心砖，砖的强度等级不应低于 MU20，水泥砂浆的强度等级不应低于 M10。

3)混凝土砌块的强度等级不应低于 MU15，灌孔混凝土的强度等级不应低于 Cb30，砂浆的强度等级不应低于 Mb10。

4)应根据环境条件对砌体材料的抗冻指标、耐酸、耐碱性能提出要求，或符合有关标准的规定。

▶ 拓展实训

一、填空题

1. 砌体结构中块材的种类包括_____、_____、_____。

2. 砂浆的种类包括_____、_____、_____。

3. 砌体结构的种类包括_____、_____、_____。

二、简答题

1. 什么是砌体结构？砌体结构按所用材料的不同可分为哪几类？

2. 块材和砂浆起什么作用？对砌体所用块材和砂浆的基本要求是什么？

3. 砌体结构材料的选择应遵循什么原则？

4. 影响砌体抗压强度的主要因素有哪些？从影响砌体抗压强度因素来分析，如何提高砌体的施工质量？

5. 施工技术水平划分为 A、B、C 三个等级的原则是什么？

三、实践题

以某一建筑物为例阐述砌体结构中块材和砂浆的类型以及选用原则。

▶ 课外学习指要

《砌体结构设计规范》(GB 50003—2011)；

《砌体结构工程施工质量验收规范》(GB 50203—2011)。

任务二　无筋砌体受压构件承载力计算

任务描述

对某无筋砌体结构墙和柱进行承载力验算，包括砌体的局部受压验算。

任务分析

1. 砌体受压承载力计算公式为 $N \leqslant \varphi Af$；其中，φ 为高厚比（β）和轴向力的偏心距（e）对受压构件承载力的影响系数，无论轴心受压还是偏心受压都采用此公式，公式的适用条件是 $e \leqslant 0.6y$。

2. 砌体的局部受压包括三种情况：局部均匀受压、梁端下砌体的局部受压、梁端设置垫块的局部受压。梁端下砌体的局部受压易出现问题，但常被忽视，要引起重视。

相关知识

一、无筋砌体受压构件受压破坏特征

1. 砌体轴心受压破坏特点

大量试验表明：当砌体轴心受压时，其破坏过程按照裂缝的出现和发展大致经历三个阶段。

第一阶段：从砌体开始受压到单块砖出现裂缝，如图 12-9（a）所示。出现第一条（或第一批）裂缝时的荷载为破坏荷载的 $40\% \sim 70\%$，此时如果荷载不增加，裂缝也不会继续扩大。

第二阶段：随着荷载的继续增加，原有裂缝不断扩展，同时产生新的裂缝，这些裂缝沿竖向形成通过几皮砖的连续裂缝（条缝）。此时即使荷载不再增加，裂缝仍会继续发展，其荷载为破坏荷载的 $80\% \sim 90\%$，如图 12-9（b）所示。

第三阶段：再增加荷载，裂缝迅速开展，其中几条连续的竖向裂缝把砌体分割成一个个独立的小柱，接着独立小柱因失稳或被压碎而导致整个砌体的破坏，如图 12-9（c）所示。

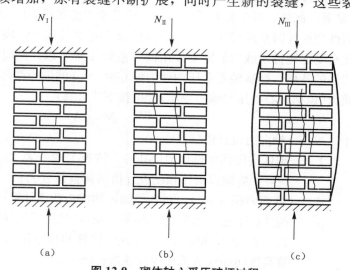

图 12-9　砌体轴心受压破坏过程

2. 砌体内单块砖的应力状态及其对砌体强度的影响

由于砂浆层的非均匀性及砖和砂浆横向变形的差异，单块砖在砌体内除承压，还要承受弯、剪、拉多种应力，处于一种复杂的应力状态之中。而砖的抗弯、抗剪及抗拉强度又低于其抗压强度，以致砌体在砖的抗压强度尚未发挥的情况下就因抗弯、剪、拉应力的不足而破坏了。所以，砌体的抗压强度一般都低于其单块砖的抗压强度。

二、无筋砌体受压构件的承载力计算

1. 无筋砌体受压构件的受力状态

无筋砌体在轴心压力作用下，砌体在破坏阶段截面的应力是均匀分布的，如图 12-10(a) 所示。当轴向压力偏心距较小时，如图 12-10(b) 所示，截面虽全部受压，但应力分布不均匀，破坏将发生在压应力较大的一侧，且破坏时该侧边缘压应力较轴心受压破坏时的应力稍大。当轴向力的偏心距进一步增大时，受力较小边将出现拉应力，如图 12-10(c) 所示，此时，如应力未达到砌体的通缝抗拉强度，受拉边即不会开裂。如偏心距再增大，如图 12-10(d) 所示，受拉侧将较早开裂，此——只有砌体局部的受压区压应力与轴向力平衡。

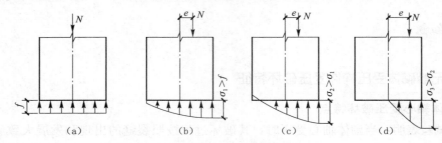

图 12-10　无筋砌体的受压

2. 无筋砌体受压构件的计算公式

砌体虽然是一个整体，但由于有水平砂浆层且灰缝数量较多，使砌体的整体性受到影响，因而砖砌体构件受压时，纵向弯曲对构件承载力的影响较其他整体构件(如素混凝土构件)显著。此外，对于偏心受压构件，还必须考虑在偏心压力作用下附加偏心距的增大和截面塑性变形等因素的影响。《规范》在试验研究的基础上，确定把轴向力偏心距和构件的高厚比对受压构件承载力的影响采用同一系数 ϕ 来考虑；同时，轴心受压构件可视为偏心受压构件的特例，即视轴心受压构件为偏心距 $e=0$ 的偏心受压构件，因此，砌体受压构件的承载力(包括轴心受压与偏心受压)即可按下式计算：

$$N \leqslant \phi A f \qquad (12\text{-}1)$$

式中　N——轴向力设计值(kN)；

　　　f——砌体抗压强度设计值(MPa)，按表 12-2～表 12-8 采用，对符合表 12-8 中的情况，f 应乘以砌体强度设计值的调整系数 γ_a；

　　　A——截面面积(mm²)，对各类砌体均按毛截面计算；

　　　ϕ——构件高厚比(β)和轴向力的偏心距(e)对受压构件承载力的影响系数，可按表 12-14、表 12-15 和表 12-16 选用。构件的高厚比 β，$\beta=H_0/h$，式中，H_0 为构件计算高度(mm)，h 为墙厚或柱边长(mm)。

表 12-14　影响系数 φ(砂浆强度等级≥M5)

β	$\dfrac{e}{h}$ 或 $\dfrac{e}{hT}$						
	0	0.025	0.05	0.075	0.1	0.125	0.15
≤3	1	0.99	0.97	0.94	0.89	0.84	0.79
4	0.98	0.95	0.90	0.85	0.80	0.74	0.69
6	0.95	0.91	0.86	0.81	0.75	0.69	0.64
8	0.91	0.86	0.81	0.76	0.70	0.64	0.59
10	0.87	0.82	0.76	0.71	0.65	0.60	0.55
12	0.82	0.77	0.71	0.66	0.60	0.55	0.51
14	0.77	0.72	0.66	0.61	0.56	0.51	0.47
16	0.72	0.67	0.61	0.56	0.52	0.47	0.44
18	0.67	0.62	0.57	0.52	0.48	0.44	0.40
20	0.62	0.57	0.53	0.48	0.44	0.40	0.37
22	0.58	0.53	0.49	0.45	0.41	0.38	0.35
24	0.54	0.49	0.45	0.41	0.38	0.35	0.32
26	0.50	0.46	0.42	0.38	0.35	0.33	0.30
28	0.46	0.42	0.39	0.36	0.33	0.30	0.28
30	0.42	0.39	0.36	0.33	0.31	0.28	0.26

β	$\dfrac{e}{h}$ 或 $\dfrac{e}{hT}$					
	0.175	0.2	0.225	0.25	0.275	0.3
≤3	0.73	0.68	0.62	0.57	0.52	0.48
4	0.64	0.58	0.53	0.49	0.45	0.41
6	0.59	0.54	0.49	0.45	0.42	0.38
8	0.54	0.50	0.46	0.42	0.39	0.36
10	0.50	0.46	0.42	0.39	0.36	0.33
12	0.47	0.43	0.39	0.36	0.33	0.31
14	0.43	0.40	0.36	0.34	0.31	0.29
16	0.40	0.37	0.34	0.31	0.29	0.27
18	0.37	0.34	0.31	0.29	0.27	0.25
20	0.34	0.32	0.29	0.27	0.25	0.23
22	0.32	0.30	0.27	0.25	0.24	0.22
24	0.30	0.28	0.26	0.24	0.22	0.21
26	0.28	0.26	0.24	0.22	0.21	0.19
28	0.26	0.24	0.22	0.21	0.19	0.18
30	0.24	0.22	0.21	0.20	0.18	0.17

表 12-15 影响系数 φ(砂浆强度等级 M2.5)

β	$\frac{e}{h}$ 或 $\frac{e}{hT}$						
	0	0.025	0.05	0.075	0.1	0.125	0.15
≤3	1	0.99	0.97	0.94	0.89	0.84	0.79
4	0.97	0.94	0.89	0.84	0.78	0.73	0.67
6	0.93	0.89	0.84	0.78	0.73	0.67	0.62
8	0.89	0.84	0.78	0.72	0.67	0.62	0.57
10	0.83	0.78	0.72	0.67	0.61	0.56	0.52
12	0.78	0.72	0.67	0.61	0.56	0.52	0.47
14	0.72	0.66	0.61	0.56	0.51	0.47	0.43
16	0.66	0.61	0.56	0.51	0.47	0.43	0.40
18	0.61	0.56	0.51	0.47	0.43	0.40	0.36
20	0.56	0.51	0.47	0.43	0.39	0.36	0.33
22	0.51	0.47	0.43	0.39	0.36	0.33	0.31
24	0.46	0.43	0.39	0.36	0.33	0.31	0.28
26	0.42	0.39	0.36	0.33	0.31	0.28	0.26
28	0.39	0.36	0.33	0.30	0.28	0.26	0.24
30	0.36	0.33	0.30	0.28	0.26	0.24	0.22

β	$\frac{e}{h}$ 或 $\frac{e}{hT}$					
	0.175	0.2	0.225	0.25	0.275	0.3
≤3	0.73	0.68	0.62	0.57	0.52	0.48
4	0.62	0.57	0.52	0.48	0.44	0.40
6	0.57	0.52	0.48	0.44	0.40	0.37
8	0.52	0.48	0.44	0.40	0.37	0.34
10	0.47	0.43	0.40	0.37	0.34	0.31
12	0.43	0.40	0.37	0.34	0.31	0.29
14	0.40	0.36	0.34	0.31	0.29	0.27
16	0.36	0.34	0.31	0.29	0.26	0.25
18	0.33	0.31	0.29	0.26	0.24	0.23
20	0.31	0.28	0.26	0.24	0.23	0.21
22	0.28	0.26	0.24	0.23	0.21	0.20
24	0.26	0.24	0.23	0.21	0.20	0.18
26	0.24	0.22	0.21	0.20	0.18	0.17
28	0.22	0.21	0.20	0.18	0.17	0.16
30	0.21	0.20	0.18	0.17	0.16	0.15

表 12-16 影响系数 φ(砂浆强度0)

β	$\dfrac{e}{h}$ 或 $\dfrac{e}{hT}$						
	0	0.025	0.05	0.075	0.1	0.125	0.15
$\leqslant 3$	1	0.99	0.97	0.94	0.84	0.84	0.79
4	0.87	0.82	0.77	0.71	0.66	0.60	0.55
6	0.76	0.70	0.65	0.59	0.54	0.50	0.46
8	0.63	0.58	0.54	0.49	0.45	0.41	0.38
10	0.53	0.48	0.44	0.41	0.37	0.34	0.32
12	0.44	0.40	0.37	0.34	0.31	0.29	0.27
14	0.36	0.33	0.31	0.28	0.26	0.24	0.23
16	0.30	0.28	0.26	0.24	0.22	0.21	0.19
18	0.26	0.24	0.22	0.21	0.19	0.18	0.17
20	0.22	0.20	0.19	0.18	0.17	0.16	0.15
22	0.19	0.18	0.16	0.15	0.14	0.14	0.13
24	0.16	0.15	0.14	0.13	0.13	0.12	0.11
26	0.14	0.13	0.13	0.12	0.11	0.11	0.10
28	0.12	0.12	0.11	0.11	0.10	0.10	0.09
30	0.11	0.10	0.10	0.09	0.09	0.09	0.08

β	$\dfrac{e}{h}$ 或 $\dfrac{e}{hT}$					
	0.175	0.2	0.225	0.25	0.275	0.3
$\leqslant 3$	0.73	0.68	0.62	0.57	0.52	0.48
4	0.51	0.46	0.43	0.39	0.36	0.33
6	0.42	0.39	0.36	0.33	0.30	0.28
8	0.35	0.32	0.30	0.28	0.25	0.24
10	0.29	0.27	0.25	0.23	0.22	0.20
12	0.25	0.23	0.21	0.20	0.19	0.17
14	0.21	0.20	0.18	0.17	0.16	0.15
16	0.18	0.17	0.16	0.15	0.14	0.13
18	0.16	0.15	0.14	0.13	0.12	0.12
20	0.14	0.13	0.12	0.12	0.11	0.10
22	0.12	0.12	0.11	0.10	0.10	0.09
24	0.11	0.10	0.10	0.09	0.09	0.08
26	0.10	0.09	0.09	0.08	0.08	0.07
28	0.09	0.08	0.08	0.08	0.07	0.07
30	0.08	0.07	0.07	0.07	0.07	0.06

3. 无筋砌体受压构件承载力计算中应注意的问题

(1)对于矩形截面，当轴向力偏心方向的边长大于另一方向的边长时，除按偏心受压计算外，还应对较小边长方向按轴心受压进行承载力验算。此时的 φ、β 应按截面宽度 b 算出，φ 可查表 12-14～表 12-16 中偏心距等于零项。

（2）为了考虑不同种类砌体在受力性能上的差异，在确定影响系数 ϕ 时应先对构件高厚比 β 分别乘以高厚比修正系数 γ_β，见表 12-17。

表 12-17　高厚比修正系数 γ_β

砌体材料类别	γ_β
烧结普通砖、烧结多孔砖	1.0
混凝土及轻集料混凝土砌块	1.1
蒸压灰砂砖、蒸压粉煤灰砖、细料石、半细料石	1.2
粗料石、毛石	1.5
注：对灌孔混凝土砌块，γ_β 取 1.0。	

（3）轴向力偏心距 e 按内力设计值计算，并不应超过 $0.6y$，y 为截面重心到轴向力所在偏心方向截面边缘的距离，若 e 超过 $0.6y$，则宜采用配筋砖砌体。

（4）在由表 12-2～表 12-8 查 f 时，要注意强度调整系数 γ_a 的计算。

三、无筋砌体局部受压承载力计算

当荷载产生的轴向压力仅作用于砌体截面的部分面积上时，称为局部受压。例如，屋架或大梁支承在砖墙上，砖柱支承在毛石基础上，作为支承的砌体就属于局部受压。

（一）砌体局部均匀受压承载力计算

当砌体局部面积上承受均匀分布的压力时，称为局部均匀受压，如图 12-11 所示。

试验表明：砌体局部受压强度 f_l 高于砌体轴心抗压强度设计值 f，其提高幅度主要与其周围砌体对局部受压区的约束程度有关。一般来说，A/A_l 越大（A 为砌体截面面积，A_l 为局部受压面积），这种约束作用就越强，因此，当 A/A_l 在某一限值范围内时，砌体的局部抗压强度 f_l 随 A/A_l 比值的增加而提高，但 A/A_l 越大，提高的幅度越小，并且当局部压力达到一个较高的数值时，会使周围砌体沿竖向突然劈裂破坏。因此，《砌体结构设计规范》（GB 50003—2011）规定，局部抗压强度 $f_l = \gamma f$（γ 为砌体局部抗压强度提高系数）。

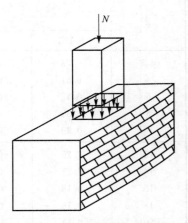

图 12-11　砌体局部均匀受压

局部均匀受压承载力的计算公式为

$$N_l \leqslant \gamma f A_l \tag{12-2}$$

式中　N_l——作用在局部受压面积上的压力设计值（kN）；

　　　A_l——局部受压面积（mm²）；

　　　f——砌体轴心抗压强度设计值（MPa）；

　　　γ——砌体局部抗压强度提高系数，按下式计算：

$$\gamma = 1 + 0.35\sqrt{\frac{A_0}{A_l} - 1} \tag{12-3}$$

式中　A_0——影响砌体局部抗压强度的计算面积（mm²），按图 12-12 确定。

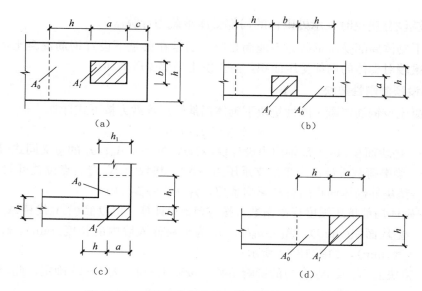

图 12-12　影响砌体局部抗压强度的计算面积 A_0

(a)$\gamma \leqslant 2.5$；(b)$\gamma \leqslant 2.0$；(c)$\gamma \leqslant 1.5$；(d)$\gamma \leqslant 1.25$

(二)梁端支承处砌体局部受压承载力计算

梁端支承处砌体局部受压面积上受力是不均匀的，局部受压面积上除承受梁上荷载设计值在梁端产生的支承压力 N_l 外，还可能有上部墙体荷载设计值产生的轴向力 N_0 作用，如图 12-13 所示。

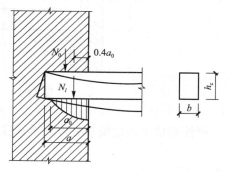

梁端支承处砌体局部受压承载力计算公式为

$$\varphi N_0 + N_l \leqslant \eta \gamma f A_l \tag{12-4}$$

图 12-13　梁端有约束支承

式中　φ——上部荷载的折减系数，$\varphi = 1.5 - 0.5\dfrac{A_0}{A_l}$，

当 $\dfrac{A_0}{A_l} \geqslant 3$ 时，取 $\varphi = 0$；

N_0——砌体局部受压面积内上部荷载产生的轴向力设计值(kN)，$N_0 = \sigma_0 A_l$，σ_0 为上部荷载产生的平均压应力设计值(kN/mm²)；

N_l——梁端荷载设计值产生的支承压力(kN)，N_l 的作用位置：屋盖梁 N_l 距墙体内缘 $0.33a_0$，楼盖梁 N_l 距墙体内边缘 $0.4a_0$；

η——梁端底面压应力图形完整系数，一般可取 $\eta = 0.7$，对于过梁和墙梁可取 1.0；

A_l——局部受压面积(mm²)，$A_l = a_0 b$，b 为梁宽(mm)，a_0 为梁端有效支承长度(mm)，其计算公式为

$$a_0 = 10\sqrt{\dfrac{h}{f}} \tag{12-5}$$

式中　h——梁截面高度(mm)；

f——砌体抗压强度设计值(MPa)。当 a_0 大于梁端实际支承长度 a 时，取 a_0 等于实际支承长度 a。

(三)梁端设有垫块时支承处砌体的局部受压承载力计算

当梁端下砌体局部受压承载力不能满足时,通常在梁端下设置钢筋混凝土或混凝土垫块,以增大梁端对砌体的局部受压面积,防止发生局部受压破坏。

1. 梁端设预制刚性垫块

预制混凝土或钢筋混凝土刚性垫块下砌体局部受压承载力按下式计算:

$$N_0 + N_l \leqslant \phi \gamma_1 f A_b \tag{12-6}$$

式中　N_0——垫块面积 A_b 上部轴向力设计值(kN),$N_0 = \sigma_0 A_b$;σ_0 的意义同式(12-4);

　　　N_l——梁端荷载设计值产生的支承压力(kN)。垫块上 N_l 合力点位置可取 $0.4a_0$ 处;

　　　γ_1——垫块外砌体面积的有利影响系数,$\gamma_1 = 0.8\gamma \geqslant 1.0$;

　　　γ——砌体局部抗压强度提高系数,按式(12-3)计算,但以面积 A_b 代替 A_1;

　　　A_b——垫块面积(mm^2),$A_b = a_b b_b$,a_b 为垫块伸入墙内的长度(mm),b_b 为垫块宽度(mm),如图 12-14 所示;

　　　ϕ——垫块上 N_0 及 N_l 合力的影响系数,按表 12-14~表 12-16 确定,此时取 $\beta \leqslant 3$。

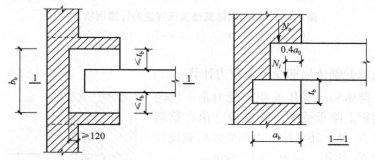

图 12-14　梁端下设置预制刚性垫块

刚性垫块上表面梁端有效支承长度 a_0 应按下式确定:

$$a_0 = \delta_1 \sqrt{\frac{h}{f}} \tag{12-7}$$

式中　δ_1——刚性垫块 a_0 的系数,可按表 12-18 选用。

垫块上 N_l 作用点的位置可取 $0.4a_0$ 处。

表 12-18　系数 δ_1 值

σ_0/f	0	0.2	0.4	0.6	0.8
δ_1	5.4	5.7	6.0	6.9	7.8

2. 梁下设有垫梁时,垫梁下砌体的局部受压承载力计算

当梁或屋架支承处的砌体上设有长度大于 πh_0 的垫梁时,如图 12-15 所示,垫梁下砌体局部受压承载力应按下列公式计算:

$$N_0 + N_l \leqslant 2.4 \delta_2 f b_b h_0 \tag{12-8}$$

$$N_0 = \pi b_b h_0 \sigma_0 / 2 \tag{12-9}$$

$$h_0 = 2 \sqrt[3]{\frac{E_b I_b}{Eh}} \tag{12-10}$$

式中　N_0——垫梁上部轴向力设计值(kN)；

　　　δ_2——垫梁底面压应力分布系数，当荷载沿墙厚方向均匀分布时取 1.0，不均匀分布时取 0.8；

　　　b_b——垫梁宽度(mm)；

　　　h_0——垫梁的折算高度(mm)；

　　　E_b、I_b——分别为垫梁的弹性模量(MPa)和截面惯性矩(mm^4)；

　　　E——砌体弹性模量(MPa)；

　　　h——墙厚(mm)。

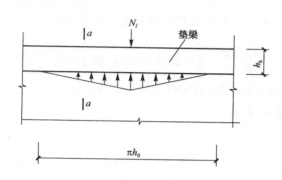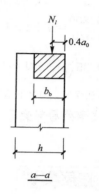

图 12-15　垫梁局部受压图

拓展提高

1. 某柱采用 MU10 烧结普通砖及 M2.5 混合砂浆砌筑，截面为 490 mm×620 mm，柱计算高度 $H_0=5.6$ m，柱顶承受轴心压力设计值 $N=176$ kN，试验算柱底截面受压承载力。

【解】（1）计算砖柱自重。

$$G=\gamma_G G_k=\gamma_G \rho V=1.2\times18\times0.49\times0.62\times5.6=36.7(kN)$$

柱底截面上轴向力设计值为 $N=174+36.7=210.7(kN)$。

（2）确定砌体抗压强度设计值。

根据砖的强度 MU10 和混合砂浆 M2.5，由表 12-2 查得砌体抗压设计强度 $f=1.30$ MPa。因砖柱截面 $A=0.49\times0.62=0.303\ 8\ m^2>0.3\ m^2$，取 $\gamma_a=1.0$，故 f 不需要调整。

（3）计算构件的承载力影响系数。

由 $\beta=\dfrac{H_0}{h}=\dfrac{5\ 600}{490}=11.4$，轴心受压 $e=0$，查表 12-15 得 $\phi=0.795$。

（4）验算砖柱承载力。

$$\phi A f=0.795\times0.303\ 8\times1.30\times10^6=314(kN)$$

$N=210.7$ kN$<\phi A f=314$ kN，故柱底截面受压承载力满足要求。

2. 如图 12-16 所示，某窗间墙截面为 1 200 mm×370 mm，采用烧结普通砖 MU10 和混合砂浆 M5 砌筑，墙体中部支承截面尺寸为 $b\times h=200$ mm×500 mm 的钢筋混凝土大梁，梁搁置在墙上 240 mm，梁端支承压

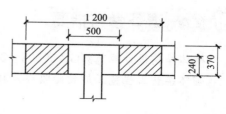

图 12-16　拓展提高 1

力设计值 $N_l = 70$ kN，上部砌体传来的轴心压力设计值为 250 kN，试计算梁端砖砌体的局部受压承载力。

【解】 本题属于图 12-12(b)所示的局部受压情形。

由 MU10 砖、M5 混合砂浆查表 12-2 得 $f=1.5$ MPa。

$$A_0 = (b+2h)h = (200+2 \times 370) \times 370 = 347\ 800(\text{mm}^2)$$

$$a_0 = 10\sqrt{\frac{h}{f}} = 10\sqrt{\frac{500}{1.5}} = 182.6(\text{mm}) < 240\ \text{mm}$$

$$A_l = a_0 b = 182.6 \times 200 = 36\ 520(\text{mm}^2)$$

$\dfrac{A_0}{A_l} = \dfrac{347\ 800}{36\ 520} = 9.52 > 3$，故可不考虑上部墙体荷载的作用，即 $\varphi=0$。

$\gamma = 1+0.35\sqrt{\dfrac{A_0}{A_l}-1} = 1+0.35\sqrt{\dfrac{347\ 800}{36\ 520}-1} = 2.02 > 2.0$，取 $\gamma=2$。

$\eta\gamma f A_l = 0.7 \times 2.0 \times 1.5 \times 10^3 \times 36\ 520 = 76.7(\text{kN}) > N_l = 70$ kN

故梁端支承处局部受压承载力满足要求。

![拓展实训图标] 拓展实训

1. 柱截面尺寸为 490 mm×620 mm，采用 MU10 烧结普通砖及 M2.5 水泥砂浆砌筑，柱计算高度 $H_0 = 6.8$ m，柱顶承受轴心压力设计值 $N=182$ kN（砖砌体自重为 18 kN/m³，永久荷载分项系数 $\gamma_G = 1.2$），试验算该柱底截面的受压承载力。

2. 试验算如图 12-17 所示房屋外纵墙上跨度为 5.8 m 的大梁端部下砌体局部受压承载力。已知大梁截面为 200 mm×500 mm，梁端实际支承长度 $a=240$ mm，荷载设计值产生的梁端支承反力 $N_1 = 50$ kN，梁底墙体截面由上部荷载设计值产生的轴向力 $N_0 = 240$ kN，窗间墙截面为 1 200 mm×370 mm，采用 MU10 的烧结普通砖及 M2.5 的混合砂浆砌筑。

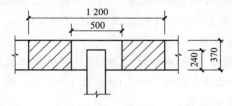

图 12-17 拓展实训 1

![课外学习指要图标] 课外学习指要

《砌体结构设计规范》(GB 50003—2011)；

《砌体结构工程施工质量验收规范》(GB 50203—2011)。

任务三　混合结构房屋墙、柱的构造与承载力计算

任务描述

了解混合结构房屋的承重体系、静力计算方案，掌握墙、柱的高厚比验算方法，了解过梁、墙梁、雨篷的承载力计算方法、了解砌体结构的一般要求和构造措施。能进行墙、柱的承载力计算和高厚比验算。

任务分析

1. 混合结构房屋的承重体系分为横墙承重体系、纵墙承重体系、纵横墙承重体系、内框架承重体系。

2. 砌体房屋的静力计算方案分为刚性方案、弹性方案、刚弹性方案。

3. 矩形截面墙、柱高厚比验算公式为

$$\beta = \frac{H_0}{h} \leqslant \mu_1 \mu_2 [\beta]$$

4. 带壁柱墙的高厚比验算包括整片墙高厚比验算及壁柱间墙的高厚比验算。

相关知识

一、混合结构房屋的承重体系和静力计算方案

混合结构房屋是指主要承重构件由不同的材料所组成的房屋，如楼（屋）盖用钢筋混凝土结构，墙体用砌体做成的房屋。

（一）混合结构房屋的承重体系

在混合结构房屋的设计中，承重墙、柱的布置十分重要。因为承重墙、柱的布置不仅影响着房屋建筑平面的划分和室内空间的大小，而且还决定着竖向荷载的传递路线及房屋的空间刚度。

在混合结构房屋中，纵横向的墙体、屋盖、楼盖、柱和基础等构件互相连接，共同构成一个空间受力体系，承受着建筑物受到的水平和竖向荷载。根据建筑物竖向荷载传递路线的不同，可将混合结构房屋的承重体系划分为以下四种类型。

1. 横墙承重体系

横墙是主要的承重墙，纵墙主要起围护、隔断和将横墙连成整体的作用。荷载的主要传递路线是：板→横墙→基础→地基，如图 12-18(a) 所示。横墙承重体系房屋的横向刚度较大，整体性好，对抵抗风荷载、地震作用和地基的不均匀沉降等有利，适用于横墙间距较密的宿舍、住宅、旅馆、招待所等民用建筑。

2. 纵墙承重体系

纵墙是主要的承重墙，荷载的主要传递路线是：板（梁）→纵墙→基础→地基，如

图 12-18(b)所示。纵墙承重体系房屋的平面布置灵活，室内空间较大，但横向刚度和房屋的整体性较差，适用于使用上要求有较大空间的教学楼、实验楼、办公楼、厂房和仓库等工业与民用建筑。

3. 纵横墙承重体系

有些房屋也采用纵横墙混合承重体系，如图 12-18(c)所示。荷载的主要传递路线是：

这种结构房屋所有的墙体都承受屋面、楼面传来的荷载，房屋在两个相互垂直的方向上的刚度均较大，有较强的抗风和抗震能力，应用广泛。

4. 内框架承重体系

内框架承重体系是由设置在房屋内部的钢筋混凝土框架和外部的砖墙、柱共同承重［图 12-18(d)］。内框架承重多用于工业厂房、仓库、商店等建筑，此外，某些建筑的底层，为取得较大的使用空间，往往也采用这种体系。但这种房屋的整体性和总体刚度较差，抗震性能较差，在抗震设防地区不宜采用。

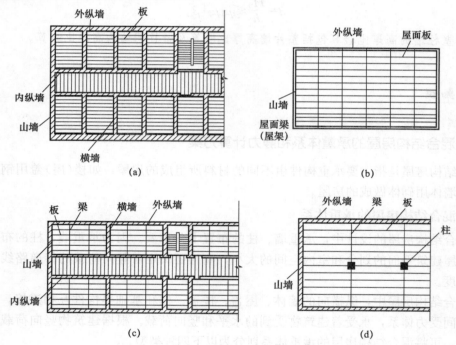

图 12-18 混合结构房屋的承重体系
(a)横墙承重体系；(b)纵墙承重体系；(c)纵横墙承重体系；(d)内框架承重体系

(二)混合结构房屋的静力计算方案

试验表明，房屋的空间刚度主要受屋(楼)盖的水平刚度、横墙间距和墙体本身刚度的影响。根据房屋空间刚度的大小，《砌体结构设计规范》(GB 50003—2011)规定，混合结构房屋的静力计算方案分为以下三种类型。

1. 刚性方案

若房屋的横墙间距较小，屋（楼）盖的水平刚度较大，则房屋的空间刚度也较大，在水平荷载作用下房屋的水平侧移较小，可将屋盖或楼盖视为墙或柱的不动铰支承，即忽略房屋的水平位移，如图 12-19(a)所示，这种房屋称为刚性方案房屋。

2. 弹性方案

若房屋的横墙间距较大，屋（楼）盖的水平刚度较小，则房屋的空间刚度也较小，在水平荷载作用下房屋的水平侧移较大，不可忽略，可将屋盖或楼盖视为墙、柱的滚动铰支承，即按平面排架计算，如图 12-19(b)所示，这种房屋称为弹性方案房屋。

3. 刚弹性方案

这是介于"刚性"和"弹性"两种方案之间的房屋，其屋盖及楼盖具有一定的水平刚度，横墙间距不太大，能起一定的空间作用，在水平荷载作用下，其水平位移较弹性方案的水平位移小，计算时按横梁（屋盖或楼盖）具有弹性支承的平面排架计算，如图 12-19(c)所示，这种房屋称为刚弹性方案房屋。

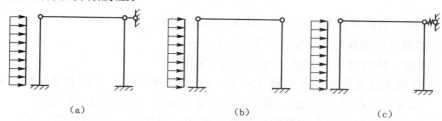

(a) (b) (c)

图 12-19　三种静力计算方案的计算简图

(a)刚性方案；(b)弹性方案；(c)刚弹性方案

根据上述原则，《砌体结构设计规范》(GB 50003—2011)将房屋按屋盖或楼盖的刚度不同划分为三种类型，并依据房屋的横墙间距来确定其计算方案，见表 12-19。

表 12-19　房屋的静力计算方案

	屋盖或楼盖类别	刚性方案	刚弹性方案	弹性方案
1	整体式、装配整体和装配式无檩体系钢筋混凝土屋盖或钢筋混凝土楼盖	$s<32$	$32 \leqslant s \leqslant 72$	$s>72$
2	装配式有檩体系钢筋混凝土屋盖、轻钢屋盖和有密铺望板的木屋盖或木楼盖	$s<20$	$20 \leqslant s \leqslant 48$	$s>48$
3	瓦材屋面的木屋盖和轻钢屋盖	$s<16$	$16 \leqslant s \leqslant 36$	$s>36$

注：1. 表中 s 为房屋的横墙间距，其长度单位为 m；

2. 对无山墙或伸缩缝处无横墙的房屋，应按弹性方案考虑。

刚性和刚弹性方案房屋的横墙应符合下列要求：

(1)横墙中开有洞口时，洞口的水平截面面积不应超过横墙截面面积的 50%。

(2)横墙的厚度不宜小于 180 mm。

(3)单层房屋的横墙长度不宜小于其高度，多层房屋的横墙长度不宜小于 $H/2$（H 为横墙总高度)。

当横墙不能同时符合上述三项要求时,应对横墙的刚度进行验算。如其最大水平位移 $u_{\max} \leqslant H/4\,000$($H$ 为横墙总高度)时,仍可视作刚性和刚弹性方案房屋的横墙。

二、墙、柱的高厚比验算

(一)高厚比验算的目的

混合结构房屋中的墙体是受压构件,除满足承载力要求外,还必须保证其稳定性。《砌体结构设计规范》(GB 50003—2011)规定用验算墙、柱高厚比的方法来进行墙、柱稳定性的验算,这是保证砌体结构在施工及使用阶段稳定性的一项重要构造措施。

(二)墙、柱高厚比验算

1. 矩形截面墙、柱高厚比验算

$$\beta = \frac{H_0}{h} \leqslant \mu_1 \mu_2 [\beta] \tag{12-11}$$

式中　H_0——墙、柱的计算高度(mm),按表 12-20 采用;

　　　h——墙厚或矩形柱与 H_0 相对应的边长(mm);

　　　$[\beta]$——墙、柱的允许高厚比,按表 12-21 采用;

　　　μ_1——自承重墙允许高厚比的修正系数,μ_1 值按墙厚度 h 规定按表 12-22 采用;上端为自由端墙的 $[\beta]$ 值,除按上述规定提高外,还可提高 30%;

　　　μ_2——有门窗洞口的墙允许高厚比的修正系数,可按式(12-12)计算,若 μ_2 小于 0.7 时采用 0.7;当洞口高度等于或小于墙高的 1/5 时,μ_2 可取 1.0。

$$\mu_2 = 1 - 0.4 b_s / s \tag{12-12}$$

式中　s——相邻窗间墙或壁柱之间的距离(mm),如图 12-20 所示;

　　　b_s——在宽度 s 范围内的门窗洞口宽度(mm)。

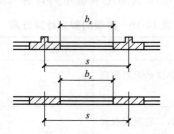

图 12-20　相邻窗间墙或壁柱之间的距离

表 12-20　砌体受压构件的计算高度 H_0

房屋类别			柱		带壁柱墙或周边拉结的墙		
			排架方向	垂直排架方向	$s > 2H$	$2H \geqslant s > H$	$s \leqslant H$
有吊车的单层房屋	变截面柱上段	弹性方案	$2.5H_U$	$1.25H_U$	$2.5H_U$		
		刚性、刚弹性方案	$2.0H_U$	$1.25H_U$	$2.0H_U$		
	变截面柱下段		$1.0H_l$	$0.8H_l$	$1.0H_l$		

房屋类别			柱		带壁柱墙或周边拉结的墙		
			排架方向	垂直排架方向	$s>2H$	$2H\geqslant s>H$	$s\leqslant H$
无吊车的单层和多层房屋	单跨	弹性方案	$1.5H$	$1.0H$	$1.5H$		
		刚弹性方案	$1.2H$	$1.0H$	$1.2H$		
	两跨或多跨	弹性方案	$1.25H$	$1.0H$	$1.25H$		
		刚弹性方案	$1.10H$	$1.0H$	$1.10H$		
	刚性方案		$1.0H$	$1.0H$	$1.0H$	$0.4s+0.2H$	$0.6s$

注：1. 表中 H_U 为变截面柱的上段高度；H_l 为变截面柱的下段高度；

2. 对于上端为自由端的构件，$H_0=2H$；

3. 独立砖柱，当无柱间支撑时，柱在垂直排架方向 H_0 按表中数值乘以 1.25 后采用；

4. s 为房屋横墙间距；

5. 非承重墙的计算高度应根据周边支承或拉接条件确定。

表 12-20 中的构件高度 H 应按下列规定采用：

(1)在房屋底层，为楼板顶面到构件下端支点的距离。下端支点的位置，可取在基础顶面，当埋置较深且有刚性地坪时，可取室外地面下 500 mm 处。

(2)在房屋其他层次，为楼板或其他水平支点间的距离。

(3)对于无壁柱的山墙，可取层高加山墙尖高度的 1/2；对于带壁柱的山墙可取壁柱处的山墙高度。

表 12-21　墙、柱的允许高厚比[β]值

砂浆强度等级	墙	柱
M2.5	22	15
M5	24	16
≥M7.5	26	17

注：1. 毛石墙、柱允许高厚比应按表中数值降低 20%；

2. 组合砖砌体构件的允许高厚比，可按表中数值提高 20%，但不得大于 28；

3. 验算施工阶段砂浆尚未硬化的新砌砌体高厚比时，允许高厚比对墙取 14，对柱取 11。

表 12-22　高厚比修正系数 μ_1

墙厚 h/mm	$h=240$	$240>h>90$	$h\leqslant90$
μ_1	1.2	按插入法取值	1.5

2. 带壁柱墙的高厚比验算

一般单层或多层房屋的外墙，往往带有壁柱，对于带壁柱的墙体，需要分别进行带壁柱整片墙高厚比验算和壁柱间墙高厚比验算。

(1)整片墙高厚比验算。

$$\beta=\frac{H_0}{hT}\leqslant\mu_1\mu_2[\beta]$$ 　　　　　(12-13)

$$h_T = 3.5i \tag{12-14}$$

$$i = \sqrt{\frac{I}{A}} \tag{12-15}$$

式中　h_T——带壁柱墙截面折算厚度（mm）；

　　　　i——带壁柱墙截面回转半径（mm）；

　　　　I——带壁柱墙截面的惯性矩（mm⁴）；

　　　　A——带壁柱墙截面的面积（mm²）。

在确定带壁柱墙的计算高度 H_0 时，s 取相邻横墙间的距离。在确定截面回转半径时，带壁柱墙截面翼缘计算宽度 b_f 应按下列规定采用：多层房屋，当有门窗洞口时，可取窗间墙宽度；当无门窗洞口时，可取壁柱高度的 1/3；单层房屋，可取壁柱宽加 2/3 墙高，但不大于窗间墙宽度和相邻壁柱间距离。

（2）壁柱间墙的高厚比验算。壁柱间墙的高厚比按厚度为 h 的矩形截面由公式（12-11）进行验算。s 应取相邻壁柱间的距离，且计算高度 H_0 一律按刚性方案考虑。

按式（12-11）验算带构造柱墙的高厚比，此时公式中 h 取墙厚；当确定墙的计算高度时，s 应取相邻横墙间的距离；墙的允许高厚比 $[\beta]$ 可乘以提高系数 μ_c。

$$\mu_c = 1 + \gamma b_c / l \tag{12-16}$$

式中　γ——系数，对细料石、半细料石砌体，$\gamma = 0$；对混凝土砌块、粗料石、毛料石及毛石砌体，$\gamma = 1.0$；其他砌体，$\gamma = 1.5$；

　　　　b_c——构造柱沿墙长方向的宽度（mm）；

　　　　l——构造柱的间距（mm）。

当 $b_c/l \geqslant 0.25$ 时，取 $b_c/l = 0.25$；当 $b_c/l < 0.05$ 时，取 $b_c/l = 0$。

对设有钢筋混凝土圈梁的带壁柱墙或带构造柱墙，当 $b/s \geqslant 1/30$ 时，圈梁可视作壁柱间墙或构造柱间墙的不动铰支点（b 为圈梁宽度）。如不允许增加圈梁宽度，可按墙体平面外等刚度原则增加圈梁高度，以满足壁柱间墙或构造柱间墙不动铰支点的要求。

三、过梁、墙梁及雨篷的构造措施

(一)过梁

过梁是设置在门窗洞口上的，用来支撑上面的砌体或兼撑楼板荷载的承重构件。

1. 过梁的种类及构造

（1）砖砌平拱过梁。砖砌平拱过梁是砖竖立和侧立砌筑而成，如图 12-21（a）所示。其净跨不宜超过 1.2 m。用砖竖砌部分高度不应小于 240 mm，砖强度等级不应低于 MU7.5，砂浆的强度等级不应低于 M5。此类过梁适用于无振动、地基土质好、无抗震设防要求的一般建筑。

（2）砖砌弧拱过梁。砖砌弧拱过梁也是将砖竖立和侧立砌筑而成，如图 12-21（b）所示。用砖竖砌部分的高度不应小于 120 mm（即半砖长）。弧拱最大跨度与矢高 f 有关：当矢高 $f = (1/8 \sim 1/12)l_n$ 时，弧拱的最大跨度 $l_n = 2.5 \sim 3.5$ m；当矢高 $f = (1/5 \sim 1/6)l_n$ 时，$l_n = 3.0 \sim 4.0$ m。弧拱砌筑时需用胎模，施工复杂，一般仅在对建筑外形有特殊要求的房屋中采用。

（3）钢筋砖过梁。钢筋砖过梁的砌筑方法与墙体相同，仅在过梁的底部水平灰缝内配置受力钢筋而成，如图 12-21(c)所示。其净跨不宜超过 1.5 m，底面砂浆层的厚度不应小于 30 mm，一般采用 1：3 水泥砂浆，砂浆内放置纵向受力钢筋，其直径不应小于 5 mm，也不宜大于 8 mm，间距不宜大于 120 mm，钢筋端部应带弯钩，钢筋伸入支座砌体内的长度不宜小于 240 mm。过梁截面高度(不超过 $l_n/3$ 或梁板以下高度)内的砖不应低于 MU7.5，砂浆不应低于 M5。

(4)钢筋混凝土过梁。钢筋混凝土过梁的截面形式有矩形、L 形等，如图 12-21(d)所示。其端部的支承长度不宜小于 240 mm。当墙厚不小于 370 mm 时，钢筋混凝土过梁宜做成 L 形。对于有较大振动荷载和地基可能产生不均匀沉降的房屋，或当门窗洞口宽度较大及地震区，应采用钢筋混凝土过梁。

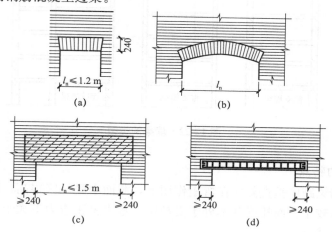

图 12-21　砌体过梁

(a)砖砌平拱过梁；(b)砖砌弧拱过梁；(c)钢筋砖过梁；(d)钢筋混凝土过梁

2. 过梁的计算要点

试验表明：过梁本身不是独立工作构件，由于过梁与其上部的砖墙砌体及窗间墙砌筑成为整体，因此，它们之间有着共同工作的特点。

(1)过梁上的荷载。其包括梁、板传来的荷载和墙体自重。

1)梁、板荷载：对砖和小型砌块砌体，当梁、板下的墙体高度 $h_w < l_n$ 时(l_n 为过梁的净跨)，应计入梁、板传来的荷载。当梁、板下的墙体高度 $h_w \geqslant l_n$ 时，可不考虑梁、板荷载。

2)墙体荷载：对砖砌体，当过梁上的墙体高度 $h_w < l_n/3$ 时，应按墙体的均布自重采用。当墙体高度 $h_w \geqslant l_n/3$ 时，应按高度为 $l_n/3$ 墙体的均布自重采用；对混凝土砌块砌体，当过梁上的墙体高度 $h_w < l_n/2$ 时，应按墙体的均布自重采用。当墙体高度 $h_w \geqslant l_n/2$ 时，应按高度为 $l_n/2$ 墙体的均布自重采用。

(2)过梁的计算。常用的钢筋混凝土过梁有预制、现浇两种。按钢筋混凝土受弯构件计算，同时，应验算过梁梁端支承处的砌体局部承压。验算时，按梁下无垫块公式计算，可不考虑上层荷载的影响，有效支承长度 a_0 取过梁的实际支承长度 a。

(二)墙梁

墙梁是由钢筋混凝土托梁及其以上计算高度范围内的墙体所组成的组合构件。如底层为商场、上层为住宅或旅馆的混合结构房屋中，底层的托梁及其上部一定高度范围的墙体；

工业厂房的基础梁及其上部一定高度的围护墙等均属墙梁。

1. 墙梁的种类

(1)按承受的荷载分。

1)承重墙梁：除承受托梁自重和托梁以上的墙体自重外，还承受由屋盖或楼盖传来的荷载，如底层为大开间，上层为小开间时设置的墙梁。

2)非承重墙梁：仅承受托梁和顶面以上墙体自重的墙梁，如基础梁、连系梁等。

(2)按支承条件分。可分为简支墙梁、框支墙梁和连续墙梁，如图 12-22 所示。

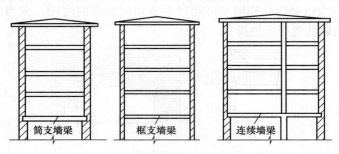

图 12-22　墙梁的类型

2. 墙梁的受力特点

试验表明：墙梁跨中垂直截面在弯矩作用下，截面中受压区很高，压应力分布较为均匀，压应力值相对较小。而托梁基本处于受拉区，且水平正应力下大上小呈梯形，故托梁截面处于偏心受拉状态。

在托梁与墙体的交接界面上作用有明显的水平剪应力，正是由于这种剪应力的存在，才形成了托梁与墙体的组合工作。

试验还表明：从加荷到破坏的整个过程中，墙梁受力的总格局不会发生实质性变化，即墙梁的受力始终保持像一个带拉杆的拱一样工作，如图 12-23 所示。

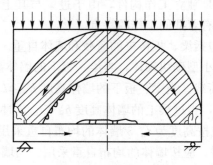

图 12-23　拉杆拱受力结构

3. 墙梁的构造要求

(1)托梁的混凝土强度等级不应低于 C30；纵向钢筋宜采用 HRB335 级、HRB400 级或 RRB400 级钢筋。

(2)承重墙梁的块体强度等级不应低于 MU10，计算高度范围内墙体的砂浆强度等级不应低于 M10。

（3）墙梁计算高度范围内的墙体厚度，对砖砌体不应小于 240 mm，对混凝土小型砌块砌体不应小于 190 mm。

（4）墙梁洞口上方应设置混凝土过梁，其支承长度不应小于 240 mm；洞口范围内不应施加集中荷载。

（5）承重墙梁的支座处应设置翼墙。翼墙厚度，对砖砌体不应小于 240 mm，对混凝土砌块砌体不应小于 190 mm；翼墙宽度不应小于翼墙厚度的 3 倍，并与墙梁墙体同时砌筑。当不能设置翼墙时，应设置落地且上、下贯通的混凝土构造柱。

（6）当墙梁墙体在靠近支座 1/3 跨度范围内开洞时，支座处应设置落地且上、下贯通的构造柱，并应与每层圈梁连接。

（7）墙梁计算高度范围内的墙体，每天可砌高度不应超过 1.5 m，否则，应加设临时支撑。

（8）托梁每跨底部的纵向受力钢筋应通长设置，不得在跨中段弯起或截断。钢筋接长应采用机械连接或焊接。

（9）承重墙梁的托梁在砌体墙、柱上的支承长度不应小于 350 mm。纵向受力钢筋伸入支座应符合受拉钢筋的锚固要求。

（10）承重墙梁的托梁跨中截面纵向受力钢筋总配筋率不应小于 0.6%。当托梁高度 $h_b \geqslant 500$ mm 时，应沿梁高设置通长水平腰筋，直径不应小于 12 mm，间距不应大于 200 mm。

（11）框支墙梁柱截面尺寸不宜小于 400 mm×400 mm 或 $\phi 450$。

（三）雨篷

在住宅和公共建筑主要入口处，雨篷作为遮挡雨雪的构件，它与建筑类型、风格、体量有关。雨篷常为现浇，由雨篷板和雨篷梁两部分组成。雨篷梁除承受雨篷板传来的荷载外，还兼有过梁的作用，承受雨篷梁上部的墙体重量及可能的梁、板荷载。

现浇雨篷的雨篷板为悬挑板，其悬挑长度由建筑要求确定，一般为 600～1 200 mm。其厚度一般做成变厚度的，其根部厚度不小于 $l_n/10$（l_n 为板挑出长度），且不小于 80 mm，板端不小于 60 mm。

雨篷板的受力钢筋配置在板的上部，由计算确定但不宜小于 $\phi 6@200$，受力钢筋必须伸入雨篷梁中，满足受拉钢筋的锚固要求。施工时切忌将板的上部受力钢筋踩踏，否则会造成事故。此外还须按构造设置分布钢筋，一般不小于 $\phi 6@300$。

雨篷梁宽一般与墙厚相同，高度可按一般梁的高跨比选取，且为砖厚的整数倍。为了保证足够的嵌固，雨篷梁两端伸入墙内的支承长度应不小于 370 mm，如图 12-24 所示。

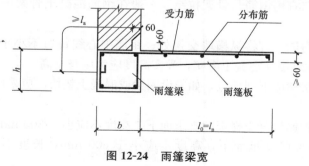

图 12-24　雨篷梁宽

四、砌体结构的构造措施

1. 一般构造要求

(1)五层及五层以上房屋的墙,以及受震动或层高大于 6 m 的墙、柱所用材料的最低强度等级,应符合下列要求:砖 MU10、砌块 MU7.5、石材 MU30、砂浆 M5。

(2)室内地面以下,室外散水坡顶面以上的砌体内应设防潮层。防潮层材料,一般情况下宜用防水水泥砂浆;勒脚部位用水泥砂浆粉刷。地面以下或防潮层以下的砌体,潮湿房间的墙,所用材料的最低强度等级应符合表 12-13 的要求。

(3)承重的独立砖柱截面尺寸不应小于 240 mm×370 mm。毛石墙的厚度不宜小于 350 mm,毛料石柱较小边长不宜小于 400 mm。当有振动荷载时,墙、柱不宜采用毛石砌体。

(4)跨度大于 6.0 m 的屋架和跨度大于下列数值的梁,应在支承处砌体上设置混凝土或钢筋混凝土垫块;当墙中设有圈梁时,垫块与圈梁宜浇成整体。

1)对砖砌体为 4.8 m;

2)对砌块和料石砌体为 4.2 m;

3)对毛石砌体为 3.9 m。

(5)对厚度 $h \leqslant 240$ mm 的墙,当梁跨度大于或等于下列数值时,其支承处宜加设壁柱,或采取其他加强措施:

1)对 240 mm 厚的砖墙为 6 m,对 180 mm 厚的砖墙为 4.8 m;

2)对砌块、料石墙为 4.8 m。

(6)预制钢筋混凝土板的支承长度,在墙上不宜小于 100 mm;在钢筋混凝土圈梁上不宜小于 80 mm;当利用板端伸出钢筋拉结和混凝土灌缝时,其支承长度可为 40 mm,但板端缝宽不小于 80 mm,灌缝混凝土不宜低于 C20。

(7)支承在墙、柱上的吊车梁、屋架及跨度大于或等于下列数值的预制梁的端部,应采用锚固件与墙、柱上的垫块锚固:对砖砌体为 9 m;对砌块和料石砌体为 7.2 m。

(8)山墙处的壁柱宜砌至山墙顶部,屋面构件应与山墙可靠拉结。

(9)砌块砌体应分皮错缝搭砌,上下皮搭砌长度不得小于 90 mm。当搭砌长度不满足要求时,应在水平灰缝内设置不少于 2φ4 的焊接钢筋网片(横向钢筋的间距不宜大于 200 mm),网片每端均应超过该垂直缝,其长度不得小于 300 mm。

(10)砌块墙与后砌隔墙交接处,应沿墙高每 500 mm 在水平灰缝内设置不少于 2φ4、横向间距不大于 200 mm 的焊接钢筋网片,如图 12-25 所示。

(11)填充墙、隔墙宜用钢筋与骨架拉结。一般在钢筋混凝土骨架中预埋拉结筋,砌砖时嵌入水平灰缝内。

(12)混凝土砌块房屋,宜将纵横墙交接处、距墙中心线每边不小于 300 mm 范围内的孔洞,采用不低于 Cb20 灌孔混凝土灌实,灌实高度应为墙身全高。

(13)混凝土砌块房屋的下列部位,如未设圈梁或混凝土垫块,应采用不低于 Cb20 灌孔混凝土将孔洞灌实:

1)搁栅、檩条和钢筋混凝土楼板的支承面下,高度不应小于 200 mm 的砌体;

2)屋架、梁等构件的支承面下,高度不应小于 600 mm,长度不应小于 600 mm 的砌体;

3)挑梁支承面下,距墙中心线每边不应小于 300 mm,高度不应小于 600 mm 的砌体。

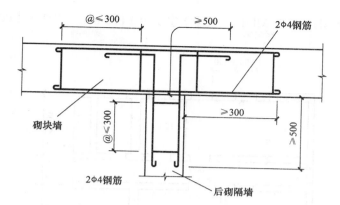

图 12-25 砌块墙与后砌隔墙交接处钢筋网片

（14）在砌体中留槽洞及埋设管道时，应遵守下列规定：

1）不应在截面长边小于 500 mm 的承重墙体、独立柱内埋设管线；

2）不宜在墙体中沿墙长方向穿行暗线或预留、开凿水平沟槽，无法避免时，应采取必要的加强措施或按削弱后的截面验算墙体的承载力。

2. 防止地基不均匀沉降引起墙体开裂的措施

在复杂地层或压缩性较大的地基上，特别是在软弱的地基上建造建筑物，若处理不当，往往因地基的不均匀沉降而使建筑物的墙体开裂。为防止墙体因地基不均匀沉降而出现裂缝，在房屋下列部位宜设置沉降缝：

（1）建筑物平面的转折部位。

（2）建筑物高度差异较大或荷载差异较大处。

（3）在房屋长度超过温度缝间距的房屋中部的适当部位。

（4）地基土的压缩性有显著差异处。

（5）建筑结构（或基础）类型不同处。

（6）分期建造的房屋交界处。

相邻建筑物因沉降不同而产生倾斜可能会引起相互碰撞，故沉降缝应有足够的宽度。根据经验，对于一般软弱地基上的房屋沉降缝宽度应符合表 12-23 的规定，沉降缝必须自基础起将两侧房屋在结构上完全分开。

表 12-23 房屋沉降缝宽度

房屋层数	沉降缝宽度/mm
2～3	50～80
4～5	80～120
5 层以上	≥120

拓展提高

某试验楼部分平面图如图 12-26 所示，采用预制钢筋混凝土空心楼板，外墙厚为 370 mm，内纵墙及横墙厚为 240 mm，底层墙高为 4.8 m（从基础顶面至楼板顶面）；隔墙厚为 120 mm，高为 3.6 m，砂浆为 M5，砖为 MU10，纵墙上窗宽为 1 800 mm，门宽为 1 000 mm。试验算各墙的高厚比。

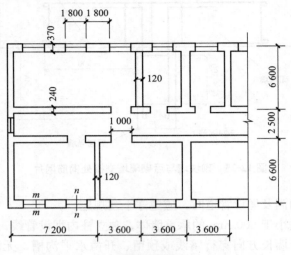

图 12-26 某试验楼部分平面图

【解】 (1)确定房屋的静力计算方案。最大横墙间距 $s=3.6\times4=14.4$ m，查表 12-19，$s<32$ m，为刚性方案。

(2)纵墙的高厚比验算。承重墙高 $H=4.8$ m。由表 12-21 查得$[\beta]=24$。

由于西南角房间的横墙间距较大，故取此处两道纵墙进行验算：

外纵墙长 $s=14.4$ m$>2H$，查表 12-20 得

$$H_0=1.0H=4.8 \text{ m}$$

$$\mu_1=1，\mu_2=1-0.4b_s/s=1-0.4\times1.8/3.6=0.8$$

由式(12-11)得，纵墙高厚比

$$\beta=H_0/h=4.8/0.37=13<\mu_1\mu_2[\beta]=1\times0.8\times24=19.2(\text{满足要求})$$

内纵墙上洞口宽度为 $b_s=2\times1.0=2$(m)，$s=14.4$ m。

按整片墙求出

$$\mu_2=1-0.4b_s/s=1-0.4\times2.0/14.4=0.94$$

内纵墙高厚比

$$\beta=H_0/h=4.8/0.24=20<\mu_1\mu_2[\beta]=1\times0.94\times24=23(\text{满足要求})$$

(3)横墙的高厚比验算。

横墙 $s=6$ m，$2H>s>H$，$H_0=0.4s+0.2H=0.4\times6+0.2\times4.8=3.36$(m)

非承重墙 $h=240$ mm，$\mu_1=1.2$，$\mu_2=1$。

$$\beta=H_0/h=3.36/0.24=14<\mu_1\mu_2[\beta]=1.2\times1\times24=28.8(\text{满足要求})$$

(4)隔墙的高厚比验算。隔墙一般是后砌在地面垫层上，上端用斜放侧砖顶住楼面梁砌筑，故可按楼板顶端为不动铰支座考虑，因两侧与墙拉结不好，可按两侧无拉结墙计算，$H_0=H=3.6$ m。

隔墙为非承重墙 $h=120$ mm，由插值法求得 $\mu_1=1.44$，$\mu_2=1$。

$$\beta=H_0/h=3.6/0.12=30<\mu_1\mu_2[\beta]=1.44\times1.0\times24=34.56(\text{满足要求})$$

一、填空题

1. 承重的独立砖柱截面尺寸不应小于_____。毛石墙的厚度不宜小于_____，毛料石柱较小边长不宜小于_____。当有振动荷载时，墙、柱不宜采用_____。

2. 砌块墙与后砌隔墙交接处，应沿墙高每_____在水平灰缝内设置不少于_____，横向间距不大于_____的焊接钢筋网片。

3. 过梁按材料分为_____、_____、_____、_____。目前最常见的是_____。

4. 墙梁按承受的荷载分为_____、_____。

5. 雨篷由_____和_____两部分组成。雨篷梁除承受_____传来的荷载外，还兼有_____的作用，承受_____上部的墙体重量及可能的梁、板荷载。

二、简答题

1. 混合结构房屋的承重体系分为哪几种？如何确定？

2. 混合结构房屋的静力计算方案有哪几种？这些静力计算方案主要是根据什么划分的？不同的静力计算方案之间有什么区别？

三、实践题

某多层砖混结构房屋，房屋的开间为 3.6 m，每开间有 1.8 m 宽的窗，墙厚为 240 mm，墙体设计高度 $H_0 = 4.8$ m，砂浆为 M5。若墙体为承重墙，试验算墙体的高厚比是否满足要求。

课外学习指要

《砌体结构设计规范》(GB 50003—2011)；

《砌体结构工程施工质量验收规范》(GB 50203—2011)。

项目十三 钢结构的构造与设计

知识目标

1. 了解钢结构用钢材的分类与要求。
2. 掌握钢结构用钢材的选用方法。
3. 了解对接焊缝、角焊缝的形式与构造。
4. 掌握对接焊缝、角焊缝承载力计算方法。
5. 了解螺栓连接构造要求。
6. 掌握普通螺栓、高强度螺栓连接承载力计算方法。
7. 了解钢结构基本构件(轴心受力构件、受弯构件)的构造要点。
8. 掌握钢结构基本构件(轴心受力构件、受弯构件)的强度、刚度、稳定性的计算方法。
9. 了解钢屋盖的结构组成、形式、分类及主要尺寸。
10. 掌握钢屋架节点的构造要求。

能力目标

1. 能够理解钢结构用钢材的分类与选用要求。
2. 能够根据《钢结构设计规范》(GB 50017—2003)合理选用钢结构材料。
3. 能够对对接焊缝、角焊缝承载力进行验算。
4. 能够对普通螺栓、高强度螺栓连接承载力进行验算。
5. 能够解决施工中常见的钢结构连接方面的有关问题。
6. 能掌握钢结构基本构件(轴心受力构件、受弯构件)构造要点。
7. 具有应用《钢结构设计规范》(GB 50017—2003)相关知识，对钢结构轴心受力构件、受弯构件关于强度、刚度、稳定性的验算能力。
8. 能够正确识读钢结构施工图中结构构件部分图纸。

教学重点

1. 对接焊缝、角焊缝承载力验算。
2. 普通螺栓、高强度螺栓连接承载力验算。
3. 钢结构轴心受力构件、受弯构件关于强度、刚度、稳定性的验算。

教学难点

1. 角焊缝承载力验算。
2. 钢结构轴心受力构件、受弯构件关于稳定性的验算。

任务一　钢结构材料的性质与选用

任务描述

钢结构实训室结构用钢材的选用分析。

任务分析

1. 钢结构所用的钢材有不同种类，每个种类中又有不同的钢种和牌号。建筑工程中所用的钢材主要有两种类型，即碳素结构钢和低合金高强度结构钢。

2. 选择钢材的目的是要做到安全可靠，同时用材经济合理。在选择时应考虑结构或构件的重要性、荷载性质（静载或动载）、连接方法（焊接、铆接或螺栓连接）及工作条件（温度及腐蚀介质）等因素。

3. 钢结构采用的型钢有热轧成型的钢板和型钢以及冷弯（或冷压）成型的薄壁型钢。

相关知识

一、钢种和钢号

钢结构所用的钢材有不同种类，每个种类中又有不同的钢种和牌号。建筑工程中所用的钢材主要有两种类型，即碳素结构钢和低合金高强度结构钢。

1. 碳素结构钢

碳素结构钢按机械性能和化学成分含量可分为 Q195、Q215、Q235、Q275 四个牌号，牌号表示方法由代表屈服强度的字母 Q、屈服强度数值、质量等级代号、脱氧方法四部分组成，其中，碳素结构钢的质量等级有 A、B、C、D 四个级别，表示质量由低到高，钢材质量的高低主要是以对冲击韧性的要求区分的，对冷弯试验的要求也有不同。对 A 级钢，冲击韧性不作要求条件，对冷弯试验也只在需要方有要求时才进行；而 B、C、D 级钢对冲击韧性则有不同程度的要求，且都要有冷弯试验合格。脱氧方法代号有 F、Z、TZ，分别表示沸腾钢、镇静钢、特殊镇静钢，其中，代号 Z、TZ 可以省略不写。例如 Q235－A•F，表示屈服强度为 235 N/mm^2、质量等级为 A 级的沸腾钢。从 Q195～Q275，钢号越大，钢材中含碳量越高，其强度、硬度也越高，但塑性和韧性降低。建筑结构用碳素钢主要应用 Q235（3 号钢）钢。

2. 低合金高强度结构钢

低合金高强度结构钢是在钢的冶炼过程中添加少量合金元素（合金元素的总量低于

5%），以提高钢材的强度、耐腐蚀性及低温冲击韧性等。低合金高强度结构钢均为镇静钢或特殊镇静钢，所以，它的牌号有代表屈服强度的字母 Q、屈服强度数值、质量等级三部分，其中，质量等级有 A 到 E 五个级别。A 级无冲击韧性要求，B、C、D、E 级均有冲击韧性要求。不同质量等级对碳、磷、硫、铝等含量的要求也有区别。《钢结构设计规范》（GB 50017—2003)推荐使用的有 Q235、Q345、Q390、Q420 钢。

二、钢材的选用

选择钢材的目的是要做到安全可靠，同时用材经济合理。在选择时应考虑结构或构件的重要性、荷载性质(静载或动载)、连接方法(焊接、铆接或螺栓连接)及工作条件(温度及腐蚀介质)等因素。

承重结构采用的钢材应具有抗拉强度、伸长率、屈服强度和硫、磷含量的合格保证，对焊接结构还应具有碳含量的合格保证。

焊接承重结构以及重要的非焊接承重结构采用的钢材还应具有冷弯试验的合格保证。

对于需要验算疲劳的焊接结构的钢材，应具有常温冲击韧性的合格保证。当结构工作温度不高于 0 ℃但高于 −20 ℃时，Q235 钢和 Q345 钢应具有 0℃冲击韧性的合格保证，即需用 C 级钢；对于 Q390 钢和 Q420 钢应具有 −20℃冲击韧性的合格保证，即需用 D 级钢；当结构工作温度不高于 −20 ℃时，Q235 钢和 Q345 钢应具有 −20℃冲击韧性的合格保证，即需用 D 级钢；对于 Q390 钢和 Q420 钢应具有 −40 ℃冲击韧性的合格保证，即需用 E 级钢。

对于需要验算疲劳的非焊接结构的钢材亦应具有常温冲击韧性的合格保证。当结构工作温度不高于 −20 ℃时，Q235 钢和 Q345 钢应具有 0 ℃冲击韧性的合格保证，即需用 C 级钢；对于 Q390 钢和 Q420 钢应具有 −20 ℃冲击韧性的合格保证，即需用 D 级钢。

三、钢材品种和规格

钢结构采用的型钢有热轧成型的钢板和型钢以及冷弯(或冷压)成型的薄壁型钢。

(一)热轧钢板

钢板分为厚钢板、薄钢板和扁钢三种。其规格如下。

厚钢板：厚度为 4.5～60 mm，宽度为 600～3 000 mm，长度为 4～12 m。

薄钢板：厚度为 0.35～4 mm，宽度为 500～1 500 mm，长度为 0.5～4 m。

钢板的表示方法为，在符号"—"后加"宽度×厚度×长度"，如—500×10×1 000，单位为 mm。

厚钢板可用来做梁、柱等构件的腹板和翼缘以及屋架的节点板等。薄钢板主要用来制造冷弯薄壁型钢。扁钢可用来做各种构件的连接板、组合梁的翼缘板，以及用来制造螺旋焊接钢管等。

(二)热轧型钢

型钢可以直接用作构件，以减小加工制造工作量，因此，在设计中应优先采用。钢结构常用的热轧型钢有角钢、工字钢、H 型钢、槽钢和钢管，如图 13-1 所示。

1. 角钢

角钢有等边的和不等边的两种。等边角钢以边宽和厚度表示，如∟110×10 为肢宽 110 mm、厚度 10 mm 的等边角钢。不等边角钢则以两边宽度和厚度表示，如∟100×80×10 为长肢宽 100 mm、短肢宽 80 mm、厚度 10 mm 的角钢。角钢长度一般为 4～19 m。

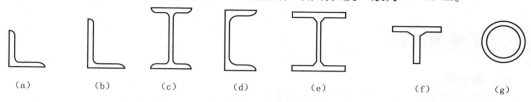

图 13-1　热轧型钢截面

2. 工字钢

工字钢有普通工字钢、轻型工字钢。普通工字钢和轻型工字钢用号数表示，号数即为其截面高度的厘米数。20 号以上的工字钢，同一号数有三种腹板厚度分别为 a、b、c 三类，如 I32a、I32b、I32c，a 类腹板较薄，用作受弯构件较为经济。轻型工字钢的腹板和翼缘均较薄，因而在相同质量下其截面模量和回转半径均较大。工字钢长度一般为 5～19 m。

3. H 型钢

H 型钢是世界各国使用很广泛的热轧型钢，与普通工字钢相比，其翼缘内外两侧平行，便于与其他构件相连。它可分为宽翼缘 H 型钢（代号 HW，翼缘宽度 B 与截面高度 H 相等）、中翼缘 H 型钢[代号 HM，$B=(1/2～2/3)H$]、窄翼缘 H 型钢[代号 HN，$B=(1/3～1/2)H$]。

4. 槽钢

槽钢有普通槽钢和轻型槽钢两种，也以其截面高度的厘米数编号，如 [32a 即高度为 320 mm、腹板较薄的槽钢。号码相同的轻型槽钢，其翼缘较普通槽钢宽而薄，腹板也较薄，回转半径较大，重量较轻。槽钢长度一般为 5～19 m。

5. 钢管

钢管有无缝钢管和焊接钢管两种，用符号"φ"后面加"外径×厚度"表示，如 φ50×5，单位为 mm。

(三)薄壁型钢

薄壁型钢如图 13-2 所示，是用薄钢板（一般采用 Q235 钢或 Q345 钢），经模压或弯曲而制成，其壁厚一般为 1.5～5 mm，常用于承受荷载较小的轻型结构中。对于防锈涂层的彩色压型钢板，所用钢板厚度为 0.4～1.6 mm，常用作轻型屋面及墙面。

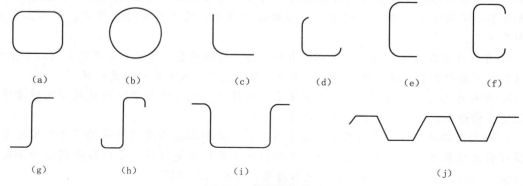

图 13-2　薄壁型钢截面

拓展实训

一、填空题

1. 建筑工程中所用的钢材主要有两种类型，即_____和_____。
2. 建筑结构用碳素钢主要应用_____这一钢号。
3. 钢结构采用的型钢有_____的钢板和型钢以及_____成型的薄壁型钢。
4. L 110×10 表示_____，I 32a 表示_____。

二、简答题

简述建筑用钢材的选用原则。

课外学习指要

《钢结构设计规范》(GB 50017—2003)；

《钢结构工程施工质量验收规范》(GB 50205—2001)。

任务二　钢结构连接的构造与计算

任务描述

钢结构中简单构件的焊接连接和螺栓连接的设计计算，包括钢梁对接焊缝的设计；吊车架节点板与角钢连接的角焊缝设计；平台板及柱间支撑节点普通螺栓连接设计；平台板高强度螺栓连接设计。

任务分析

1. 焊接连接形式按连接构件间的相对位置分为平接、搭接、T形连接和角接四种，焊接所采用的连接形式主要有对接焊缝连接和角焊缝连接形式。对接焊缝受力性能好，但加工精度高，只用于制造中材料拼接及重要部位的连接；角焊缝受力性能差，但加工方便，应用范围广。

2. 在设计角焊缝连接时，首先将外力分解为平行和垂直于焊缝长度方向上的两个分力，然后再求出各分力在焊缝上产生的平均正应力和剪应力，最后进行强度验算。

3. 螺栓连接分为普通螺栓连接和高强度螺栓连接。螺栓在构件上的排列应同时考虑受力要求、构造要求及施工要求，分为并列和错列。

4. 高强度螺栓实际上有摩擦型和承压型之分。摩擦型高强度螺栓承受剪力的准则是设计荷载引起的剪力不超过摩擦力，而承压型高强度螺栓则是以杆身不被剪坏或板件不被压坏为设计准则，其受力特点及计算方法等与普通螺栓基本相同。

一、焊接连接

(一)焊接连接概述

焊接连接有气焊、电阻焊和电弧焊等方法。在电弧焊中又分为手工焊、自动焊和半自动焊三种。目前，钢结构中常用的是手工电弧焊。手工电弧焊是利用手工操作的方法，以焊接电弧产生的热量使焊条和焊件熔化，从而凝固成牢固接头的工艺过程。

手工电弧焊常用的焊条有碳钢焊条和低合金钢焊条，其牌号有 E43 型、E50 型和 E55 型，其中，字母 E 表示焊条，两个数字表示焊条熔敷金属的抗拉强度最小值(单位为 kg/mm²)。焊条型号的选择应与焊件的金属材料相适应，一般情况下，Q235 钢宜选用 E43 型焊条，Q345 钢宜选用 E50 型焊条，Q390 和 Q420 钢宜选用 E55 型焊条。

(二)焊缝的形式、构造及计算

1. 对接焊缝

(1)对接焊缝的形式和构造。对接焊缝的焊接常做成坡口，坡口的形式有直边缝、单边 V 形坡口、双边 V 形坡口、U 形坡口、K 形坡口、X 形坡口等，如图 13-3 所示。

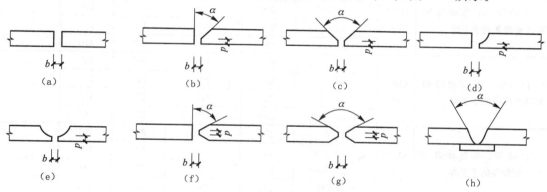

图 13-3　对接焊缝的坡口形式

焊缝的起点和终点处，常因不能熔透而出现凹形的焊口。为避免受力后出现裂纹及应力集中，为此，施焊时常采用引弧板，如图 13-4 所示。但采用引弧板很麻烦，一般在工厂焊接时可以采用引弧板，而在工地焊接时，除受动力荷载结构外，一般不用引弧板，而是在计算时扣除两端各一个板厚的长度。

在对接焊缝的连接中，当焊接的宽度不同或厚度相差 4 mm 以上时，应分别在宽度或厚度方向从一侧或两侧作出坡度不大于 1/4(对承受动力荷载的结构)或 1/2.5(对承受静力荷载的结构)，如图 13-5 所示，当厚度不同时，坡口形式应根据较薄焊件厚度来取用，焊缝

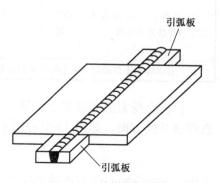

图 13-4　对接焊缝施焊用引弧板

的计算厚度等于较薄焊件的厚度。

(2)对接焊缝的计算。我国《钢结构设计规范》(GB 50017—2003)中,将对接焊缝的质量检验标准分为三级:三级检验标准为只要求通过外观检查;二级检验标准为要求通过外观检查和超声波探伤检查;一级检验标准为要求通过外观检查、超声波探伤检查和 X 射线检查。由于三级检验的焊缝允许存在的缺陷较多,故其抗拉强度为母材的 85%,而一、二级检验标准的焊缝的抗拉强度可认为与母材强度相同。对接焊缝的强度设计值见表 13-1。

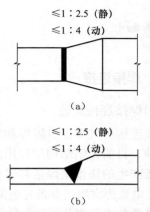

图 13-5 不同宽度或厚度的钢板连接

表 13-1 焊缝的强度设计值 N/mm²

焊接方法和焊条型号	构件钢材		对接焊缝				角焊缝
	牌号	厚度或直径/mm	抗压 f_c^w	焊缝质量为下列等级抗拉 f_t^w		抗剪 f_v^w	抗拉、抗压和抗剪 f_{ce}
				一级、二级	三级		
自动焊、半自动焊和 E43 型焊条的手工焊	Q235 钢	≤16	215	215	185	125	160
		>16~40	205	205	175	120	
		>40~60	200	200	170	115	
		>60~100	190	190	160	110	
自动焊、半自动焊和 E50 型焊条的手工焊	Q345 钢	≤16	310	310	265	180	200
		>16~35	295	295	250	170	
		>35~50	265	265	225	155	
		>50~100	250	250	210	145	
自动焊、半自动焊和 E55 型焊条的手工焊	Q390 钢	≤16	350	350	300	205	220
		>16~35	335	335	285	190	
		>35~50	315	315	270	180	
		>50~100	295	295	250	170	
自动焊、半自动焊和 E55 型焊条的手工焊	Q420 钢	≤16	380	380	320	220	220
		>16~35	360	360	305	210	
		>35~50	340	340	290	195	
		>50~100	325	325	275	185	

注:自动焊和半自动焊所采用的焊丝和焊剂,应保证其熔敷金属抗拉强度不低于相应手工焊条的数值。

1)轴心受力的对接焊缝计算。对接焊缝受轴心力是指作用力通过焊件截面形心,且垂直焊缝长度方向,如图 13-6(a)所示。

$$\sigma = \frac{N}{l_w t_{min}} \leq f_t^w \text{ 或 } f_c^w \tag{13-1}$$

式中 N——轴心拉力或轴心压力设计值;

l_w——焊缝计算长度,当采用引弧板时取焊缝的实际长度,当未采用引弧板时取焊缝实际长度减去 $2t$;

t_{min}——连接件的较小厚度(L 形接头中为腹板的厚度);

f_t^w，f_c^w——对接焊缝的抗拉、抗压强度设计值，见表 13-2。

当承受轴心力的板件用斜焊缝对接时，如图 13-6(b)所示，如焊缝与作用力间的夹角 $\tan\theta \leqslant 1.5$ 时，其强度可不计算。

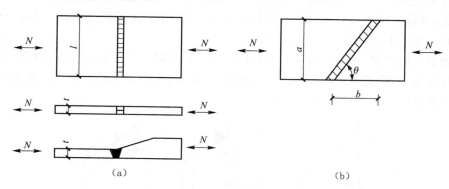

图 13-6　对接焊缝连接

(a)直焊缝；(b)斜焊缝

2)在对接接头和 T 形接头中，承受弯矩和剪力共同作用的对接焊缝[图 13-7(a)]，其正应力和剪应力应分别按下式计算：

$$\sigma=\frac{M}{W_w}\leqslant f_t^w \tag{13-2}$$

$$\tau=\frac{VS_w}{I_w t}\leqslant f_v^w \tag{13-3}$$

式中　W_w——焊缝计算截面的截面模量；

I_w——焊缝计算截面对中和轴的惯性矩；

S_w——计算剪应力处以上焊缝计算截面对中和轴的面积矩；

t——构件的厚度；

f_v^w——对接焊缝的强度设计值，见表 13-2。

图 13-7(b)所示是采用对接焊缝工字形截面梁的接头，除应分别验算最大正应力和剪应力外，对于同时受较大正压力和较大剪应力处，如腹板与翼缘的交界点，还应按下式验算折算应力：

$$\sqrt{\sigma_1^2+3\tau_1^2}\leqslant 1.1 f_t^w \tag{13-4}$$

式中，1.1 是考虑最大折算应力只在焊缝的局部出现时而将强度设计值提高的系数。

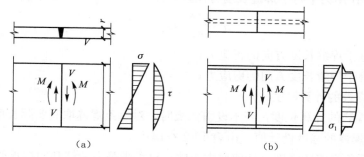

图 13-7　弯矩和剪力共同作用下的对接焊缝

2. 角焊缝

(1)角焊缝的受力特点和构造。与外力方向平行的角焊缝为侧面角焊缝，与外力方向垂直的角焊缝为正面角焊缝。正面角焊缝的应力状态要比侧面角焊缝复杂得多，有明显的应力集中现象，塑性性能也差，但正面角焊缝的破坏强度比侧面角焊缝要高一些，一般是侧面角焊缝的 1.35~1.55 倍。

试验表明：角焊缝的破坏大多在 45°喉部，设计计算时不论角焊缝受力方向如何，均假定其破坏截面在 45°喉部截面处，如图 13-8 所示，即图中的 AD 截面，称为计算截面，图中角焊缝的计算厚度 $h_e = \cos45° h_f = 0.7 h_f$。

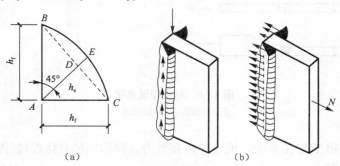

图 13-8 角焊缝截面及其破坏

角焊缝的焊脚尺寸不能过小，《钢结构设计规范》(GB 50017—2003)规定对于手工焊角焊缝 $h_f \geqslant 1.5\sqrt{t}$，其中 t 为较厚焊件厚度；对于自动焊角焊缝，$h_f \geqslant 1.5\sqrt{t} - 1$；对于 T 形连接的单面角焊缝，$h_f \geqslant 1.5\sqrt{t} + 1$；当焊件厚度小于或等于 4 mm 时，则取与焊件厚度相同。

角焊缝的焊脚尺寸不宜过大，《钢结构设计规范》(GB 50017—2003)规定，除钢管外，h_f 不宜大于较薄焊件厚度的 1.2 倍。在板边缘的角焊缝，当板厚 $t \leqslant 6$ mm 时，$h_f \leqslant t$；当板厚 $t > 6$ mm 时，$h_f \leqslant t - (1 \sim 2)$ mm。

角焊缝的长度不宜过小，正面角焊缝或侧面角焊缝的计算长度不得小于 $8h_f$ 和 40 mm。角焊缝的计算长度也不宜大于 $60h_f$。

(2)角焊缝的计算。

1)受轴心力作用时的计算。正面角焊缝(作用力垂直于焊缝长度方向)：

$$\sigma_f = \frac{N}{h_e l_w} \leqslant \beta_f f_f^w \tag{13-5}$$

侧面角焊缝(作用力平行于焊缝长度方向)：

$$\tau_f = \frac{N}{h_e l_w} \leqslant f_f^w \tag{13-6}$$

式中　σ_f——垂直于焊缝长度方向的正应力；

　　　τ_f——平行于焊缝长度方向的剪应力；

　　　h_e——角焊缝的计算厚度；

　　　l_w——角焊缝的计算长度，当不设引弧板时，对每条焊缝取其实际长度减去 $2h_f$；

　　　f_f^w——角焊缝的强度设计值，由表 13-2 查得；

　　　β_f——正面角焊缝的强度设计值增大系数：对承受静力荷载和间接承受动力荷载的结构 $\beta_f = 1.22$，对直接承受动力荷载的结构 $\beta_f = 1.0$。

2)角钢连接中角焊缝的计算。角钢与节点板采用角焊缝连接，如图 13-9 所示，可以采用两面侧焊缝、三面围焊缝和 L 形围焊缝三种形式，由于截面重心到肢背与肢尖距离不等，肢背与肢尖分担的力也不等，靠近重心的肢背焊缝承受较大的内力。

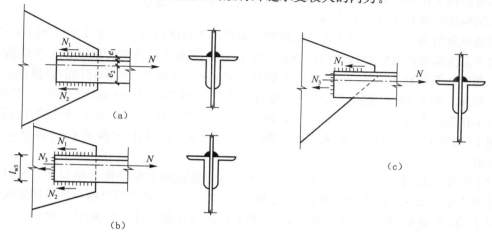

图 13-9　角钢与节点板的连接形式
(a)两面侧焊；(b)三面围焊；(c)L 形围焊

当采用两面侧焊缝时，如图 13-9(a)所示，N_1、N_2 分别为角钢肢背与肢尖承担的内力，由平衡条件得：

$$N_1 = e_2 N/(e_1 + e_2) = K_1 N \tag{13-7}$$
$$N_2 = e_1 N/(e_1 + e_2) = K_2 N \tag{13-8}$$

式中，K_1、K_2 称为角钢肢背与肢尖焊缝内力分配系数，可按表 13-2 的值采用。

表 13-2　焊缝内力分配系数

角钢类型	连接形式	内力分配系数	
		肢背 K_1	肢尖 K_2
等肢角钢	冗匚	0.7	0.3
不等肢角钢(短肢相连)	冗匚	0.75	0.25
不等肢角钢(长短肢相连)	冗匚	0.65	0.35

当采用三面围焊时[图 13-9(b)]，可先按构造要求确定端焊缝的焊脚尺寸与焊缝长，求出端焊缝承担的内力 N_3，然后再求出角钢肢背与肢尖焊缝分担的内力 N_1、N_2，由 N_1、N_2 确定两侧焊缝的长度及焊脚尺寸。L 形围焊[图 13-9(c)]是只有端焊缝和肢背的侧焊缝，即 $N_2 = 0$，可以按上述过程计算。

二、钢材的选用

选择钢材的目的是要做到安全可靠，同时用材经济合理。在选择时应考虑结构或构件的重要性、荷载性质(静载或动载)、连接方法(焊接、铆接或螺栓连接)及工作条件(温度及腐蚀介质)等因素。

承重结构采用的钢材应具有抗拉强度、伸长率、屈服强度和硫、磷含量的合格保证,对焊接结构还应具有碳含量的合格保证。

焊接承重结构以及重要的非焊接承重结构采用的钢材还应具有冷弯试验的合格保证。

对于需要验算疲劳的焊接结构的钢材,应具有常温冲击韧性的合格保证。当结构工作温度不高于 0 ℃但高于－20 ℃时,Q235 钢和 Q345 钢应具有 0 ℃冲击韧性的合格保证,即需用 C 级钢;对于 Q390 钢和 Q420 钢应具有－20 ℃冲击韧性的合格保证,即需用 D 级钢;当结构工作温度不高于－20 ℃时,Q235 钢和 Q345 钢应具有－20 ℃冲击韧性的合格保证,即需用 D 级钢;对于 Q390 钢和 Q420 钢应具有－40 ℃冲击韧性的合格保证,即需用 E 级钢。

对于需要验算疲劳的非焊接结构的钢材也应具有常温冲击韧性的合格保证。当结构工作温度不高于－20 ℃时,Q235 钢和 Q345 钢应具有 0 ℃冲击韧性的合格保证,即需用 C 级钢;对于 Q390 钢和 Q420 钢应具有－20 ℃冲击韧性的合格保证,即需用 D 级钢。钢材的强度设计值见表 13-3。

表 13-3　钢材的强度设计值　　　　　　　　　　　　　　　　N/mm²

钢　　材		抗拉、抗压、和抗弯 f	抗剪 f_v	端面承压(刨平顶紧) f_{ce}
牌　号	厚度或直径/mm			
Q235 钢	≤16	215	125	325
	>16～40	205	120	
	>40～60	200	115	
	>60～100	190	110	
Q345 钢	≤16	310	180	400
	>16～35	295	170	
	>35～50	265	155	
	>50～100	250	145	
Q390 钢	≤16	350	205	415
	>16～35	335	190	
	>35～50	315	180	
	>50～100	295	170	
Q420 钢	≤16	380	220	440
	>16～35	360	210	
	>35～50	340	195	
	>50～100	325	185	
注:表中厚度是指计算点的钢材厚度,对轴心受压和轴心受拉构件是指较厚板件的厚度。				

三、螺栓连接

(一)普通螺栓连接

1. 普通螺栓的类型和排列

螺栓统一用螺栓的性能等级来表示，普通螺栓的性能等级为 4.6 级、4.8 级、5.6 级和 8.8 级。小数点前数字表示螺栓材料的最低抗拉强度 f_u，例如"4"表示 400 N/mm²，小数点及以后数字(0.6、0.8 等)表示螺栓材料的屈强比，即屈服强度与最低抗拉强度的比值。螺栓的强度设计值见表 13-4。

表 13-4　螺栓的强度设计值　　　　　　　　　　　　N/mm²

螺栓的性能等级锚栓和杆件的钢材牌号		普通螺栓					锚栓	承压型连接高强度螺栓		
		C 级螺栓			A 级、B 级螺栓					
		抗拉 f_t^b	抗剪 f_v^b	承压 f_c^b	抗拉 f_t^b	抗剪 f_v^b	承压 f_c^b	抗拉 f_t^a	抗拉 f_t^b	抗剪 f_v^b	承压 f_c^b
普通螺栓	4.6 级、4.8 级	170	140	—	—	—	—	—	—	—	—
	5.6 级	—	—	—	210	190	—	—	—	—	—
	8.8 级	—	—	—	400	320	—	—	—	—	—
锚栓	Q235 钢	—	—	—	—	—	—	140	—	—	—
	Q345 钢	—	—	—	—	—	—	180	—	—	—
承压型高强度螺栓	8.8 级	—	—	—	—	—	—	—	400	250	—
	10.9 级	—	—	—	—	—	—	—	500	310	—
构件	Q235 钢	—	—	305	—	—	405	—	—	—	470
	Q345 钢	—	—	385	—	—	510	—	—	—	590
	Q390 钢	—	—	400	—	—	530	—	—	—	615
	Q420 钢	—	—	425	—	—	560	—	—	—	655

注：1. A 级螺栓用于 $d \leqslant 24$ mm 和 $l \leqslant 10d$ 或 $l \leqslant 150$ mm(按较小值)的情况。

2. B 级螺栓用于 $d > 24$ mm 和 $l > 10d$ 或 $l > 150$ mm(按较小值)的情况。

3. d 为公称直径，l 为螺栓公称长度。

普通螺栓通常采用 Q235 钢制成。普通螺栓连接分为两种，一种是 C 级螺栓(粗制螺栓)连接，另一种是 A 级或 B 级螺栓(精制螺栓)连接。C 级螺栓加工粗糙、尺寸不够准确，只要求 Ⅱ 类孔(即在单个零件上一次冲成或不用钻模钻成设计孔径的孔)，成本低；A 级或 B 级螺栓经车削加工制成，尺寸准确，要求 Ⅰ 类孔(即螺栓孔需在装配好的构件上钻成或扩钻成孔)，孔壁光滑，对孔准确，其抗剪性能比 C 级螺栓好，但成本高，安装困难，较少使用。C 级螺栓在传递剪力时，连接的变形较大，但传递拉力的性能尚好，因此，钢结构设计规范规定，C 级螺栓宜用于沿其杆轴方向受拉的连接。

C 级螺栓的螺栓孔直径可比螺栓杆大 1～1.5 mm。

螺栓的排列有并列和错列两种基本形式，如图 13-10 所示。并列布置简单，但栓孔对截面削弱较大；错列布置紧凑，可减少截面削弱，但排列较复杂。

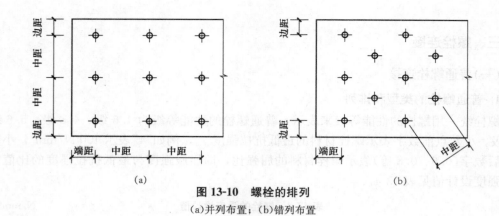

图 13-10　螺栓的排列

(a)并列布置；(b)错列布置

螺栓在构件上的排列应同时考虑受力要求、构造要求及施工要求。因此，《钢结构设计规范》(GB 50017—2003)规定了螺栓最大和最小容许距离，见表 13-5。

表 13-5　螺栓的最大、最小容许距离

名称	位置和方向			最大容许距离 (取两者的较小值)	最小容许距离
中心间距	外排(垂直内力方向或顺内力方向)			$8d_0$ 或 $12t$	3d_0
	中间排	垂直内力方向		$16d_0$ 或 $24t$	
		顺内力方向	构件受压力	$12d_0$ 或 $18t$	
			构件受拉力	$16d_0$ 或 $24t$	
	沿对角线方向			—	
中心至构件边缘距离	顺内力方向			4d_0 或 8t	$2d_0$
	垂直内力方向	剪切边或手工气割边			1.5d_0
		轧制边、自动气割或锯割边	高强度螺栓		
			其他螺栓或铆钉		1.2d_0

2. 普通螺栓连接的计算

普通螺栓连接的受力形式如图 13-11 所示，可分为三类：外力与栓杆垂直的受剪螺栓连接，外力与栓杆平行的受拉螺栓连接与同时受剪和受拉的螺栓连接。

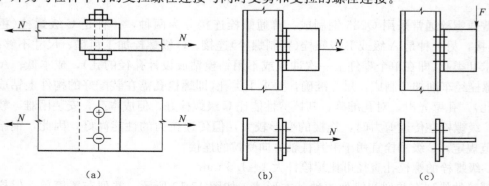

图 13-11　普通螺栓连接的受力方式分类

(a)受剪螺栓连接；(b)受拉螺栓连接；(c)同时受剪和受拉的螺栓连接

(1)受剪螺栓连接的计算。如图 13-12 所示，普通受剪螺栓连接有五种可能的破坏形式。

1)当螺栓杆较细、板件较少时，螺栓杆可能被剪断，如图 13-12(a)所示。

2)当螺栓杆较粗、板件相对较薄时，板件可能先被挤压而破坏，如图 13-12(b)所示。

3)当螺栓孔对板的削弱过于严重时，板件可能在削弱处被拉断，如图 13-12(c)所示。

4)当端距小时，板端可能受冲剪而破坏，如图 13-12(d)所示。

5)当螺栓杆细长时，螺栓杆可能发生过大的弯曲变形而使连接破坏，如图 13-12(e)所示。

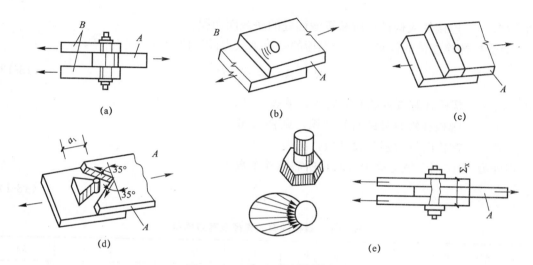

图 13-12　受剪螺栓的破坏形式

上述五种破坏形式中，第 4)、5)两项主要通过构造措施来保证不发生破坏，例如，规范规定螺栓端部的最小容许距离，以避免第 4)项破坏；规定螺栓连接的板叠厚度（即螺栓杆长）$\sum T \leqslant 5d$（d 为螺栓直径），避免螺栓弯曲过大，防止发生第 5)项破坏。第 1)、2)、3)三项则需通过计算来保证。

螺栓受剪连接中，假定栓杆剪应力沿受剪面均匀分布，孔壁承压应力换算为沿栓杆直径投影宽度内板件面上均匀分布的应力。

一个螺栓的受剪承载力设计值为

$$N_v^b = n_v \frac{\pi d^2}{4} f_v^b \qquad (13-9)$$

一个螺栓的承压承载力设计值为

$$N_c^b = d \sum t f_c^b \qquad (13-10)$$

式中　n_v——螺栓受剪面数，单剪 $n_v=1$，双剪 $n_v=2$，四剪 $n_v=4$ 等；

　　　d——螺栓杆直径；

　　　$\sum t$——在同一方向承压构件的较小总厚度；

　　　f_v^b，f_c^b——螺栓的抗剪、承压强度设计值（见表 13-3）。

一个抗剪螺栓的承载力设计值应该取 N_v^b 和 N_c^b 的较小值 N_{min}^b。

当外力通过螺栓群中心时，可以认为每个螺栓平均受力，则螺栓抗剪连接所需螺栓数

$$n = \frac{N}{N_{\min}^{b}}$$ (13-11)

式中　N——作用于连接件的轴心力。

这样即可保证不发生前述第1）、2）两种破坏。

由于螺栓孔削弱了板件的截面，为了防止板件在净截面上被拉断，需要验算净截面的强度，即

$$\sigma = \frac{N}{A_{n}} \leqslant f$$ (13-12)

式中　A_{n}——连接件或构件在所验算截面处的净截面面积。

（2）受拉螺栓连接的计算。一个螺栓的受拉承载力设计值为

$$N_{t}^{b} = A_{e} f_{t}^{b} = \frac{\pi d_{e}^{2}}{4} f_{t}^{b}$$ (13-13)

式中　d_{e}——螺栓在螺纹处的有效直径，见表13-6；

　　　A_{e}——螺栓在螺纹处的有效面积，见表13-6；

　　　f_{t}^{b}——螺栓的抗拉强度设计值，见表13-3。

当外力 N 作用于螺栓群中心时，所需螺栓个数为

$$n = \frac{N}{N_{t}^{b}}$$ (13-14)

表 13-6　螺栓的有效直径及有效面积

螺栓直径 d/mm	16	18	20	22	24	27	30
螺栓有效直径 d_{e}/mm	14.12	15.65	17.65	19.65	21.18	24.18	26.71
螺栓有效面积 A_{e}/mm²	156.7	192.5	244.8	303.4	352.5	459.4	560.6

（3）同时受剪和受拉的螺栓连接计算。当螺栓同时受剪力和受拉力时，连接螺栓安全工作的强度条件是连接中最危险螺栓所承受的剪力和拉力应满足下面的相关公式：

$$\sqrt{\left(\frac{N_{v}}{N_{v}^{b}}\right)^{2} + \left(\frac{N_{t}}{N_{t}^{b}}\right)^{2}} \leqslant 1$$ (13-15)

$$N_{v} \leqslant N_{c}^{b}$$ (13-16)

式中　N_{v}——连接中一个螺栓所承受的剪力；

　　　N_{t}——连接中一个螺栓所承受的拉力；

　　　N_{v}^{b}，N_{c}^{b}，N_{t}^{b}——一个螺栓的抗剪、承压和抗拉承载力设计值。

（二）高强度螺栓连接

1. 高强度螺栓连接的受力特点

如图13-13所示，用特制的扳手上紧螺帽，使螺栓产生巨大的预拉力 P，对被连接板件也产生了同样大小的预压力 P。在预压力作用下，沿被连接件表面就会产生较大的摩擦力，此摩擦力不被克服，连接就不会松动。高强度螺栓连接主要是靠被连接板件间的强度摩擦阻力来抵抗外力，因此，高强度螺栓具有施工简单、受力性能好、可拆换、耐疲劳以及在动力荷载作用下不致松动等优点。

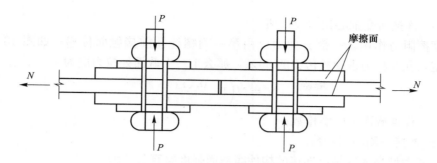

图 13-13　高强度螺栓连接

高强度螺栓一般常用性能等级为 8.8 级和 10.9 级两种。每个高强度螺栓的设计预拉力见表 13-7。

高强度螺栓的排列要求与普通螺栓相同。

高强度螺栓实际上有摩擦型和承压型之分。摩擦型高强度螺栓承受剪力的准则是设计荷载引起的剪力不超过摩擦力，而承压型高强度螺栓则是以杆身不被剪坏或板件不被压坏为设计准则，其受力特点及计算方法等与普通螺栓基本相同。

2. 摩擦型高强度螺栓的计算

摩擦型高强度螺栓承受剪力时的设计准则是剪力不得超过最大摩擦阻力。

一个摩擦型高强度螺栓的抗剪承载力设计值为

$$N_v^b = 0.9 n_f \mu P \tag{13-17}$$

式中　n_f——一个螺栓的传力摩擦面数目；

　　　μ——摩擦面的抗滑移系数，见表 13-8；

　　　P——高强度螺栓预拉力，见表 13-7。

表 13-7　每个高强度螺栓的预拉力 P　　　　　　　　　　　　　kN

螺栓的性能等级	螺栓公称直径/mm					
	M16	M20	M22	M24	M27	M30
8.8 级	80	125	150	175	230	280
10.9 级	100	155	190	225	290	355

表 13-8　摩擦面的抗滑移系数 μ

在连接处构件接触面的处理方法	构件的钢号		
	Q235 钢	Q345 钢或 Q390 钢	Q420 钢
喷砂(丸)	0.45	0.50	0.50
喷砂(丸)后涂无机富锌漆	0.35	0.40	0.40
喷砂(丸)厚生赤锈	0.45	0.50	0.50
钢丝刷清除浮绣或未经处理的干净轧制表面	0.30	0.35	0.40

高强度螺栓连接一侧所需螺栓个数为

$$n = \frac{N}{N_v^b} \tag{13-18}$$

式中 N——连接所受轴心拉力设计值。

由于摩擦阻力作用,一部分剪力已由第一列螺栓孔前接触面传递,如图 13-14 所示。《规范》规定,孔前传力占螺栓传力的 50%,那么 I—I 截面处拉力应为

$$N' = N\left(1 - \frac{0.5n_1}{n}\right) \tag{13-19}$$

式中 n_1——计算截面上的螺栓数;

n——连接一侧的螺栓数。

因此,摩擦型高强度螺栓连接的构件净截面强度验算公式为

$$\sigma = \frac{N'}{A_n} \leqslant f \tag{13-20}$$

毛截面强度验算公式为

$$\sigma = \frac{N}{A} \leqslant f \tag{13-21}$$

式中 A——构件的毛截面面积;

f——钢材的抗拉、抗压强度设计值。

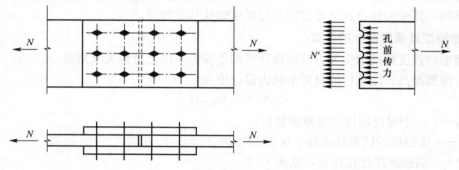

图 13-14 螺栓群受轴心力作用时的受剪摩擦型高强度螺栓连接

拓展提高

1. 试验算如图 13-15 所示的钢板对接焊缝连接,轴向拉力设计值 $N = 650$ kN(静力荷载),图中 $l_w = 500$ mm,$t = 8$ mm,钢材为 Q235 钢,焊条采用 E43 型,焊缝质量为三级,施工中不采用引弧板。

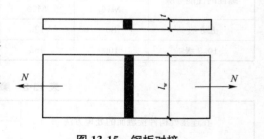

图 13-15 钢板对接

【解】 验算钢板的承载力为

$$A \times f = 500 \times 8 \times 215 = 860\ 000 (\text{N}) = 860\ \text{kN} > 650\ \text{kN}$$

验算对接焊缝的应力为

$$\sigma = \frac{N}{l_w t_{\min}} = \frac{650 \times 10^3}{(500 - 2 \times 8) \times 8} = 167.9 (\text{N/mm}^2) < f_t^w = 185\ \text{N/mm}^2$$

2. 两截面为 14 mm×400 mm 的钢板,采用双盖板和 C 级普通螺栓连接,螺栓为 M20,钢材为 Q235,承受轴心拉力设计值 $N = 940$ kN,试设计此连接。

【解】 确定连接盖板截面。

采用双盖板拼接，截面尺寸选与被连接盖板截面面积相同 7 mm×400 mm，钢材也采用 Q235。

(1)确定所需螺栓数目和螺栓排列布置

由表 13-4 查得 $f_v^b=140$ N/mm²，$f_c^b=305$ N/mm²。

单个螺栓受剪承载力设计值

$$N_v^b=n_v\frac{\pi d^2}{4}f_v^b=2\times\frac{\pi\times20^2}{4}\times140=87\ 964(\text{N})$$

单个螺栓承压承载力设计值为

$$N_c^b=d\sum tf_c^b=20\times14\times305=85\ 400(\text{N})$$

(2)连接一侧所需螺栓数目为

$$n=\frac{N}{N_{min}^b}=\frac{940\times10^3}{85\ 400}=11$$

取 $n=12$，采用图 13-16 所示的并列布置。连接盖板尺寸采用(2～7)mm×400 mm×490 mm，其螺栓的中距、边距和端距均满足表 13-5 的构造要求。

(3)验算连接板件的净截面强度。

由表 13-3 查得 $f=215$ N/mm²，连接钢板在 I—I 截面受力最大为 N，连接盖板则是截面 III—III 受力最大为 N，但因两者钢材、截面均相同，故只验算连接钢板。取螺栓孔径 $d_0=22$ mm。

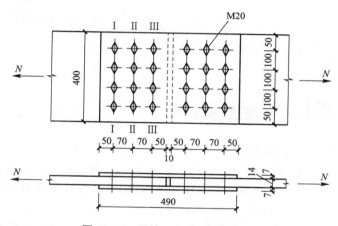

图 13-16 受轴心力的盖板连接

$$A_n=(b-n_1d_0)t=(400-4\times22)\times14=4\ 368(\text{mm}^2)$$

$$\sigma=\frac{N}{A_n}=\frac{940\times10^3}{4\ 368}=f=215(\text{N/mm}^2)$$

故连接板件的净截面强度满足要求。

3. 试设计一高强度螺栓的拼接连接，如图 13-17 所示。连接一侧承受轴心拉力设计值 $N=600$ kN，钢板截面为 340 mm×12 mm，钢材为 Q235 钢，采用 10.9 级的 M22 高强度螺栓，连接处构件接触面用钢丝刷清理浮锈。

【解】 (1)抗剪承载力和螺栓个数计算。

一个摩擦型高强度螺栓的抗剪承载力设计值为

$$N_v^b=0.9n_f\mu p=0.9\times2\times0.3\times190=102.6(\text{kN})$$

连接一侧所需螺栓的个数为

$$n=N/N_v^b=600/102.6=5.85$$

取 6 个，螺栓排列如图 13-17 所示。

(2)构件净截面强度验算。钢板第一列螺栓孔处的截面最危险。

$$N'=N\left(1-\frac{0.5n_1}{n}\right)=600\times\left(1-0.5\times\frac{3}{6}\right)=450(\text{kN})$$

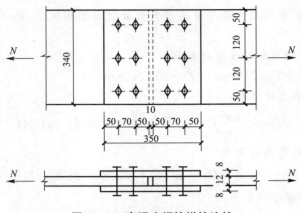

图 13-17　高强度螺栓拼接连接

$$\sigma = \frac{N'}{A_n} = \frac{450\,000}{340 \times 12 - 3 \times 23.5 \times 12} = 139.1 (\text{N/mm}^2) < f = 215\ \text{N/mm}^2$$

强度满足要求。

拓展实训

一、填空题

1. 普通螺栓的性能等级为 4.6 级、4.8 级、5.6 级和 8.8 级。小数点前数字表示＿＿＿＿＿＿＿，例如"4"表示 400 N/mm²，小数点及以后数字(0.6、0.8 等)表示螺栓材料的＿＿＿＿＿＿＿，即＿＿＿＿＿＿＿的比值。

2. 螺栓的排列有＿＿＿＿＿＿＿和＿＿＿＿＿＿＿两种基本形式。

二、简答题

普通受剪螺栓连接有五种可能的破坏形式是什么？

三、实践题

1. 两钢板截面为 400 mm×12 mm，承受轴心力设计值 $N = 1\,000$ kN(静力荷载)，钢材为 Q235，采用普通螺栓连接，螺栓直径 $d = 20$ mm，孔径 $d_0 = 21.5$ mm，盖板截面为 360 mm×8 mm。试设计此连接。

2. 将第 1 题改为高强度螺栓连接，采用 10.9 级的 M20 高强度螺栓，孔径 $d_0 = 21.5$ mm，连接接触面采用喷砂处理，试进行设计。

课外学习指要

《钢结构设计规范》(GB 50017—2003)；
《钢结构工程施工质量验收规范》(GB 50205—2001)。

任务三　钢结构基本构件的设计

实腹式杆柱设计；钢梁的强度、刚度的验算；载体工程工字形截面柱承载力的验算；钢屋架施工图识读。

任务分析

1. 轴心受力构件的计算包括强度计算、刚度计算、轴心受压构件的整体稳定和局部稳定的计算，一般来说，轴心受压构件的承载能力是由稳定条件（整体稳定和局部稳定）决定的。

2. 受压构件中板件的局部稳定以板件屈曲不先于构件的整体屈曲为条件，并以限制板件的宽厚比来加以控制，详见《钢结构设计规范》(GB 50017—2003)。

3. 梁的设计应满足强度、刚度、整体稳定性和局部稳定性四个方面的要求。跨度及荷载较小时，宜采用型钢梁。型钢梁的计算包括抗弯强度计算、抗剪强度计算、刚度计算、整体稳定计算等。型钢梁不会发生局部失稳，不必采取措施。

4. 普通钢屋架的杆件采用节点板相互连接，各杆件内力通过节点板上的焊缝相互传递而达到平衡。弦杆一般用连接角钢拼接。拼接时，通常安装螺栓定位和夹紧所连接的弦杆，然后施焊。支座节点包括节点板、加劲肋、支座底板及锚栓等。

相关知识

一、轴心受力构件

(一)轴心受力构件的截面形式

轴心受力构件包括轴心受拉构件和轴心受压构件。轴心受力构件的截面形式一般分为两类：第一类是热轧型钢截面，如圆钢、圆管、方管、角钢、工字钢、T 形钢和槽钢等；第二类是型钢组合截面或格构式组合截面。

对轴心受力构件截面形式的选择应满足下列要求：能提供强度所需的截面面积；制作简便；便于和相邻构件连接；截面宽大而壁厚较薄，以满足刚度要求。对轴心受压构件，截面宽大更具有重要意义，因为其稳定性直接取决于它的整体刚度，所以，其截面的两个主轴方向的尺寸应宽大。根据以上情况，轴心受压构件除经常采用双角钢和宽翼缘工字形截面外，有时需要采用实腹式或格构式组合截面。

(二)轴心受力构件的计算

1. 强度计算

轴心受拉和轴心受压构件的强度都以截面应力达到屈服强度为极限，按下式进行计算：

$$\sigma = \frac{N}{A_n} \leqslant f \tag{13-22}$$

式中　N——轴心拉力或轴心压力设计值；

　　　A_n——净截面面积；

　　　f——钢材的抗拉、抗压强度设计值。

2. 刚度计算

当构件过于柔细、刚度不足时，在自重作用下就会产生较大的挠度，运输和安装中会弯扭变形；动力荷载作用下还易发生较大的振动等。为保证受拉构件及受压构件的刚度，规范规定以其长细比的容许值来控制，即应满足下式要求：

$$\lambda = \frac{l_0}{i} \leqslant [\lambda] \tag{13-23}$$

式中　λ——构件最不利方向的长细比；

　　　l_0——相应方向的构件计算长度；

　　　i——相应方向的截面回转半径；

　　　$[\lambda]$——构件的容许长细比，见表 13-9 和表 13-10。

表 13-9　受压构件的容许长细比

项次	构件名称	容许长细比
1	柱、桁架和天窗架构件	150
	柱的缀条、吊车梁或吊车桁架以下的柱间支撑	
2	支撑（吊车梁或吊车桁架以下的柱间支撑除外）	200
	用以减少受压构件长细比的杆件	

表 13-10　受拉构件的容许长细比

项次	构件名称	承受静力荷载或间接承受动力荷载的结构		直接承受动力荷载的结构
		一般建筑结构	有重级工作制吊车的厂房	
1	桁架的杆件	350	250	250
2	吊车梁或吊车桁架以下的柱间支撑	300	200	—

规范对构件长细比的计算规定如下：

（1）截面为双轴对称或极对称的构件。

$$\lambda_x = \frac{l_{0x}}{i_x}, \quad \lambda_y = \frac{l_{0y}}{i_y} \tag{13-24}$$

式中　l_{0x}，l_{0y}——构件对主轴 x 和 y 的计算长度；

　　　i_x，i_y——构件对主轴 x 和 y 的回转半径。

（2）截面对单轴对称的构件，绕非对称轴的长细比 λ_x 仍按式（13-24）计算，绕对称轴的长细比 λ_y 应取考虑扭转效应的换算长细比 λ_{yz} 代替。

（3）对双角钢组合 T 形截面绕对称轴的 λ_{yz} 可采用下列简化方法确定：

1）等边双角钢截面，如图 13-18(c)所示。

当 $b/t \leqslant 0.58l_{0y}/b$ 时

$$\lambda_{yz} = \lambda_y \left(1 + \frac{0.475b^4}{l_{0y}^2 t^2} \right) \tag{13-25}$$

当 $b/t > 0.58l_{0y}/b$ 时

$$\lambda_{yz} = 3.9\frac{b}{t} \left(1 + \frac{l_{0y}^2 t^2}{18.6b^4} \right) \tag{13-26}$$

2）长肢相并的不等边双角钢截面，如图 13-18(b)所示。

当 $b_2/t \leqslant 0.48l_{0y}/b_2$ 时

$$\lambda_{yz} = \lambda_y \left(1 + \frac{1.096b_2^4}{l_{0y}^2 t^2} \right) \tag{13-27}$$

当 $b_2/t > 0.48l_{0y}/b_2$ 时

$$\lambda_{yz} = 5.1\frac{b_2}{t} \left(1 + \frac{l_{0y}^2 t^2}{17.4b_2^4} \right) \tag{13-28}$$

3）短肢相并的不等边双角钢截面，如图 13-18(a)所示，可近似取 $\lambda_{yz} = \lambda_y$。

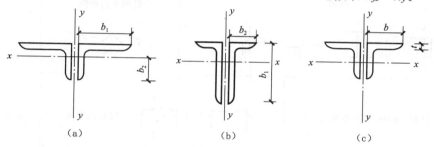

图 13-18 轴心受压构件双角钢组合截面
(a)短肢相并；(b)长肢相并；(c)等肢角钢

3. 轴心受压构件稳定性的计算

钢结构及其构件除应满足强度和刚度条件外，还应满足稳定条件。细长的轴心受压构件，当荷载还没有达到按强度考虑的极限数值（应力低于屈服点）时，就发生屈曲破坏，称为失稳破坏。一般来说，轴心受压构件的承载能力是由稳定条件（整体稳定和局部稳定）决定的。

（1）轴心受压构件的整体稳定性计算。

$$\frac{N}{\phi A} \leqslant f \tag{13-29}$$

式中　　N——轴心压力设计值；

A——构件的毛截面面积；

f——钢材的抗压强度设计值；

ϕ——轴心受压构件稳定系数，根据表 13-11 和表 13-12 确定截面分类，按构件长细比 λ 和钢材品种查表 13-13 确定［表 13-12 仅为 b 类截面，其他类型截面稳定系数见《钢结构设计规范》(GB 50017—2003)］。

表 13-11　轴心受压构件的截面分类(板厚 $t<40\ \text{mm}$)

截面形式		对 x 轴	对 y 轴
轧制		a 类	a 类
轧制，$b/h\leqslant0.8$		a 类	b 类
轧制，$b/h>0.8$	焊接，翼缘为焰切边 ／ 焊接	b 类	b 类
轧制	轧制等边角钢		
轧制，焊接(板件宽厚比>20)	轧制或焊接		
焊接	轧制截面和翼缘为焰切边的焊接截面		
格构式	焊接，板件边缘焰切		
焊接，翼缘为轧制或剪切边		b 类	c 类
焊接，板件边缘轧制或剪切	焊接，板件宽厚比≤20	c 类	c 类

表 13-12　轴心受压构件的截面分类(板厚 $t \geqslant 40$ mm)

截面情况			对 x 轴	对 y 轴
	轧制工字形或 H 形截面	$t < 80$ mm	b 类	c 类
		$t \geqslant 80$ mm	c 类	d 类
	焊接工字形截面	翼缘为焰切边	b 类	b 类
		翼缘为轧制或剪切边	c 类	d 类
	焊接箱形截面	板件宽厚比>20	b 类	b 类
		板件宽厚比≤20	c 类	c 类

表 13-13　b 类截面轴心受压构件的稳定系数 ϕ

$\lambda\sqrt{\dfrac{f_y}{235}}$	0	1	2	3	4	5	6	7	8	9
0	1.000	1.000	1.000	0.999	0.999	0.998	0.997	0.996	0.995	0.994
10	0.992	0.991	0.989	0.987	0.985	0.983	0.981	0.978	0.976	0.973
20	0.970	0.967	0.963	0.960	0.957	0.953	0.950	0.946	0.943	0.939
30	0.936	0.932	0.929	0.925	0.922	0.918	0.914	0.910	0.906	0.903
40	0.899	0.895	0.891	0.887	0.882	0.878	0.874	0.870	0.865	0.861
50	0.856	0.852	0.847	0.842	0.838	0.833	0.828	0.823	0.818	0.813
60	0.807	0.802	0.797	0.791	0.786	0.780	0.774	0.769	0.763	0.757
70	0.751	0.745	0.739	0.732	0.726	0.720	0.714	0.707	0.701	0.694
80	0.688	0.681	0.675	0.668	0.661	0.655	0.648	0.641	0.635	0.628
90	0.621	0.614	0.608	0.601	0.594	0.588	0.581	0.575	0.568	0.561
100	0.555	0.549	0.542	0.536	0.529	0.523	0.517	0.511	0.505	0.499
110	0.493	0.487	0.481	0.475	0.470	0.464	0.458	0.453	0.447	0.442
120	0.437	0.432	0.426	0.421	0.416	0.411	0.406	0.402	0.397	0.392
130	0.387	0.383	0.378	0.374	0.370	0.365	0.361	0.357	0.353	0.349
140	0.345	0.341	0.337	0.333	0.329	0.326	0.322	0.318	0.315	0.311
150	0.308	0.304	0.301	0.298	0.295	0.291	0.288	0.285	0.282	0.279
160	0.276	0.273	0.270	0.267	0.265	0.262	0.259	0.256	0.254	0.251
170	0.249	0.246	0.244	0.241	0.239	0.236	0.234	0.232	0.229	0.227
180	0.225	0.223	0.220	0.218	0.216	0.214	0.212	0.210	0.208	0.206
190	0.204	0.202	0.200	0.198	0.197	0.195	0.193	0.191	0.190	0.188
200	0.186	0.184	0.183	0.181	0.180	0.178	0.176	0.175	0.173	0.172
210	0.170	0.169	0.167	0.166	0.165	0.163	0.162	0.160	0.159	0.158
220	0.156	0.155	0.154	0.153	0.151	0.150	0.149	0.148	0.146	0.145
230	0.144	0.143	0.142	0.141	0.140	0.138	0.137	0.136	0.135	0.134
240	0.133	0.132	0.131	0.130	0.129	0.128	0.127	0.126	0.125	0.124
250	0.123									

(2)轴心受压构件的局部稳定。组成构件的板件,如工字形截面构件的翼缘和腹板,它们的厚度与板其他两个尺寸相比很小。在均匀压力的作用下,当压力到达某一数值时,板件不能继续维持平面平衡状态而产生凸曲现象,这种屈曲现象称为丧失局部稳定。规范规定,受压构件中板件的局部稳定以板件屈曲不先于构件的整体屈曲为条件,并以限制板件的宽厚比来加以控制,详见《钢结构设计规范》(GB 50017—2003)。

二、受弯构件

1. 受弯构件计算要点

钢梁的截面形式可以分为型钢梁和组合梁,如图 13-19 所示。型钢梁又可分为热轧型钢梁和冷弯薄壁型钢梁两种,热轧型钢梁常用普通工字钢、槽钢或 H 型钢制造,型钢梁制造简单方便、成本低、应用较多。当荷载和跨度较大时,型钢梁受到尺寸和规格限制,往往不能满足承载力或刚度的要求,此时需要采用组合梁。

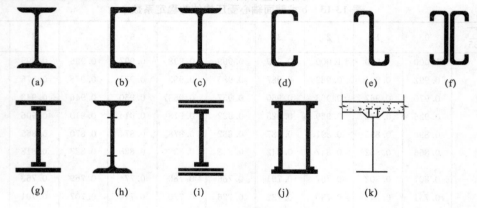

图 13-19　钢梁的类型

(a)、(b)、(c)热轧型钢梁;(d)、(e)、(f)冷弯薄壁型钢梁;(g)工字形截面组合梁;
(h)T 形钢和钢板组成的焊接梁;(i)双层翼板组合梁;(j)双腹板组合梁;(k)钢与混凝土组合梁

2. 抗弯强度计算

钢梁在弯矩作用下,可分为三个工作阶段,即弹性工作阶段,如图 13-20(a)所示;弹塑性工作阶段,如图 13-20(b)所示;塑性工作阶段,如图 13-20(c)所示。

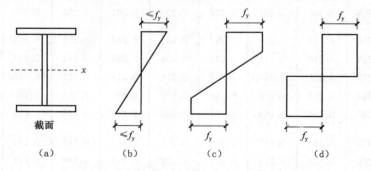

图 13-20　受弯构件各阶段正应力的分布

当梁的截面边缘纤维达到屈服强度作为设计的极限状态,叫作弹性设计;在一定条件下，考虑塑性变形的发展，称为塑性设计；梁按塑性设计比按弹性设计更充分地发挥了材料的作用，具有一定的经济效益。但对于直接承受动力荷载的梁，不考虑截面塑性发展，仍按弹性设计。对承受静力荷载或间接承受动力荷载的受弯构件，可按塑性设计。为避免截面的塑性区发展深度过大而导致太大的变形，《钢结构设计规范》(GB 50017—2003)对两个主轴分别用定值得截面塑性发展系数 γ_x 和 γ_y 进行控制。

(1)承受静力荷载或间接承受动力荷载时：

单向弯曲时
$$\frac{M_x}{\gamma_x W_{nx}} \leqslant f \tag{13-30}$$

双向弯曲时
$$\frac{M_x}{\gamma_x W_{nx}} + \frac{M_y}{\gamma_y W_{ny}} \leqslant f \tag{13-31}$$

式中　M_x，M_y——绕 x 轴和 y 轴的弯矩(对工字形截面 x 轴为强轴，y 轴为弱轴)；

W_{nx}，W_{ny}——对 x 轴和 y 轴的净截面抵抗矩；

γ_x，γ_y——截面塑性发展系数，对工字形截面 $\gamma_x = 1.05$，$\gamma_y = 1.20$；对箱形截面 $\gamma_x = \gamma_y = 1.05$；对其他截面可参照规范有关规定取用；

f——钢材的抗弯强度设计值。

当梁受压翼缘的自由外伸宽度与其厚度之比大于 $13\sqrt{\frac{f_y}{235}}$、但不超过 $15\sqrt{\frac{f_y}{235}}$ 时，应取 $\gamma_x = 1.0$，这是根据翼缘的局部屈曲性能要求确定的。

(2)直接承受动力荷载时，仍按式(13-30)、式(13-31)计算，但不考虑塑性变形的发展，即取 $\gamma_x = \gamma_y = 1.05$。

3. 抗剪强度的计算

《钢结构设计规范》(GB 50017—2003)以截面最大剪力达到所用钢材剪应力屈服点作为抗剪承载力极限状态，在主平面内受弯的实腹构件，其抗剪强度按下式计算：

$$\tau = \frac{VS}{It_w} \leqslant f_v \tag{13-32}$$

式中　V——计算截面沿腹板平面作用的剪力设计值；

S——计算剪应力处以上毛截面对中和轴的面积矩；

I——毛截面惯性矩；

t_w——腹板厚度；

f_v——钢材的抗剪强度设计值。

型钢梁因腹板较厚，一般均能满足抗剪强度要求，如最大剪力处截面无削弱可不必计算。

4. 梁的刚度计算

钢梁在设计时，在保证强度的条件下，还应保证其刚度要求。梁的刚度用变形(即挠度)来衡量，变形过大不但会影响正常使用，同时，还会造成不利工作的条件。

梁的最大挠度 v_{max}(按一般材料力学公式计算)或相对最大挠度 v_{max}/l 应满足下式：

$$v_{max} < [v] \tag{13-33}$$

或

$$\frac{v_{max}}{l} \leqslant \frac{[v]}{l} \tag{13-34}$$

式中　$[v]$——梁的容许挠度，按构件类型取定，见《钢结构设计规范》(GB 50017—2003)规定。

5. 梁的整体稳定

如图 13-21 所示的工字钢截面梁，在梁的最大刚度平面内，受有垂直荷载作用时，如果梁的侧面没有支撑点或支撑点很少时，当荷载增加到某一数值时，梁将突然发生侧向弯曲（绕弱轴的弯曲）和扭转，并丧失继续承载力，这种现象称为梁的弯曲扭转屈曲（弯扭屈曲）或梁丧失整体稳定。

梁的整体稳定是突然发生的，事先并无明显的预兆，因而比强度破坏更为危险，设计、施工中要特别注意。

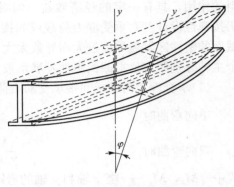

图 13-21　梁的整体失稳

梁的整体稳定应按《规范》规定的公式进行计算。当符合下列情况之一时，可不计算梁的整体稳定性：

（1）有铺板（各种钢筋混凝土板和钢板）密铺在梁的受压翼缘上并与其牢固相连，能阻止梁受压翼缘的侧向位移时。

（2）H 型钢或工字形截面简支梁受压翼缘的自由长度与其宽度之比不超过表 13-14 所规定的数值时。

表 13-14　H 型钢或工字形截面简支梁不须计算整体稳定性的最大 l_1/b_1 值

钢号	跨中无侧向支撑点的梁		跨中有侧向支撑点的梁，不论荷载作用于何处
	荷载作用在上翼缘	荷载作用在下翼缘	
Q235	13.0	20.0	16.0
Q345	10.5	16.5	13.0
Q390	10.0	15.5	12.5
Q420	9.5	15.0	12.0

注：对跨中无侧向支撑点的梁，为其跨度；对跨中有侧向支撑点的梁，为受压翼缘侧向支撑点间的距离（梁的支座处视为有侧向支撑）。

6. 梁的局部稳定

为获得较大的经济效益，对于组合截面梁，常采用宽而薄的翼缘板和高而薄的腹板，但是，当钢板过薄，即梁翼缘的宽厚比或腹板的高厚比增大到一定程度时，翼缘或腹板在尚未达到强度极限或在梁丧失整体稳定之前，就可能发生波浪形的屈曲，如图 13-22 所示，这种现象称为失去局部稳定或局部失稳。

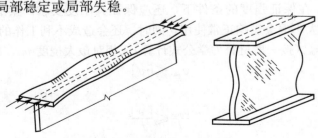

图 13-22　梁的局部失稳

如果梁的腹板或翼缘出现了局部失稳，整个构件一般还不至于立即丧失承载力，但由于对称截面转化为非对称截面而产生扭转，部分截面退出工作等原因，会使构件的承载力大为降低。所以，梁丧失局部稳定的危险性虽然没有丧失整体稳定的危险性大，但它往往是导致钢结构早期破坏的因素。为避免梁的局部失稳有两种方法，一种方法是限制板件的宽厚比，一般用于梁的翼缘；另一种方法是在垂直于钢板平面方向设置具有一定高度的加劲肋，这种方法用于梁的腹板，如图 13-23 所示。此外，在梁的支座处和上翼缘受有较大固定集中荷载处宜设置支撑加劲肋。

纵向加劲肋

横向加劲肋

图 13-23　梁的加劲肋

轧制型钢的翼缘和腹板都比较厚，不会发生局部失稳，不必采取措施。

三、柱头、柱脚的构造

(一)柱头的构造

柱头是指梁与柱的连接部分，承受梁传来的荷载并将其传给柱身。轴心受压柱的柱头只承受轴心应力而无弯矩作用，因此，梁与柱采用铰链连接。下面介绍几种常见的柱头构造。

1. 柱顶支承梁的构造

图 13-24(a)所示是一种最简单的柱头形式。柱顶上焊接一矩形顶板，顶板上直接搁置梁。应注意使梁端的支承加劲肋对准柱翼缘，这样梁的大部分反力将直接传给柱翼缘。两梁之间留有一定的缝隙，待梁安装就位后用连接板与构造螺栓将两侧梁相连。这种连接适用于两相邻梁传来压力相差不大的情况，否则会引起柱偏心受压。

图 13-24(b)所示，将梁端部的凸缘支承加劲肋刨平顶紧于柱中心处的加劲肋支座板上，支座板与顶板用焊缝连接或刨平顶紧。两相邻梁的空隙待梁调整好后嵌入填板，填板与两梁的加劲肋用构造螺栓相连。腹板两侧设加劲肋，加劲肋与腹板焊接连接，与顶板刨平顶紧，可以起到加强腹板并防止柱顶板弯曲的作用。

图 13-24(c)所示适用于格构式轴心受压柱，柱顶必须设置缀板，同时分肢间的顶板下面也应设置加劲肋。

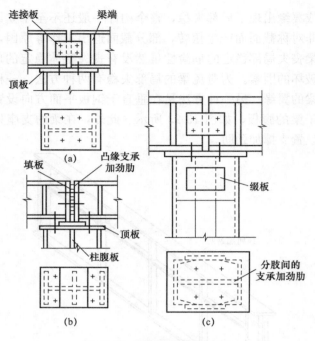

图 13-24 柱顶支承梁的构造

1—顶板；2—连接板；3—凸缘支承加劲肋；4—填板；
5—缀板；6、7、8—梁端、柱腹板、分肢间的支承加劲肋

2. 柱侧支承梁的构造

柱的顶板应具有足够的刚度，厚度一般取 20 mm 左右，顶板与柱身、加劲肋与柱身的连接焊缝应满足计算与构造要求，刨平顶紧处应满足局部承压要求。

如图 13-25（a）所示，柱两侧焊接 T 形牛腿，梁直接搁置在牛腿上，调整就位后，梁与柱身间缝隙嵌入填板，并用构造螺栓连接柱身与梁，或者梁与柱身用小角钢和构造螺栓连接，这种连接方式构造简单，适用于梁反力较小的情况。图 13-25（b）所示柱两侧焊接厚钢板做承托，梁的凸缘支承加劲肋刨平顶紧于承托上，适用于梁反力较大的情况。

两梁反力相差较大时必须采用图 13-25（c）所示的形式，以保证柱的轴心受压。

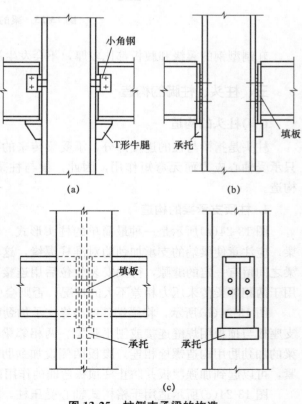

图 13-25 柱侧支承梁的构造

1—T 形牛腿；2—小角钢；3—承托；4—填板

(二)柱脚的构造

柱脚的作用是将柱身的压力传给基础，并和基础牢固连接。轴心受压柱的柱脚主要采用铰接形式，如图13-26所示。图13-26(a)称为平板式柱脚，是一种最简单的构造形式，适用于轴力较小时。柱身的压力经过焊缝传给底板，底板将其传给基础。图13-26(b)、(c)除底板外，又增加了靴梁、隔板和肋板等构件，适用于柱轴力较大的时候。柱身的压力经过竖向焊缝传给靴梁后，再经过靴梁与地板的水平焊缝传给底板，最后底板将其传给基础。隔板和肋板起着将底板划分为较小区格减小底板弯矩的作用。一般按构造要求设置两个柱脚螺栓，将柱脚固定于基础。为便于安装，柱脚锚栓孔取为锚栓直径的1.5～2倍或做U形缺口，待柱调整就位后再用孔径比锚栓直径大1～2 mm的垫板套住锚栓并与底板焊牢。

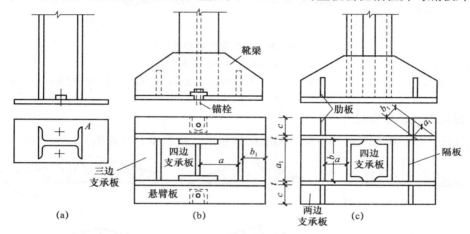

图 13-26　柱脚构造

(a)平板式柱脚；(b)、(c)靴梁与底板组合式柱脚

1—悬臂板；2—两边支承板；3—三边支承板；4—四边支承板；5—靴梁；6—肋板；7—隔板；8—锚栓

四、钢屋架

(一)钢屋盖的结构组成、形式、分类及主要尺寸

钢屋盖结构由屋面、屋架和支撑三部分组成。

钢屋盖的结构体系有两类：一类为有檩体系，钢屋架上直接放置钢筋混凝土大型屋面板；另一类为无檩体系，钢屋架上放檩条，檩条上再铺设石棉瓦、瓦楞铁、钢丝网水泥槽形板、压型钢板等轻型屋面材料，如图13-27所示。

无檩体系屋盖的构件种类和数量都少，安装效率高，施工速度快，便于做保温层，而且屋盖的整体性好，横向刚度大，耐久性好。无檩体系屋盖的不足是大型屋面板自重大，用料费，运输和安装不方便。一般中型厂房，特别是重型厂房宜采用大型屋面板的无檩体系屋盖。

有檩体系屋盖的构件种类和数量较多，安装效率低，但结构自重轻，用料省，运输和安装方便，对于中小型厂房，特别是不需要做保温层的厂房，宜采用具有轻型屋面材料的有檩体系屋盖。

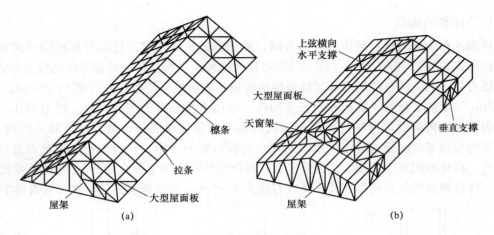

图 13-27 钢屋盖的组成

(a)有檩体系；(b)无檩体系

1—屋架；2—天窗架；3—大型屋面板；4—上弦横向水平支撑；5—垂直支撑；6—檩条；7—拉条

1. 屋架形式及主要尺寸

常用屋架的形式有三角形屋架、梯形屋架及平行弦屋架等，如图 13-28 所示。

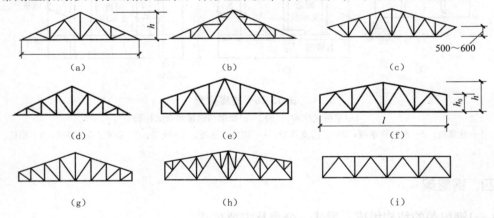

图 13-28 钢屋架的形式

(a)、(b)三角形屋架；(c)下撑式屋架；(d)三角形屋架；(e)、(f)、(g)、(h)梯形屋架；(i)平行弦屋架

屋架的主要尺寸是指屋架的跨度和高度，对梯形屋架尚有端部高度。

(1)屋架的跨度 l。屋架的跨度应根据生产工艺和建筑使用要求确定。同时，应考虑结构布置的经济合理性。常见的屋架跨度（标志跨度）为 18 m、21 m、24 m、27 m、30 m、36 m 等。

(2)屋架的高度（跨中高度 h）。屋架的高度由经济条件、刚度条件、运输界限高度及屋面坡度等因素来决定。三角形屋架一般取 $h=(1/6\sim1/4)l$。梯形屋架取 $h=(1/10\sim1/6)l$。梯形屋架的端部高度 h_0，若为平坡时，取 1 800～2 100 mm；为陡坡时，取 500～1 000 mm，但不宜小于 $l/18$。

2. 支撑的作用及种类

支撑（包括屋架和天窗架支撑）是屋盖结构的必要组成部分，无论是无檩屋盖还是有檩屋盖，仅仅将简支在柱顶的钢屋架用大型屋面板或檩条连系起来，它仍是一种几何可变体系，这样的屋盖体系不稳定，承担不了水平风力的作用。在屋架和天窗架之间设置了支撑就能将屋架、天窗架、山墙等平面结构互相联系起来成为稳定的空间体系，保证整个屋盖结构的空间几何不变性和稳定性，提高房屋的整体刚度。

根据支撑布置位置的不同，将屋盖支撑分为上弦横向支撑、下弦横向水平支撑、下弦纵向水平支撑、垂直支撑和系杆五种。

3. 钢屋架杆件设计

(1)屋架杆件的内力分析。计算屋架杆件的内力时，假定屋架所有杆件都位于同一平面内，且杆件重心汇交于节点中心，所有荷载均作用在屋架节点上，各节点均为理想铰接，即理想平面桁架假定。

(2)屋架杆件截面选择。

1)屋架杆件截面形式。选择屋架杆件截面形式时，应考虑构造简单、施工方便、取材容易且易于连接，并尽可能增大屋架的侧向刚度。各杆件的内力求出后，确定屋架各杆件在平面内和平面外的计算长度，按杆件截面选择的基本公式和等稳定性的要求进行截面设计。屋架杆件一般采用双角钢组成的 T 形或十字形截面，受力较小的次要杆件可采用单角钢截面。

2)杆件截面选用的原则。

①尽量选用肢宽而薄的角钢。因为它比等重的窄肢厚壁角钢具有更大的刚度，但肢厚应不小于 4 mm。

②在一榀屋架内，避免选用肢宽相同而厚度不同的角钢，不得已时，厚度应至少相差 2 mm，以防制作时弄错。

③一榀屋架的角钢型号，一般不宜超过 5～6 种，以便于订货和下料。

④对于跨度不大的屋架，其上、下弦杆的截面一般沿长度保持不变，按最大的杆力选择；如果跨度较大，如大于 24 m 应根据弦杆内力的大小，从节点部分开始改变截面，但应改变肢宽而保持厚度不变，以利于拼接构造的处理。如改变弦杆截面，半跨内只能改变一次。

⑤为了防止杆件在运输和安装时产生弯扭和损坏，角钢的最小尺寸不应小于∟45×4 或∟56×36×4，用十字形截面的角钢应不小于∟63×5。

(二)钢屋架节点

1. 钢屋架节点设计

普通钢屋架的杆件采用节点板相互连接，各杆件内力通过节点板上的焊缝相互传递而达到平衡。节点设计应做到传力明确、连接可靠、制作简单、节省钢材。

2. 钢屋架节点的基本要求

(1)杆件截面重心轴线汇交于节点中心，截面重心线按选用的角钢规格确定，并取 5 mm 的倍数。

(2)除支座节点外，屋架其余节点宜采用同一厚度的节点板，支座节点板宜比其他节点板厚 2 mm。

(3)节点板的形状应简单规整，尽量减少切割边数。最好设计成矩形、有两个直角的梯形或平行四边形。节点板的位置应以节点为中心，其边缘与杆件轴向的夹角 α 不应小于 15°。且节点板的外形应尽量使连接焊缝中心受力，如图 13-29 所示。

节点板应伸出上弦角钢肢背 10～15 mm 以利施焊。也可缩进 5～10 mm 进行槽焊，如图 13-30 所示。

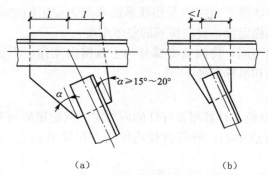

图 13-29　节点板形状对焊缝受力的情况

(a)正确；(b)错误

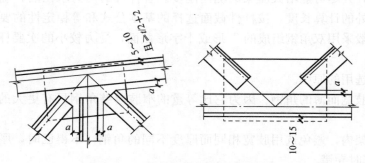

图 13-30　节点板与构件的连接构造

(4)角钢端部的切断面一般应与其轴向垂直，如图 13-31(a)所示，当杆件较大，为使节点紧凑，斜切时，应按图 13-31(b)、(c)切去肢尖。不允许采用图 13-31(d)所示的方法。

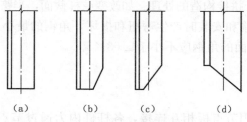

图 13-31　角钢端部的切割

(5)支撑大型屋面板的上弦杆，当屋面节点荷载较大而角钢肢厚较薄时，应对角钢的水平肢予以加强，如图 13-32 所示。

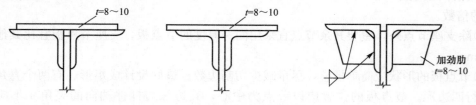

图 13-32　上弦角钢的加强

（6）为了使相并角钢组成的材料形成一个整体，应在相并角钢肢之间焊上垫板，垫板厚度应与节点板厚度相同，宽度一般为 $40\sim60$ mm，长度应伸出角钢边 20 mm。当为十字形截面时，则宜缩进 $10\sim20$ mm。垫板间距离在受压杆件中不应大于 $40i$；在受拉杆件中不应大于 $80i$。对于 T 形截面，i 为一个角钢平行于垫板的形心轴的回转半径；对于十字形截面，i 则取一个角钢的最小回转半径。在受压杆件的两个侧向支承点之间的垫板数量不宜少于两个。

3. 钢屋架节点构造

（1）屋架下弦中间节点。下弦中间节点构造如图 13-33 所示，节点板夹在所有组成构件的两角钢之间，尺寸应满足杆件与节点板连接焊缝的长度。下边伸出肢背 $10\sim15$ mm，以便焊接。

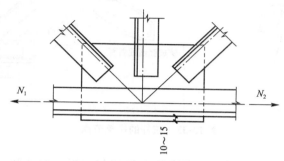

图 13-33　下弦中间节点连接构造

（2）屋架上弦节点。屋架上弦节点如图 13-34 所示，支撑大型屋面板或檩条的屋面上弦中间节点，为放置集中荷载下的水平板或檩条，可采用节点板不向上伸出、部分向上伸出或全部伸出的做法。

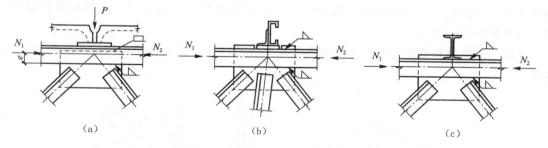

图 13-34　上弦中间节点连接构造

（3）弦杆的拼接节点。屋架弦杆的拼接有工厂拼接和工地拼接。工厂拼接是为了接长型钢而设的接头，宜设在杆力较小的节间；工地拼接是由于运输条件限制而设的安装接头，通常设在节点处，如图 13-35 所示。

弦杆一般用连接角钢拼接。拼接时，通常安装螺栓定位和夹紧所连接的弦杆，然后施焊。连接角钢一般采用与被连弦杆相同的截面（铲去角钢背棱角），为了施焊方便和保证连接焊缝的质量，连接角钢的竖直肢应切去 $\Delta=t+h_f+5$ mm，t 为连接角钢的厚度。

如弦杆肢宽在 130 mm 以上时，应将连接角钢肢斜切，以减少应力集中。根据节点构造需要，连接角钢需要弯成某一角度时，一般采用热弯；如需要弯成较大角度时，则采用先切肢后冷弯对焊的方法。

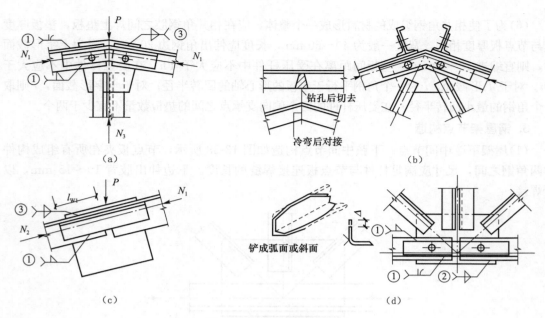

图 13-35　弦杆的拼接节点

（4）支座节点。如图 13-36 所示，支座节点包括节点板、加劲肋、支座底板及锚栓等。加劲肋的作用是加强支座底板刚度，以便均匀传递支座反力并增强支座节点板的侧向刚度。加劲肋要设在支座节点中心处。为了便于节点焊缝施焊，下弦杆和支座底板间应留有一定距离 h，h 不小于下弦肢的宽度，也不小于 130 mm，锚栓预埋于钢筋混凝土柱中（或混凝土垫块中），直径一般取 $20\sim25$ mm；底板上的锚栓孔直径一般为锚栓的 $2\sim2.5$ 倍，可开成圆孔或开口椭圆孔，以便安装时调整位置。当屋架调整到设计位置后，将垫板套住锚栓，然后与底板焊接以固定屋架。

支座节点的计算包括底板计算、加劲肋及其焊缝计算、节点板和加劲肋与底板焊缝计算等。

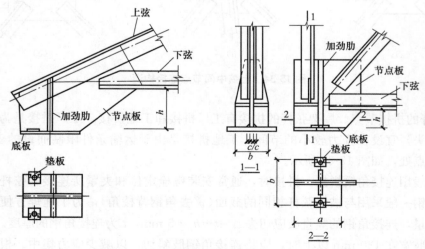

图 13-36　支座节点

验算钢屋架的受压腹杆，如图 13-37 所示。$N=160$ kN，计算长度 $l_{0x}=2\,291$ mm，$l_{0y}=2\,864$ mm，$A=1\,473.4$ mm²，$i_x=23.3$ mm，$i_y=33.7$ mm，钢材为 Q235 钢。

【解】 对于轴心受压杆，稳定条件满足，强度条件必满足，不必验算强度条件。

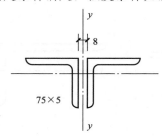

图 13-37　钢屋架受压腹杆

(1)长细比验算。

因 $b/t=75/5=15<0.58l_{0y}/b=0.58\times2\,864/75=22.15$，故

$$\lambda_{yz}=\lambda_y\left(1+\frac{0.475b^4}{l_{0y}^2 t^2}\right)=\frac{2\,864}{33.7}\times\left(1+\frac{0.475\times75^4}{2\,864^2\times5^2}\right)=91.2<[\lambda]=150$$

满足长细比要求。

(2)稳定性验算。

由表 13-11 查得该截面为 b 类，则由最大长细比 $\lambda=91.2$，按 b 类截面查表 13-13 得 $\phi=0.613$

$$\frac{N}{\phi A}=\frac{160\times10^3}{0.613\times1\,473.4}=177(\text{N/mm}^2)<f=215\ \text{N/mm}^2$$

满足稳定性要求。

一、填空题

1. 常用屋架的形式有＿＿＿＿＿屋架、＿＿＿＿＿＿及＿＿＿＿＿＿等。

2. 计算屋架杆件的内力时，假定屋架所有杆件都位于＿＿＿＿＿＿，且杆件重心汇交于＿＿＿＿＿＿，所有荷载均作用在＿＿＿＿＿＿上，各节点均为＿＿＿＿＿＿，即理想平面桁架假定。

3. 根据支撑布置位置的不同，将屋盖支撑分为＿＿＿＿＿＿支撑、＿＿＿＿＿＿支撑、＿＿＿＿＿＿支撑、＿＿＿＿＿＿支撑和＿＿＿＿＿＿五种。

4. 为了防止杆件在运输和安装时产生弯扭和损坏，角钢的最小尺寸不应小于＿＿＿＿＿＿或＿＿＿＿＿＿，用十字形截面的角钢应不小于＿＿＿＿＿＿。

二、简答题

1. 钢屋架有哪些基本形式？各有什么特点？

2. 钢屋盖支撑有哪几种？各有什么作用？

三、实践题

1. 计算图 13-38 所示截面轴心受压拉杆的最大承载力设计值和最大容许计算长度。钢材为 Q235，容许长细比为 350。

2. 某屋架上弦杆，承受的轴心压力设计值为 $N=800$ kN，截面形式如图 13-39 所示，截面无削弱，计算长度 $l_{0x}=150.8$ cm，$l_{0y}=301.6$ cm，试对其进行整体稳定性计算。

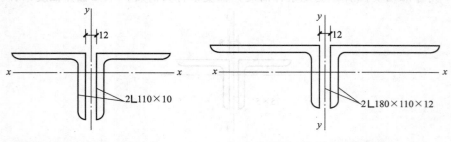

图 13-38 轴心受压拉杆   图 13-39 屋架上弦杆

3. 某焊接工字形简支梁，荷载及截面情况如图 13-40 所示，其荷载分项系数为 1.4，钢材为 Q235－F，$F=250$ kN，集中力位置处设置侧向支撑并设支撑加劲肋。试验算其强度、整体稳定是否满足要求？

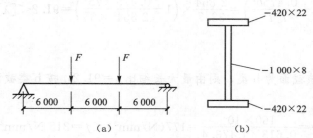

图 13-40 焊接工字形简支梁

📁 ➤ **课外学习指要**

《钢结构设计规范》(GB 50017—2003)；

《钢结构工程施工质量验收规范》(GB 50205—2001)。

项目十四　建筑结构施工图的识读

任务一　钢筋混凝土结构施工图的识读

任务描述

　　随着国民经济的发展和建筑设计标准化的提高，各设计单位采用了一些简便的图示方法，如钢筋混凝土结构平面整体表示法的表达方式（简称平法）。目前现浇钢筋混凝土框架、剪力墙、板、楼梯、独立基础、条形基础、筏形基础及桩基承台都可采用平法标注，本任务仅学习识读钢筋混凝土柱、梁平法施工图的识读。

识读钢筋混凝土构件详图需了解钢筋混凝土的基本知识，钢筋代号、钢筋常用图例、钢筋画法等知识。识读钢筋混凝土柱、梁平法施工图，需了解其制图规则，熟悉各符号的含义。

相关知识

一、结构施工图的基本知识

1. 结构施工图的形成和作用

结构施工图是根据建筑的要求，经过结构造型、构件布置及力学计算，确定建筑各承重构件(如图 14-1 所示基础、梁、板、柱等)的材料、形状、大小和内部构造等，并把这些设计结果绘制成图样，用以指导施工，这样的图样称为结构施工图，简称"结施"。它是施工定位、放线、支模板、绑扎钢筋、设置预埋件、浇筑混凝土、安装梁、板、柱和编制预算等的重要依据。

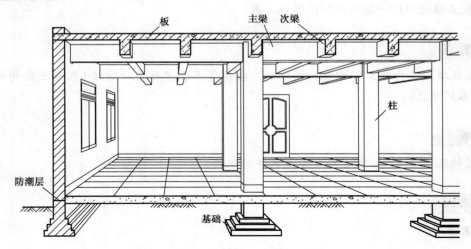

图 14-1 钢筋混凝土结构示意图

2. 结构施工图的组成

(1)结构设计说明。结构设计说明包括设计的依据，建筑结构安全等级和设计使用年限，自然条件(如地基情况、风雪荷载、抗震情况等)，工程简况，主要结构材料情况、结构构造和设计施工要求，地基基础的设计类型与设计等级，图纸目录和标准图统计表等。

(2)结构平面布置图。结构平面布置图是表达建筑结构构件的位置、数量、型号及相互关系，与建筑平面图一样属于全局性的图纸，包括基础平面图、楼层结构平面图和屋顶结构平面布置图、柱网平面图等。

(3)结构构件详图。结构构件详图是表达结构构件的形状、大小、材料和具体做法，如梁、板、柱、基础、楼梯等详图。

3. 结构施工图的有关规定

在绘制结构施工图时既要满足《房屋建筑制图统一标准》(GB/T 50001—2010)的规定，还应遵照《建筑结构制图标准》(GB/T 50105—2010)的相关要求。

(1)构件的名称应用代号表示，代号后应用阿拉伯数字标注该构件的型号或编号，也可为构件的顺序号，构件的顺序号采用不带角标的阿拉伯数字连续编排，常用的构件代号见表 14-1。

表 14-1　常用构件代号

名称	代号	名称	代号	名称	代号
板	B	圈梁	QL	承台	CT
屋面板	WB	过梁	GL	设备基础	SJ
空心板	KB	连系梁	LL	桩	ZH
槽形板	CB	基础梁	JL	挡土墙	DQ
折板	ZB	楼梯梁	TL	地沟	DG
密肋板	MB	框架梁	KL	柱间支撑	ZC
楼梯板	TB	框支梁	KZL	垂直支撑	CC
盖板或沟盖板	GB	屋面框架梁	WKL	水平支撑	SC
挡雨板或檐口板	YB	檩条	LT	梯	T
吊车安全走道板	DB	屋架	WJ	雨篷	YP
墙板	QB	托架	TJ	阳台	YT
天沟板	TGB	天窗架	CJ	梁垫	LD
梁	L	框架	KJ	预埋件	M—
屋面梁	WL	刚架	GJ	天窗端壁	TD
吊车梁	DL	支架	ZJ	钢筋网	W
单轨吊车梁	DDL	柱	Z	钢筋骨架	G
轨道连接	DGL	框架柱	KZ	基础	J
车挡	CD	构造柱	GZ	暗柱	AZ

注：1. 预制钢筋混凝土构件、现浇钢筋混凝土构件、钢构件和木构件，一般可直接采用本表中的构件代号。在绘图中，当需要区别上述构件的材料种类时，可在构件代号前加注材料代号，并在图纸中加以说明。
　　2. 预应力钢筋混凝土构件的代号，应在构件代号前加注"Y—"，如 Y—DL，表示预应力钢筋混凝土吊车梁。

(2)钢筋的一般表示方法按表 14-2 的规定。

表 14-2　钢筋的画法

序号	说　明	图　例
1	在结构楼板中配置双层钢筋时，底层钢筋弯钩应向上或向左，顶层钢筋则向下或向右	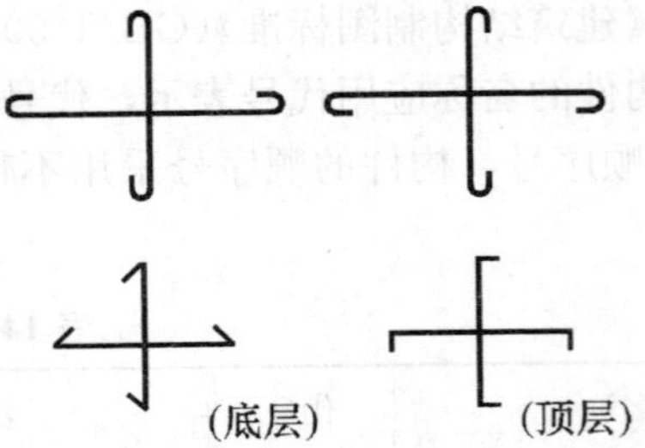 (底层)　　(顶层)
2	钢筋混凝土墙体配双层钢筋时，在配筋立面图中，远面钢筋的弯钩应向上或向左，而近面钢筋则向下或向右(JM—近面，YM—远面)	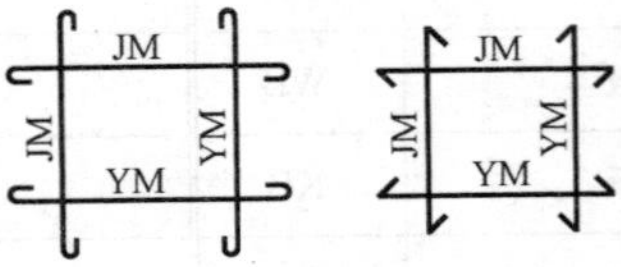 JM JM YM YM
3	如在断面图中不能表示清楚钢筋布置，应在断面图外面增加钢筋大样图(如钢筋混凝土墙、楼梯等)	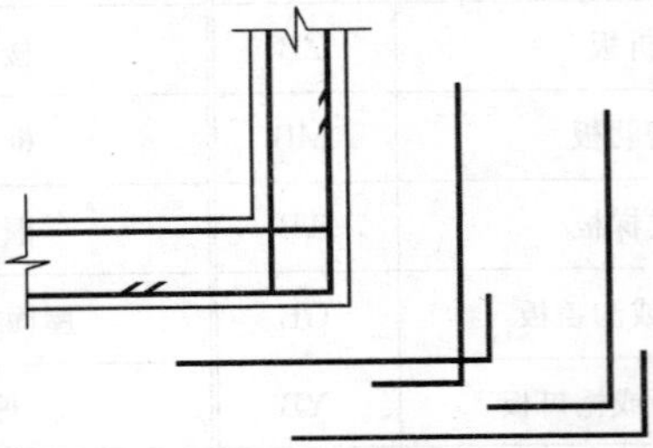
4	图中所示的箍筋、环筋，如布置复杂，应加画钢筋大样及说明	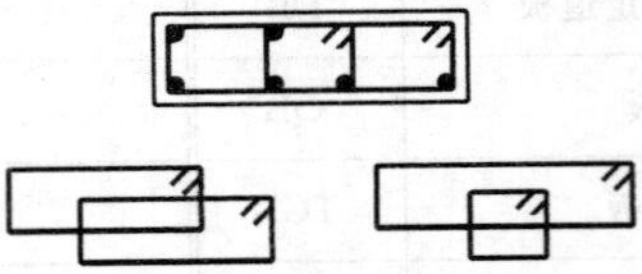
5	每组相同的钢筋、箍筋或环筋，可以用一根粗实线表示，同时用一两端带斜短画线的横穿细线，表示其余钢筋的起止范围	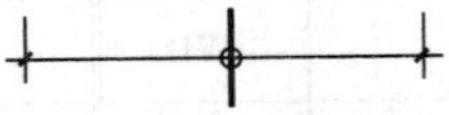

二、钢筋混凝土结构图的有关知识

1. 钢筋混凝土的概念

混凝土是由水泥、砂、石子和水按一定比例混合，经搅拌、浇筑、凝固和养护而制成的人工石料。用混凝土制作的构件称为混凝土构件，其特点是抗压能力强，抗拉能力较低，因受拉而断裂。由于钢筋的抗拉能力较强，因此，为了提高混凝土构件的承载能力，常在其受拉区配置一定数量的钢筋，来共同承受荷载。这种由混凝土和钢筋两种材料构成的整体构件称为钢筋混凝土构件。

2. 混凝土与钢筋的等级

(1)混凝土的等级。混凝土按其抗压强度划分等级，一般有 C15、C20、C25、C30、C35、C40、C45、C50、C55、C60、C65、C70、C75、C80 十四个等级，数字越大，表示混凝土抗压强度越高。C20 表示混凝土的标准抗压强度为 20 MPa，即 20 N/mm²。

(2)常用钢筋强度等级。钢筋按其强度和品种分成不同的等级，并用不同的符号表示，钢筋混凝土结构中常用钢筋代号及强度标准值见表 14-3。

表 14-3　钢筋代号及强度标准值

种类		强度等级	符号	强度标准值 $f_{yk}/\text{N/mm}^{-2}$
热轧钢筋	HPB300	I	Φ	300
	HRB335	II	Φ	335
	HRB400	III	Φ	400
	RRB400	III	Φ^R	400

3. 钢筋的标注

构件中钢筋(或钢丝束)的标注应包括钢筋的编号、数量或间距、级别、直径及所在位置，通常应沿钢筋的长度标注或标注在有关钢筋的引出线上。标注方法有以下两种。

(1)标注钢筋的级别、根数和直径。

〔示例〕2Φ20——分别表示钢筋根数(2 根)、HPB300 级钢筋直径、钢筋直径(20 mm)。

(2)标注钢筋级别、直径和相邻钢筋中心距离。

〔示例〕Φ8@100——分别表示 HPB300 级钢筋直径符号、钢筋直径(8 mm)、相等中心距离符号、相邻钢筋中心距(≤100 mm)。

4. 钢筋的种类和作用

按钢筋在构件中所起的作用不同，如图 14-2 所示，一般可分为下列几种：

(1)受力筋。受力筋是指承受拉力、压力或扭矩的主要受力钢筋，也称纵筋或主筋，承受拉力的钢筋称为受拉筋；承受压力的钢筋称为受压筋；承受扭矩的钢筋称为抗扭钢筋。

(2)架立筋。架立筋一般用于梁内，固定箍筋位置，并与受力筋一起构成钢筋骨架。架立筋是按构造配置的。

(3)箍筋。箍筋用来固定纵向受力钢筋的位置，承受剪力或扭矩的钢筋，一般与受力筋垂直。

(4)分布筋。分布筋一般用于单向板、剪力墙中，并与受力筋垂直布置，与板、墙内受力筋一起构成钢筋骨架而配置的钢筋。

(5)构造筋。构造筋是指因构造要求或施工安装需要而配置的钢筋。如腰筋、预埋件的锚固筋等。

各种钢筋的形式及在梁、板、柱中的位置及形状如图 14-2 所示。

5. 保护层

为了防止钢筋锈蚀和保证钢筋与混凝土之间的粘结力，需在最外层钢筋的外缘至构件表面之间留置一定厚度的混凝土，称为保护层。一般梁、柱保护层厚度为 20~25 mm，板保护层厚度为 15~20 mm，保护层厚度在图上一般不需标注。各种构件混凝土保护层厚度的具体要求可参见《混凝土结构设计规范(2015 年版)》(GB 50010—2010)。

6. 钢筋的弯钩

为了增加钢筋与混凝土之间的粘结力，表面光圆的钢筋两端需要做弯钩，如图 14-3 所示。

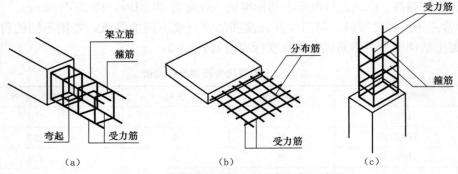

图 14-2　钢筋混凝土梁、板、柱配筋示意图

(a)钢筋混凝土梁；(b)钢筋混凝土板；(c)钢筋混凝土柱

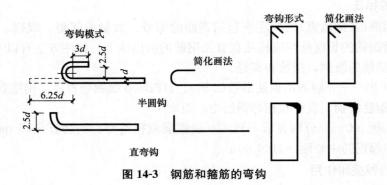

图 14-3　钢筋和箍筋的弯钩

7. 钢筋的一般表示方法

钢筋的一般表示方法见表 14-4。

表 14-4　钢筋的一般表示方法

名　　称	图　　例	说　　明
一般钢筋		
钢筋横断面	●	
无弯钩的钢筋端部		表示长、短钢筋投影重叠时，可在短钢筋的端部用 45°短画线表示
无弯钩的钢筋搭接		
带半圆形弯钩的钢筋端部		
带半圆弯钩的钢筋搭接		
带直钩的钢筋端部		
带直钩的钢筋搭接		
花篮螺丝钢筋接头		
机械连接的钢筋接头		用文字说明机械连接的方式(如冷挤压或直螺纹等)
预应力钢筋		
预应力钢筋断面	+	

名　称	图　例	说　明
后张法预应力钢筋断面 无粘结预应力钢筋断面	⊕	
预应力钢筋或钢绞线	——··——··——	

三、钢筋混凝土框架结构土柱、梁平法施工图的识读

钢筋混凝土结构平面整体表示法(简称平法)的表达方式,概括来讲,是把结构构件的尺寸和配筋等,按照平面整体表示方法制图规则,整体直接表达在各类构件的结构平面布置图上,再与标准构造详图相配合,即构成一套新型完整的结构设计。它改变了传统的那种将构件从结构平面图中索引出来,再逐个绘制配筋详图的烦琐方法。

(一)钢筋混凝土柱平法施工图图示内容

柱平法施工图是在柱平面布置图上,采用截面注写方式或列表注写方式,只表示柱的截面尺寸和配筋等具体情况的平面图。

1. 列表注写方式

列表注写方式是在柱平面布置图上,分别在同一编号的柱中,选择一个或几个截面标注与轴线关系、几何参数代号,通过列表注写柱号、柱段起止标高、几何尺寸(包括柱截面对轴线的偏心情况)与配筋具体数值,并配以各种柱截面形状及其箍筋类型图说明箍筋形式的方式,如图 14-6 所示。

(1)柱编号。柱编号由类型代号和序号组成,并应符合表 14-5 的规定。

表 14-5　柱编号

柱 类 型	代 号	序 号
框架柱	KZ	××
转换柱	ZHZ	××
芯柱	XZ	××
梁上柱	LZ	××
剪力墙上柱	QZ	××

(2)各段柱的起止标高,自柱根部往上以变截面位置或截面未变但配筋改变处为界分段注写。

(3)柱截面尺寸及其与定位轴线的关系。对于矩形柱,注写柱截面尺寸 $b \times h$ 及与轴线关系的几何参数代号 b_1、b_2 和 h_1、h_2 的具体数值。其中,$b = b_1 + b_2$,$h = h_1 + h_2$。对于圆柱,表中 $b \times h$ 一栏改用在圆柱直径数字前加 d 标识。为表达简单,圆柱截面与轴线关系也用 b_1、b_2 和 h_1、h_2 表示,并使 $d = b_1 + b_2 = h_1 + h_2$。

(4)柱纵筋。当柱纵筋直径相同,各边根数也相同时,将纵筋写在"全部纵筋"一栏中;除此之外,柱纵筋分角筋、截面 b 边中部筋和 h 边中部筋三项分别注写(采用对称配筋的可仅注写一侧中部钢筋,对称边省略不写)。当为圆柱时,表中角筋一栏注写全部纵筋。

(5)箍筋类型号及箍筋肢数,如图 14-6 所示。

(6)柱箍筋,包括钢筋级别与间距。用斜线"/"区分柱端箍筋加密区与柱身非加密区长度范围内箍筋的不同间距。当箍筋沿柱全高为一种间距时,则不使用"/"线,如图 14-4 所示。

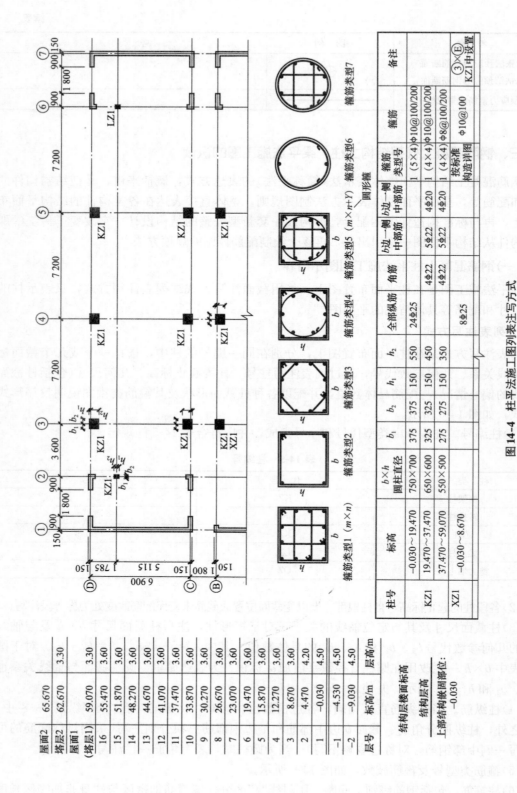

图 14-4 柱平法施工图列表注写方式

柱号	标高	b×h 圆柱直径	b_1	b_2	h_1	h_2	全部纵筋	角筋	b边一侧中部筋	h边一侧中部筋	箍筋类型号	箍筋	备注
KZ1	−0.030～19.470	750×700	375	375	150	550	24Φ25				1 (5×4)	Φ10@100/200	
	19.470～37.470	650×600	325	325	150	450		4Φ22	5Φ22	4Φ20	1 (4×4)	Φ10@100/200	
	37.470～59.070	550×500	275	275	150	350		4Φ22	5Φ22	4Φ20	1 (4×4)	Φ8@100/200	
XZ1	−0.030～8.670						8Φ25				按标准构造详图	Φ10@100	③×Ⓔ KZ1中设置

		层高/m
屋面2	65.670	3.30
塔层2	62.670	3.30
屋面1 (塔层1)	59.070	3.60
16	55.470	3.60
15	51.870	3.60
14	48.270	3.60
13	44.670	3.60
12	41.070	3.60
11	37.470	3.60
10	33.870	3.60
9	30.270	3.60
8	26.670	3.60
7	23.070	3.60
6	19.470	3.60
5	15.870	3.60
4	12.270	3.60
3	8.670	4.20
2	4.470	4.50
1	−0.030	4.50
−1	−4.530	4.50
−2	−9.030	4.50
层号	标高/m	层高/m

结构层楼面标高
结构层高
上部结构嵌固部位:
−0.030

[示例]φ10@100/200，表示箍筋为 HPB300 级钢筋，直径为 10 mm，加密区间距为 100 mm，非加密区间距为 200 mm。

[示例]φ10@100，表示箍筋为 HPB300 级钢筋，直径为 10 mm，沿柱全高加密，间距为 100mm。

[示例]Lφ10@100/200，表示采用螺旋箍筋，HPB300 级钢筋，直径为 10 mm，加密区间距为 100 mm，非加密区间距为 200 mm。

2. 截面注写方式

截面注写方式，是在分标准层绘制的柱平面布置图的柱截面上，分别在同一编号的柱中选择一个截面，以直接注写截面尺寸和配筋具体数值的方式来表达柱平法施工图。

从相同编号的柱中选择一个截面，按另一种比例放大绘制柱截面配筋图，并在各配筋图上继其编号后再注写截面尺寸 $b \times h$、角筋或全部纵筋(当纵筋采用一种直径且能够图示清楚时)、箍筋的具体数值，以及在柱截面配筋图上标注柱截面与轴线关系 b_1、b_2、h_1、h_2 的具体数值，如图 14-5 所示。

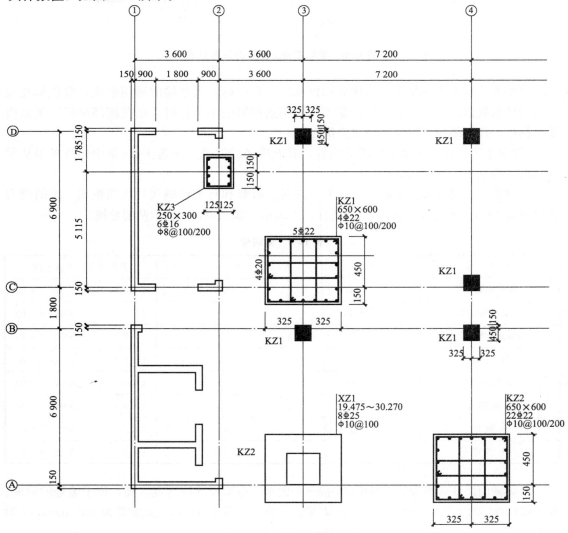

图 14-5 柱平法截面注写方式

(二)梁平法施工图的图示内容

梁平法施工图是在梁平面布置图上采用平面注写方式或截面注写方式表达。

1. 平面注写方式

平面注写方式是在梁平面布置图上，分别在不同编号的梁中选一根梁，在其上注写截面尺寸的配筋具体数字的方式来表达梁平法施工图，如图 14-6 所示。

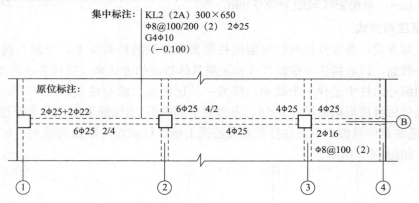

图 14-6 梁平法施工图平面注写方式

梁平面注写方式包括集中标注和原位标注。集中标注表达梁的通用数值，原位标注表达梁的特殊数值。当集中标注中的某项数值不适用梁的某部位时，则在该部位将该项数值原位标注。在图纸中，原位标注取值优先。

(1)梁集中标注。梁集中标注的内容，有五项必注值及一项选注值(集中标注可以从梁的任意一跨引出)，规定如下：

1)梁编号。梁编号由梁的类型代号、序号、跨数和有无悬挑代号几项组成。梁的类型代号见表 14-6。悬挑代号有 A 和 B 两种，A 表示一端悬挑，B 表示两端悬挑。

表 14-6 梁编号

梁 类 型	代 号	序 号	跨数及是否带有悬挑
楼层框架梁	KL	××	(××)、(××A)或(××B)
楼层框架扁梁	KBL	××	(××)、(××A)或(××B)
屋面框架梁	WKL	××	(××)、(××A)或(××B)
框 支 梁	KZL	××	(××)、(××A)或(××B)
拖柱转换梁	TZL	××	(××)、(××A)或(××B)
非框架梁	L	××	(××)、(××A)或(××B)
悬 挑 梁	XL	××	(××)、(××A)或(××B)
井 字 梁	JZL	××	(××)、(××A)或(××B)

2)梁截面尺寸。当为等截面梁时用 $b \times h$ 表示。截面尺寸注写宽×高，位于编号的后面。如 KL7(5A)300×700 表示第 7 号框架梁，5 跨，一端有悬挑，截面宽为 300 mm，高为 700 mm。

3)梁箍筋，包括钢筋级别、直径、加密区与非加密区间距及肢数。加密区与非加密区的不同间距及肢数用斜线"/"分隔；当梁箍筋为同一种间距及肢数时，则不需要用斜线；当加密区与非加密区的箍筋肢数相同时，则将肢数注写一次；箍筋肢数应注写在括号内。

［示例］φ10@100/200(4)，表示箍筋为 HPB300 级钢筋，直径为 10 mm，加密区间距为 100 mm，非加密区间距为 200 mm，均为四肢箍。

［示例］φ8@100(4)/150(2)，表示箍筋为 HPB300 级钢筋，直径为 8 mm，加密区间距为 100 mm，四肢箍；非加密区间距为 150 mm，双肢箍。

当抗震结构中的非框架梁、悬挑梁、井字梁，以及非抗震结构中的各类梁采用不同的箍筋间距及肢数时，也用斜线"/"将其分隔开来。注写时，先注写梁支座端部的箍筋（包括箍筋的箍数、钢筋级别、直径、间距与肢数），在斜线后注写梁跨中部分的箍筋间距及肢数。

［示例］18φ12@150(4)/200(2)，表示箍筋为 HPB300 级钢筋，直径为 12 mm，梁的两端各有 18 个四肢箍，间距为 150 mm；梁跨中部分，间距为 200 mm，双肢箍。

4)梁上部通长筋或架立筋配置。所注规格与根数应根据结构受力要求及箍筋肢数等构造要求而定。当同排纵筋中既有通长筋又有架立筋时，应用"＋"将通长筋和架立筋相联。注写时须将角部纵筋写在加号的前面，架立筋写在加号后面的括号内，以示不同直径及与通长筋的区别。当全部采用架立筋时，则将其写入括号内。

［示例］2φ22 用于双肢箍；2φ22＋(4φ12)，表示梁上部角部通长筋为 2φ22，4φ12 为架立筋。

当梁的上部纵筋和下部纵筋为全跨相同，且多数跨配筋相同时，此项可加注下部纵筋的配筋值，用分号";"将上部与下部纵筋的配筋值分隔开来，少数跨不同者，按平面注写方式的规定进行处理。

［示例］3φ22；3φ20，表示梁的上部配置 3φ22 的通长筋，梁的下部配置 3φ20 的通长筋。

5)梁侧面纵向构造钢筋或受扭钢筋配置。当梁腹板高度 $h_w \geqslant 450$ mm 时，须配置纵向构造钢筋，所注规格与根数应符合规范规定。此项注写值以大写字母 G 打头，接续注写设置在梁两个侧面的总配筋值，且对称配置。

［示例］G4φ12，表示梁的两个侧面共配置 4 根直径为 12 mm 的 HPB300 级纵向构造钢筋，每侧各配置 2φ12。

当梁侧面需配置受扭纵向钢筋时，此项注写值以大写字母 N 打头，接续注写配置在梁两个侧面的总配筋值，且对称配置。

［示例］N6φ22，表示梁的两个侧面共配置 6φ22 的受扭纵向钢筋，每侧共配置 3φ22。

6)梁顶面标高高差。其是指相对于结构层楼面标高的高差值。有高差时，必将其写入括号内，无高差时不注。当某梁的顶面高于所在结构层的楼面时，其标高高差为正值，反之为负值。

［示例］某结构层的楼面标高为 44.950 m 和 48.250 m，当某梁的梁顶面标高高差注写为(－0.050)时，即表明该梁顶面标高分别相对于 44.950 m 和 48.250 m，低 0.050 m。

以上六项中，前五项为必注值，第六项为选注值。

2. 梁原位标注

梁原位标注的内容规定如下：

（1）梁支座上部纵筋。梁支座上部纵筋含通长筋在内的所有纵筋。

1）当上部纵筋多于一排时，用斜线"/"将各排纵筋自上而下分开。

［示例］梁支座上部纵筋注写为 6Φ25 4/2，则表示上一排纵筋为 4Φ25，下一排纵筋为 2Φ25。

2）当同排纵筋有两种直径时，用加号"＋"将两种直径相连，注写时将角部纵筋写在前面。

［示例］梁支座上部纵筋注写为 2Φ25＋2Φ22，表示梁支座上部有四根纵筋，2Φ25 放在角部，2Φ22 放在中部。

3）当梁中间支座两边的上部纵筋不同时，须在支座两边分别标注；当梁中间支座两边的上部纵筋相同时，可仅在支座的一边标注配筋值，另一边省去标注。

（2）梁下部纵筋。

1）当下部纵筋多于一排时，用斜线"/"将各排纵筋自上而下分开。

［示例］梁下部纵筋注写为 6Φ25 2/4，则表示上一排纵筋为 2Φ25，下一排纵筋为 4Φ25，全部伸入支座。

2）当同排纵筋有两种直径时，用加号"＋"将两种直径的纵筋相连，注写时角筋写在前面。

3）当梁下部纵筋不全部伸入支座时，将梁支座下部纵筋减少的数量写在括号内。

［示例］梁下部纵筋注写为 6Φ25 2（－2）/4，则表示上一排纵筋为 2Φ25，且不伸入支座；下一排纵筋为 4Φ25，全部伸入支座。

4）当在梁的集中标注中，已按规定注写了梁上部和下部均为通长的纵筋值时，则不需在梁下部重复做原位标注。

（3）当在梁上集中标注的内容不适用于某跨或某悬挑部分时，则将其不同数值原位标注在该跨或该悬挑部位，施工时应按原位标注数值取用。

（4）附加箍筋或吊筋。附加箍筋和吊筋可直接画在平面图中的主梁上，用线引注总配筋值，如图 14-7 所示。当多数附加箍筋或吊筋相同时，可在梁平法施工图上统一注明，少数与统一注明值不同时，在原位引注。

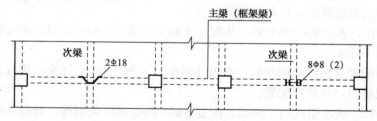

图 14-7 附加箍筋和吊筋的画法示例

3. 截面注写法

在分标准层绘制的梁平面布置图上，分别在不同编号的梁中选择一根梁用剖面号引出配筋图，并在其上注写截面尺寸和配筋具体数值的方式来表达梁平法施工图，如图 14-8 所示。在截面配筋详图上注写截面尺寸 $b×h$，注写上部筋、下部筋、侧面构造筋或受扭筋，以及箍筋的具体数值时，其表达形式与平面注写方式相同。

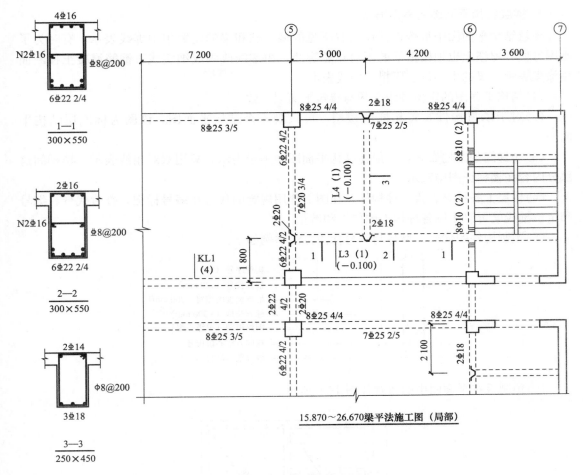

图 14-8 梁平法截面注写方式

四、楼层结构平面图识读

(一)楼层结构平面图的基本知识

1. 楼层结构平面图的形成和作用

做一假想的水平剖切平面在所要表明的结构层的上表面处水平剖开，向下作正投影而得的水平投影图，即为楼层结构平面布置图。它表示该层的梁、板及下一层的门窗过梁、圈梁等构件的布置情况。它是施工时布置和安放各层承重构件的依据。

2. 楼层结构平面图的图示内容

(1)图名和比例。

(2)定位轴线、尺寸标注、标高。

(3)承重墙、柱子(包括构造柱)和梁。

(4)现浇板的位置、编号、配筋、板厚。

(5)如有预制板，标出预制板的规格、数量、等级和布置情况。

3. 楼层结构平面图的表示方法

楼层结构平面图中被楼板挡住而看不见的墙、柱和梁的轮廓用中虚线表示。有时为了画图方便，习惯上也把楼板下的不可见轮廓线，由虚线改画成细实线。钢筋混凝土柱断面用涂黑表示，梁的中心位置用粗点画线表示。

（1）结构平面图的定位轴线必须与建筑平面图一致。

（2）对于承重构件布置相同的楼层，可只画一个结构平面图，该图为标准层结构平面图。

（3）楼梯间的结构布置，一般在结构平面图中不予表示，只用双对角线表示，楼梯间这部分内容在楼梯详图中表示。

（4）楼层上各种梁、板、柱构件，在图上都用规定的代号和编号标记，查看代号、编号和定位轴线就可以了解各种构件的位置和数量。

（5）预制构件的代号、型号与编号标注方法举例如下：

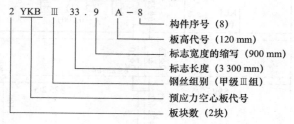

（6）预制板在平面图中的布置如图 14-9 所示。

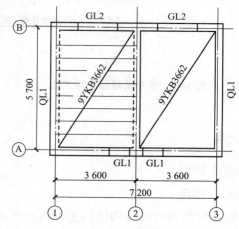

图 14-9　预制板的表达方式

（7）现浇板的平面图主要画板的配筋详图，如图 14-10 所示。表示出受力筋、分布筋和其他构造钢筋的配置情况，并注明编号、规格、直径、间距等。每种规格的钢筋只画出一根，按其形状画在相应位置上。配筋相同的楼板，只需将其中一块板的配筋画出，其余各块分别在该楼板范围内画一对角线，并注明相同板号。

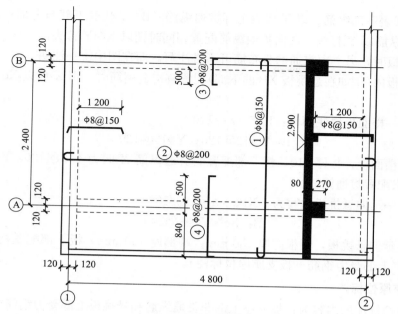

图 14-10 现浇板表达示意

（二）有梁楼盖平法施工图的表示方法

有梁楼盖板平法施工图，是在楼板面和屋面板布置图上，采用平面注写的表达方式。板平面注写主要包括板块集中标注和板支座原位标注。

为方便设计表达和施工识图，标准设计图集规定结构平面的坐标方向为：

（1）当两向轴网正交布置时，图面从左至右为 X 向，从下至上为 Y 向。

（2）当轴网转折时，局部坐标方向顺轴网转折角度做相应转折。

（3）当轴网向心布置时，切向为 X 向，径向为 Y 向。

1. 板块集中标注

板块集中标注的内容为：板块编号，板厚，上部贯通纵筋，下部纵筋，以及当板面标高不同时的标高高差。板的类型代号见表 14-7。

表 14-7 板块编号

板类型	代号	序号
楼面板	LB	××
屋面板	WB	××
悬挑板	XB	××

（1）对于普通楼面，两向均以一跨为一板块；对于密肋楼盖，两向主梁（框架梁）均以一跨为一板块（非主梁密肋不计）。所有板块应逐一编号，相同编号的板块可择其一做集中标注，其他仅注写置于圆圈内的板编号，以及当板面标高不同时的标高高差。

（2）板厚注写为 $h=\times\times\times$（为垂直于板面的厚度）；当悬挑板的端部改变截面厚度时，用斜线分隔根部与端部的高度值，注写 $h=\times\times\times/\times\times\times$，当设计已在图注中统一注明板厚时，此项可不注。

（3）纵筋按板块的下部纵筋和上部贯通纵筋分别注写（当板块上部不设贯通纵筋时则不

注），并以 B 代表下部纵筋，以 T 代表上部贯通纵筋，B&T 代表下部与上部；X 向纵筋以 X 打头，Y 向纵筋以 Y 打头，两向贯通纵筋配置相同时则以 X&Y 打头。

当为单向板时，另一向贯通的分布筋可不必注写，而在图中统一注明。

当在某些板内（例如在悬挑板 XB 的下部）配置有构造钢筋时，则 X 向以 Xc，Y 向以 Yc 打头注写。

［示例］有一楼面板块注写为：LB5　$h=110$
B：XΦ12@120；YΦ12@120

表示 5 号楼面板，板厚 110，板下部配置的贯通纵筋 X 向为 Φ12@120，Y 向为 Φ12@120；板上部未配置贯通钢筋。

［示例］有一延伸悬挑板注写为：XB2　$h=150/100$
B：Xc&YcΦ8@200

表示 2 号延伸悬挑板，板根部厚 150 mm，端部厚 100 mm，板下部配置构造钢筋双向均为 Φ8@200（上部受力钢筋见板支座原位标注）。

2. 板支座原位标注

板支座原位标注的内容为：板支座上部非贯通纵筋和悬挑板上部受力钢筋。

板支座原位标注的钢筋，应在配置相同跨的第一跨表达（当在梁悬挑部位单独配置时则在原位表达）。在配置相同跨的第一跨（或梁悬挑部位），垂直于板支座（梁或墙）绘制一段适宜长度的中粗实线（当该筋通长设置在悬挑板或短跨板上部时，实线段应画至对边或贯通短跨），以该线段代表支座上部非贯通纵筋；在线段上方注写钢筋编号（如①、②等）、配筋值、横向连续布置的跨数（注写在号内，且当为一跨时可不注），以及是否横向布置到梁的悬挑端。

［示例］（××）横向布置的跨数，（××A）为横向布置的跨数及一端的悬挑部位，（××B）为横向布置的跨数及两端的悬挑部位。

（1）板上部非贯通筋。板支座上部非贯通筋自支座中线向跨内的延伸长度，注写在线段的下方。

当中间支座上部非贯通纵筋向支座两侧对称延伸时，可仅在支座一侧线段下方标注延伸长度，另一侧不注，如图 14-11(a)所示。

当向支座两侧非对称延伸时，应分别在支座两侧线段下方注写延伸长度，如图 14-11(b)所示。

对线段画至对边贯通全跨或贯通全悬挑长度的上部通长纵筋，贯通全跨或延伸至全悬挑一侧的长度值不注，只注明非贯通筋另一侧的延伸长度值，如图 14-11(c)所示。

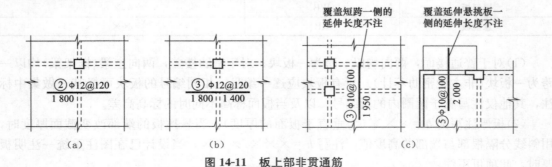

图 14-11　板上部非贯通筋

(a)对称伸出；(b)非对称伸出；(c)贯通全跨或伸出至悬挑端

（2）悬挑板支座非贯通筋。关于悬挑板的注写方式如图 14-12 所示。

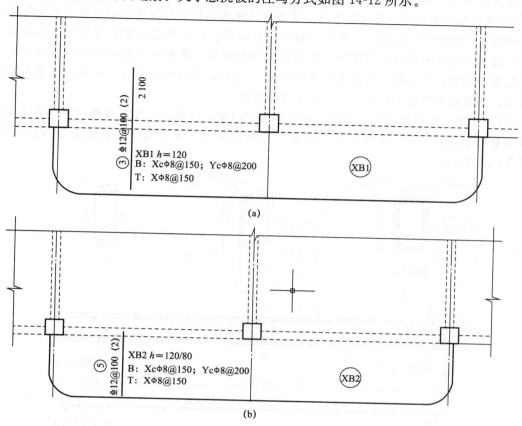

图 14-12　悬挑板支座非贯通筋

图 14-12(a)悬挑板支座非贯通筋注写③⊈12@100(2)和 2100，表示支座上部③号非贯通纵筋为 ⊈2@100，从该跨起沿支承梁连续布置 2 跨，该筋自支座中线向跨内的延伸长度均为 2 100 mm，悬挑板一侧的伸出长度不注；图 14-12(b)悬挑板支座非贯通筋注写⑤⊈12@100(2)，表示支座上部⑤号非贯通纵筋为 ⊈12@100，从该跨起沿支承梁连续布置 2 跨，悬挑板一侧的伸出长度不注。

![拓展提高图标] **拓展提高**

1. 识读某钢筋混凝土梁详图

　　表达钢筋混凝土构件，不仅要用投影表达构件的形状大小，还要表达钢筋本身及其在混凝土中的情况，包括钢筋的品种、直径、形状、位置、长度、数量及间距等。因此，在绘制钢筋混凝土结构图时，应假设混凝土为透明体，使其构件中的钢筋在施工图中可见。钢筋在结构图中长度方向按其投影用单根粗实线表示，钢筋断面用圆黑点表示，构件的外形轮廓线用细实线绘制。钢筋混凝土构件图是加工制作钢筋、现浇混凝土的依据，其图示内容主要包括模板图(可不画)、配筋图、钢筋表。读图时先看图名，再看立面图和断面图，最后看钢筋详图和钢筋表。

(1)模板图。模板图也称为外形图,它是为浇筑构件的混凝土绘制的。其主要表达构件的外形尺寸、预埋件的位置、预留孔洞的大小和位置。对于外形较复杂或预埋件较多的构件,一般要单独画出模板图,以便于模板的制作和安装。模板图的图示方法就是按构件的外形绘制的视图,外形轮廓线用中粗实线绘制。对于外形简单的构件,一般不必单独绘制模板图,只需在配筋图中把构件的尺寸标注清楚即可。

(2)配筋图。配筋图就是钢筋混凝土构件(结构)中的钢筋配置图。主要表示构件内部所配置钢筋的形状、直径、数量和排放位置。梁的配筋图分为立面图、断面图和钢筋详图,如图 14-13 所示。

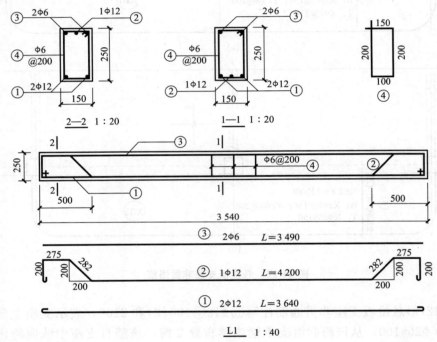

图 14-13 梁的配筋图

图 14-13 梁为矩形断面的现浇梁,断面尺寸为宽 150 mm、高 250 mm、梁长 3 540 mm。梁的配筋情况如下:

1)从断面 1—1 可知梁跨中配筋:下部受力钢筋①筋为两根直径 12 mm 的 HPB300 级钢筋,②筋为一根直径为 12 mm 的 HPB300 级钢筋,在距两端 500 mm 处弯起。

上部架立筋③筋为两根直径为 6 mm 的 HPB300 级钢筋。箍筋④筋采用简化画法,只绘出其中几个,采用直径为 6 mm 的 HPB300 级钢筋,中心距为 200 mm。

2)从断面 2—2 可知梁端部配筋:结合立面图和断面图可知,在端部只是②筋由底部弯折到上部,其余配筋与中部相同。

3)从钢筋详图中可知,每种钢筋的编号、根数、直径、各段设计长度和总尺寸(下料长度)以及弯起角度,以方便下料加工。图中②筋为一弯起钢筋,各段尺寸标注如图 14-13 所示。

(3)钢筋表。为了便于编制施工预算,统计用料,在配筋图中还应列出钢筋表,表内应注明构件代号、构件数量、钢筋编号、钢筋简图、直径、长度、数量、总数量、总长和重量等，见表 14-8。

对于比较简单的构件，可不画钢筋详图，只列钢筋表即可。

此外，从钢筋表可知构件的名称、数量、钢筋规格、钢筋简图、直径、长度、数量、总数量、总长和重量等详细信息，以便于统计用料。

表 14-8　梁 L1 钢筋明细表

构件名称	构件数	编号	规格	简图	单根长度/mm	根数	累计质量/kg
L1	1	1	Φ12		3 640	2	7.41
		2	Φ12		4 204	1	4.45
		3	Φ6		3 490	2	1.55
		4	Φ6		650	18	2.60

2. 识读柱构件详图

钢筋混凝土柱结构详图主要包括立面图和断面图。如果柱的外形变化复杂或有预埋件，则还应增画模板图。

图 14-14 是一现浇钢筋混凝土柱(Z1)的结构详图。该柱从标高为 -0.03 m 起直通顶层标高为 11.100 m 处。柱为长方形断面，长为 300 m、宽为 250 mm，由断面 1—1 可知受力筋是 4 根直径 25 mm 的 HRB335 级钢筋，由断面 2—2 可知受力筋是 4 根直径 20 mm 的 HRB335 级钢筋，断面 3—3 处是 4 根直径 16 mm 的 HRB335 级钢筋，越向上断面所需受力筋面积越小。箍筋用直径为 6 mm 的 HPB300 级钢筋，柱 Z1 上不同位置，箍筋的疏密程度不同，可在 Z1 边上画出一条箍筋分布线明确表示箍筋的分布情况，其中@200 表示箍筋间距为 200 mm，图中标注了箍筋非加密区段具体数值。@100 表示箍筋加密区间距为 100 mm，具体位置及区段数值如图中标注。

3. 柱平法施工图识读步骤与方法

(1)识图步骤。

1)查看图名、比例。

2)核对轴线编号及其间距尺寸是否与建筑图、基础平面图相一致。

3)与建筑图配合，明确各柱的编号、数量及位置。

4)通过结构设计说明或柱的施工说明，明确柱的材料及等级。

5)根据柱的编号，查阅截面标注图或柱表，明确各柱的标高、截面尺寸以及配筋情况。

6)根据抗震等级、设计要求和标准构造详图(在"平法"标准图集中)，确定纵向钢筋和箍筋的构造要求，如纵向钢筋的连接方式、搭接长度、弯折要求、锚固要求、箍筋加密区的范围等。

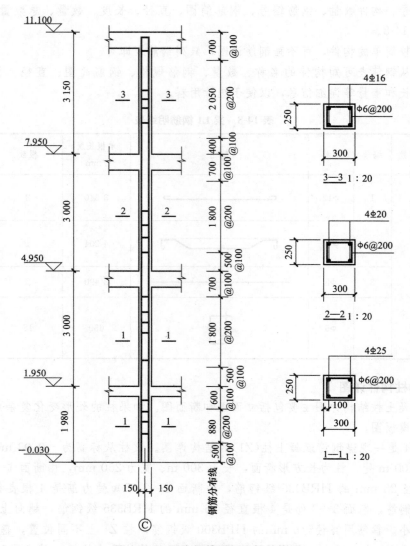

图 14-14 现浇钢筋混凝土柱结构图

(2)柱平法施工图识读，如图 14-15 所示。

图 14-15 所示为标高 2.500 至标高 5.400 柱配筋图，所用比例为 1：100，采用截面注写方式。本图中有 KZ1、KZ2、KZ3、KZ4、KZ5、KZ6、KZ7、KZ8、KZ9 共九种类型柱。KZ1 表示框架柱 1，截面尺寸为 450 mm×450 mm，$b_1 = 250$ mm，$b_2 = 200$ mm，$h_1 = 250$ mm，$h_2 = 200$ mm，图上已标注。KZ1 在标高 2.500～5.400 段所配纵筋中的角筋为 4Φ18，截面 b 边一侧中部筋 1Φ18 和 h 边一侧中部筋 1Φ18。KZ1 框架柱箍筋类型号为 1(3×3)，箍筋均为 Φ8@100/200，表示箍筋为 HPB300 级钢筋，直径 Φ8，加密区间距为 100 mm，非加密区间距为 250 mm。其他柱的识读方法同 KZ1。

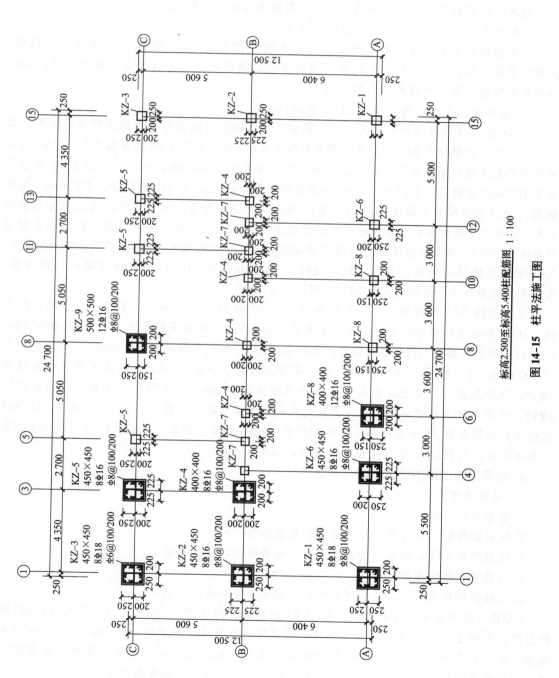

标高2.500至标高5.400柱配筋图 1：100

图14-15 柱平法施工图

4. 梁平法施工图的识读步骤与方法

(1)识读步骤。

1)查看图名、比例。

2)核对轴线编号及其间距尺寸是否与建筑图、基础平面图、柱平面图相一致。

3)与建筑图配合，明确各梁的编号、数量及位置。

4)通过结构设计说明或梁的施工说明，明确梁的材料及等级。

5)明确各梁的标高、截面尺寸及配筋情况。

6)根据抗震等级、设计要求和标准构造详图(在"平法"标准图集中)，确定纵向钢筋、箍筋和吊筋的构造要求，如纵向钢筋的连接方式、搭接长度、弯折要求、锚固要求，箍筋加密区的范围，附加箍筋和吊筋的构造等。

(2)梁平法施工图识读，如图 14-16 所示。

图 14-16 为采用平面注写方式的梁平法施工图。以⑧轴的框架梁为例说明梁配筋图的识读。集中标注的部分中 KL6(2A)表示第 6 号框架梁，2 跨，单面悬挑(在⑪轴外侧)；250×550表示矩形截面梁，梁截面宽度 b 为 250 mm，截面高度 h 为 550 mm；φ8@100/200(2)，表示箍筋为 HPB300 级钢筋，直径为 8 mm，加密区间距为 100 mm，非加密区间距为 200 mm，为两肢箍。2⻌18 表示梁的上部通长纵筋(角筋)。该梁采用原位标注的部分说明：该梁 A 轴支座处左右、B 轴支座处左右的上部钢筋采用原位标注均为 4⻌18，C 轴支座处左侧上部钢筋采用原位标注为 3⻌18，这些原位标注的钢筋中有 2⻌18 是梁的上部通长纵筋(角筋)，其余不通长。A～B 轴之间跨梁的下部钢筋为 2⻌16+2⻌14，都伸入支座。B～C 轴之间跨梁的下部钢筋、A 轴外悬挑部分下部钢筋均为 3⻌16，都伸入支座。

说明③轴 KL2 梁配筋图。集中标注的部分中 KL2(1)表示第 2 号框架梁，1 跨，无悬挑；300×600 表示矩形截面梁，截面宽度 b 为 300 mm，截面高度 h 为 600 mm；φ8@100/200(2)，表示箍筋为 HPB300 级钢筋，直径为 8 mm，加密区间距为 100 mm，非加密区间距为 200 mm，为两肢箍。2⻌16；4⻌16 表示梁的上部通长纵筋为 2⻌16；梁的下部通长纵筋为 4⻌16，都伸入支座。N4⻌12 表示梁的两个侧面共配置 4⻌12 的受扭纵向钢筋，每侧共配置 2⻌12。该梁 B 轴支座处右侧、C 轴支座处左侧的上部钢筋采用原位标注均为 4⻌16，这些原位标注的钢筋中有 2⻌16 是梁的上部通长纵筋(角筋)，其余不通长。由于 KL2 承受 L9 传来的集中荷载，在 KL2 对应位置设附加吊筋，每侧设 3φ8@50。

5. 板平法施工图的识读步骤与方法

(1)误读步骤。

1)查看图名、比例。

2)核对轴线编号及其间距尺寸是否与建筑图相一致。

3)通过结构设计说明或板的施工说明，明确板的材料及等级。

4)明确现浇板的厚度和标高。

5)明确板的配筋情况，并参阅说明，了解未标注分布筋的情况。

(2)楼层板平面布置图的识读。图 14-17 所示为标高 5.400、8.300、11.200、14.100 板配筋图，比例 1∶100，因为是框架结构，该层均为现浇板，厚度有 100 mm、110 mm 两种规格，板顶标高分别为 5.400 m、8.300 m、11.200 m、14.100 m，两个楼梯间处留有洞口，由于板的规格和受力不同，配筋是不一样的，为了区别用编号表示。

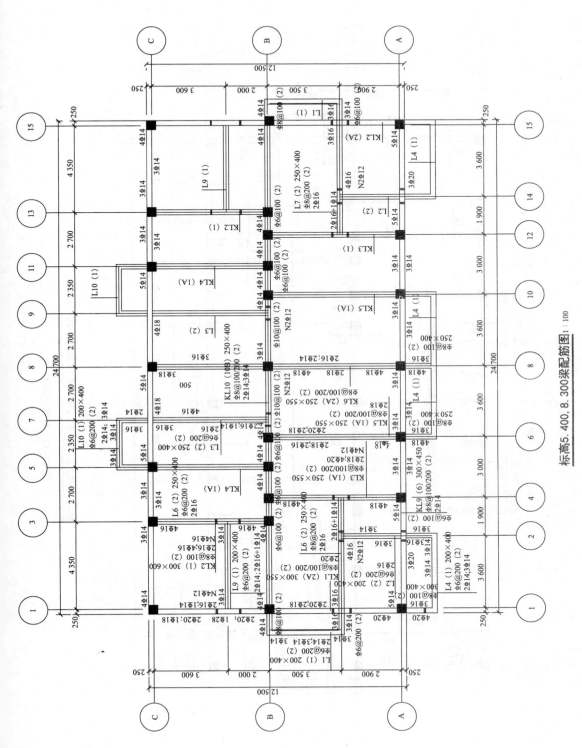

标高5.400, 8.300梁配筋图 1:100

图 14-16　梁配筋图

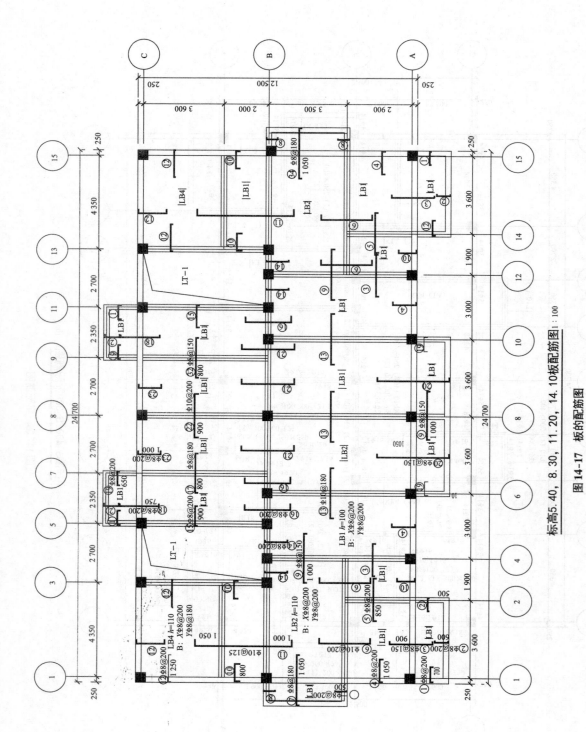

标高5.40, 8.30, 11.20, 14.10板配筋图 1:100

图14-17 板的配筋图

以左下角④~⑥、Ⓐ~Ⓑ轴房间 LB1 为例说明板的配筋的识读。

集中标注的内容说明：1 号楼面板，板厚 110 mm，板下部配置的贯通纵筋 X 向为 Φ8@200，Y 向为 Φ8@200；板上部未配置贯通钢筋。

板上部钢筋采用原位标注的方式，与梁交接处有上部钢筋，直钩向下或向右。X 向的钢筋有 3 号、9 号、13 号，三者都沿④~⑥轴方向布置。3 号钢筋、9 号钢筋均是 Φ8@150，3 号钢筋自④轴梁中线向相邻两跨内的延伸长度均为 900 mm，9 号钢筋自④轴梁中线向相邻两跨内的延伸长度均为 1 000 mm；13 号钢筋是 Φ10@180，自⑥轴梁中线向相邻两跨内的延伸长度均为 1 050 mm。Y 向钢筋有 4 号、14 号、16 号，三者都沿Ⓐ~Ⓑ轴方向布置；4 号钢筋、14 号钢筋、16 号钢筋都是 Φ8@200，4 号钢筋自Ⓐ轴梁中线向跨内的延伸长度为 1 050 mm，14 号钢筋自Ⓑ轴梁中线向跨内的延伸长度为 1 000 mm，16 号钢筋自Ⓑ轴梁中线向相邻两跨内的延伸长度均为 1 000 mm。

从图纸右侧的说明可以知道未注明的板的分布筋为 Φ6@200。

拓展实训

一、填空题。

1. 由混凝土和钢筋两种材料构成整体的构件，称为_____。混凝土的抗_____能力强、抗_____能力差，而钢筋的特点是_____，因而在钢筋混凝土结构中，钢筋主要承受_____，混凝土主要承受_____。

2. 为了突出表示钢筋的配置情况，在构件结构图中，把钢筋画成_____实线，构件的外形轮廓线画成_____实线；在构件断面图中，不画材料图例，钢筋用_____表示。

3. 为了使钢筋和混凝土具有良好的粘结力，避免钢筋在受拉时滑动，应在光圆钢筋的两端设置_____。

4. 为了保护钢筋、防腐蚀、防火以及加强钢筋与混凝土的粘结力，在构件中钢筋外边缘至构件表面之间应留有一定厚度的_____。

5. 在结构平面图中配置双层钢筋时，底层钢筋的弯钩应向_____或向_____画出，顶层钢筋的弯钩则向_____或向_____画出。

6. 钢筋按其强度和品种分成不同等级，其中 HPB300 级钢筋的直径符号为_____；HRB335 级钢筋的直径符号为_____。HRB400 级钢筋的直径符号_____。

7. 写出下列常用结构构件的代号名称：Z_____、QL_____、TB_____。

8. 将图 14-16 改成列表注写方式。

9. 图 14-16 中⑦轴 L3 选择 4 个典型位置剖切（支座、跨中、悬挑处），绘制其断面图，比例 1∶10。

10. 解释板平法施工图中集中标注的含义。

(1) LB3　h=120

B：XΦ12@120；YΦ12@100

T：X&YΦ12@120

(2) XB2　h=90

B：Xc&YcΦ8@200

11. 根据图 14-17 填空。

图中板厚为_____，梁宽为_____，高为_____。楼板的结构标高为_____。板中下部贯通筋的编号为_____，上部非贯通筋的编号为_____。4 号钢筋的布置情况解释_____。

➤ 课外学习指要

混凝土结构施工图 16G101 系列图集。

任务二　钢结构施工图的识读

任务描述

在了解钢结构基本知识的基础上，掌握钢屋架结构施工图的识读方法和步骤。

任务分析

钢结构的组成与其他结构一样，也是由梁板柱构成的，其中屋架结构比较复杂，具有代表性，是钢结构施工图学习的重点。

相关知识

钢结构主要是指由钢板、热轧型钢、薄壁型钢、钢管等构件组合而成的结构。钢结构承载能力大，主要应用于工业厂房和大跨度结构中，如工业厂房中的屋架、柱和吊车梁、桥梁、电视塔等。

钢结构构件是型钢和钢板经过加工，组装起来的构件，表 14-10 为型钢的代号和标注方法。

钢结构构件通常采用焊接和螺栓连接。螺栓分为普通螺栓和高强度螺栓。

一、标注方法

1. 钢及其连接的表示方法

常用型钢的标注方法应符合表 14-9 的要求。

表 14-9　常用型钢的标注方法

序号	名　称	截　面	标　注	说　明
1	等边角钢	∟	∟$b \times t$	b 为肢宽； t 肢厚

序号	名　称	截　面	标　注	说　明
2	不等边角钢	$\llcorner$ B	$\llcorner B \times b \times t$	B 为长肢宽； b 为短肢宽； t 为肢厚
3	工字钢	I	$\mathrm{I}N$　Q$\mathrm{I}N$	轻型工字钢加注 Q 字 N—工字钢的型号
4	槽钢	$\llbracket$	$\llbracket N$　Q$\llbracket N$	轻型槽钢加注 Q 字 N—槽钢的型号
5	方钢	▨ b	□b	—
6	扁钢	b	—$b \times t$	—
7	钢板	——	$\dfrac{-b \times t}{L}$	$\dfrac{宽 \times 厚}{板长}$
8	圆钢	◎	ϕd	—
9	钢管	◯	$\phi d \times t$	d 为外径； t 为壁厚
10	薄壁方钢管	□	B□$b \times t$	薄壁型钢加注 B 字 t 为壁厚
11	薄壁等肢角钢	$\llcorner$	$B\llcorner b \times t$	
12	薄壁等肢卷边角钢	$\llcorner$ a	$B\llcorner b \times a \times t$	
13	薄壁槽钢	$\llbracket$ h	$B\llbracket h \times b \times t$	
14	薄壁卷边槽钢	$\llbracket$ a	$B\llbracket h \times b \times a \times t$	
15	薄壁卷边 Z 形钢	h a b	B $h \times b \times a \times t$	

序号	名 称	截 面	标 注	说 明
16	T形钢	T	TW×× TM×× TN××	TW 为宽翼缘 T 型钢 TM 为中翼缘 T 型钢 TN 为窄翼缘 T 型钢
17	H 型钢	H	HW×× HM×× HN××	HW 为宽翼缘 H 型钢 HM 为中翼缘 H 型钢 HN 为窄翼缘 H 型钢
18	起重机钢轨		⊥ QU××	详细说明产品规格型号
19	轻轨及钢轨		⊥ ××kg/m 钢轨	

2. 螺栓、孔、电焊铆钉的表示方法

螺栓、孔、电焊铆钉的表示方法应符合表 14-10 的规定。

表 14-10 螺栓、孔、电焊铆钉的表示方法

序号	名 称	图 例	说 明
1	永久螺栓		
2	高强度螺栓		1. 细"+"线表示定位线; 2. M 表示螺栓型号; 3. ϕ 表示螺栓孔直径; 4. d 表示膨胀螺栓、电焊铆钉直径; 5. 采用引出线标注螺栓时，横线上标注螺栓规格，横线下标注螺栓孔直径
3	安装螺栓		
4	膨胀螺栓		
5	圆形螺栓孔		

序号	名　称	图　例	说　明
6	长圆形螺栓孔		1. 细"＋"线表示定位线； 2. M 表示螺栓型号； 3. ϕ 表示螺栓孔直径； 4. d 表示膨胀螺栓、电焊铆钉直径； 5. 采用引出线标注螺栓时，横线上标注螺栓规格，横线下标注螺栓孔直径
7	电焊铆钉		

3. 常用焊缝的表示方法

焊缝形式：对接接头、T形接头、角接接头、搭接接头。

基本符号：表示焊缝截面形状的符号，采用近似于焊缝横截面实际形状的符号表示。

辅助符号：表示焊缝表面形状特征的符号，随基本符号标注在相应的位置上。若不需要确切说明焊缝表面形状时，可以不用辅助符号。

补充符号：为了补充说明焊缝的某些特征而设置的符号，如果需要可随基本符号标注在相应的位置上。

(1)焊接钢构件的焊缝除应符合现行国家标准《焊缝符号表示法》(GB 324)中的规定外，还应符合本节的各项规定。

(2)单面焊缝的标注方法应符合下列规定：

1)当箭头指向焊缝所在的一面时，应将图形符号和尺寸标注在横线的上方[图 14-18(a)]；当箭头指向焊缝所在另一面(相对应的那面)时，应将图形符号和尺寸标注在横线的下方[图 14-18(b)]。

2)表示环绕工作件周围的焊缝时，其围焊焊缝符号为圆圈，绘制在引出线的转折处，并标注焊角尺寸 K[图 14-18(c)]。

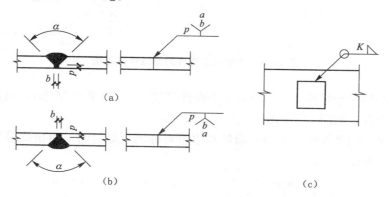

图 14-18　单面焊缝的标注方法

3)双面焊缝的标注，应在横线的上、下都标注符号和尺寸。上方表示箭头一面的符号和尺寸，下方表示另一面的符号和尺寸[图 14-19(a)]；当两面的焊缝尺寸相同时，只需在横线上方标注焊缝的符号和尺寸[图 14-19(b)、(c)、(d)]。

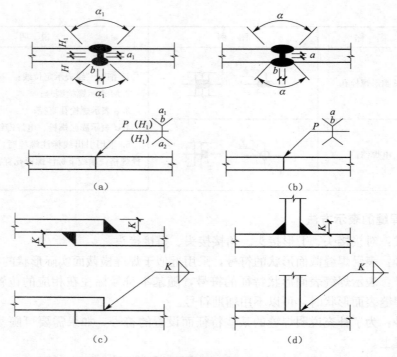

图 14-19　双面焊缝的标注方法

4)3 个和 3 个以上的焊件相互焊接的焊缝，不得作为双面焊缝标注。其焊缝符号和尺寸应分别标注，如图 14-20 所示。

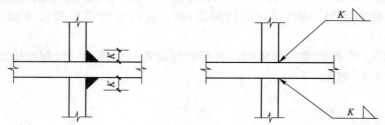

图 14-20　3 个以上焊件的焊缝标注方法

5)相互焊接的两个焊件中，当只有 1 个焊件带坡口时(如单面 V 形)，引出线箭头必须指向带坡口的焊件，如图 14-21 所示。

6)相互焊接的两个焊件，当为单面带双边不对称坡口焊缝时，引出线箭头必须指向较大坡口的焊件，如图 14-22 所示。

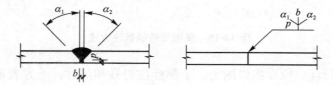

图 14-22　不对称坡口焊件的焊缝的标注方法

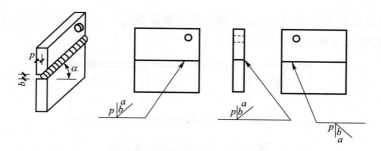

图14-21　1个焊件带坡口的焊缝的标注方法

7)当焊缝分布不规则时，在标注焊缝符号的同时，宜在焊缝处加中实线(表示可见焊缝)，或加细栅线(表示不可见焊缝)，如图14-23所示。

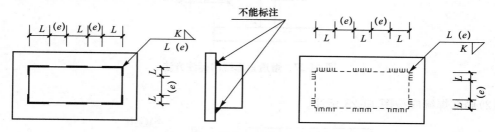

图14-23　不规则焊缝的标注方法

8)相同焊缝符号应按下列方法表示：

①在同一图形上，当焊缝形式、断面尺寸和辅助要求均相同时，可只选择一处标注焊缝的符号和尺寸，并加注"相同焊缝符号"，相同焊缝符号为3/4圆弧，绘在引出线的转折处[图14-24(a)]。

②在同一图形上，当有数种相同的焊缝时，可将焊缝分类编号标注。在同一类焊缝中可选择一处标注焊缝符号和尺寸。分类编号采用大写的拉丁字母A、B、C……[图14-24(b)]。

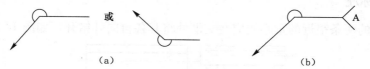

图14-24　相同焊缝的标注方法

9)需要在施工现场进行焊接的焊件焊缝，应标注"现场焊缝符号"。现场焊缝符号为涂黑的三角形旗号，绘在引出线的转折处(图14-25)。

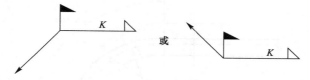

图14-25　现场焊缝的标注方法

10)图样中较长的角焊缝(如焊接实腹钢梁的翼缘焊缝),可不用引出线标注,而直接在角焊缝旁标注焊缝尺寸值 K(图 14-26)。

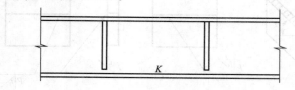

图 14-26　较长焊缝的标注方法

11)熔透角焊缝应按图 14-27 标注。熔透角焊缝的符号为涂黑的圆圈,绘在引出线的转折处。

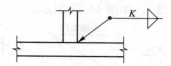

图 14-27　熔透角焊缝的标注方法

12)局部焊缝应按图 14-28 标注。

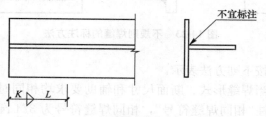

图 14-28　局部焊缝的标注方法

二、尺寸标注

(1)两构件的两条很近的重心线应在交汇处将其各自向外错开,如图 14-29 所示。

图 14-29　两构件重心不重合的表示方法

(2)弯曲构件的尺寸应沿其弧度的曲线标注弧的轴线长度,如图 14-30 所示。

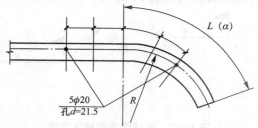

图 14-30　弯曲构件尺寸标注

(3)切割板材应标出各线段的长度及位置，如图 14-31 所示。

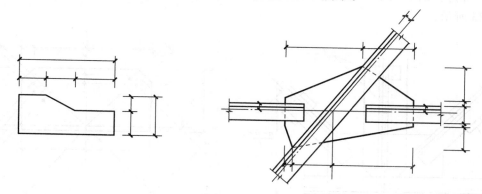

图 14-31　切割板材尺寸的表示方法

(4)不等边角钢的构件必须标出角钢一肢的尺寸 $B(b)$，还应注明屋架中心线到角钢肢背的距离，如图 14-32 所示。

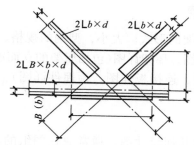

图 14-32　节点板及不等边角钢的标注方法

(5)节点板应注明节点板的尺寸和各杆件螺栓孔中心或中心距，以及端部至几何中心线交点的距离，如图 14-33 所示。

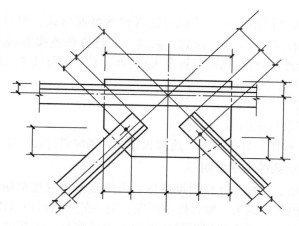

图 14-33　节点尺寸的表示方法

(6)双型钢组合截面的构件应注明缀板的数量及尺寸，引出线横线上方标注缀板的宽度、厚度，引出线下方标注缀板的长度尺寸，如图 14-34 所示。

(7)非焊接的节点板，应注明节点板的尺寸和螺栓孔中心与几何中心线交点的距离，如图 14-35 所示。

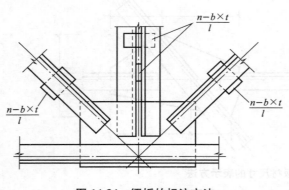

图 14-34　缀板的标注方法

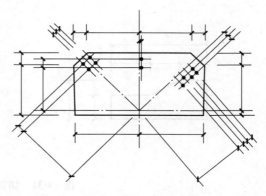

图 14-35　非焊接节点板尺寸的标注方法

三、钢屋架施工图的识读

钢屋架施工图是表示钢屋架的形式、大小、型钢的规格、杆件的组合和连接情况的图形。其主要内容包括：屋架简图、屋架详图（包括屋架的立面图，上、下弦平面图，必要的截面图及节点详图、杆件详图、连接板详图、预埋件详图）、钢材用量表和必要的文字说明等。

1. 屋架简图

屋架简图也称屋架杆件的几何尺寸图，通常放在图纸的左上角，有时也放在右上角。通常用较小的比例，一般用 1：100～1：200 绘出，并用细实线表示。其作用是用以表达屋架的结构形式及杆件的几何中心长度、屋架跨度及屋脊的高度，另外，在简图的右半跨还应注明每个杆件所受的最大轴力（本例未注明）。

2. 屋架详图

屋架详图是屋架施工图的核心，用以表达杆件的截面形式、相对位置、长度，节点处的连接情况（节点板的形状、尺寸、位置、数量，与杆件的连接焊缝尺寸，拼接角钢的形状、大小），其他构造连接（螺栓孔的位置及大小）等，它是进行施工放线的依据。

屋架详图包括以下几个部分：

(1)屋架正立面图。

(2)上下弦平面图及侧立面图。

(3)截面图及节点详图、杆件详图、连接板详图、预埋件详图、剖面图及其他详图。

3. 钢材用量表和必要的文字说明

钢材用量表不但用于备料，计算用钢指标，为吊装选择起重机械提供依据，而且可以简化屋架详图的图面内容，因为一般板件的厚度、角钢的规格可以直接由材料表给出。

施工图的文字说明应包括所选用钢材的种类、焊条型号、焊接的方法与对焊缝质量的要求、屋架的防腐做法以及图中没有表达或表达不清楚的其他内容，如图 14-36 所示。

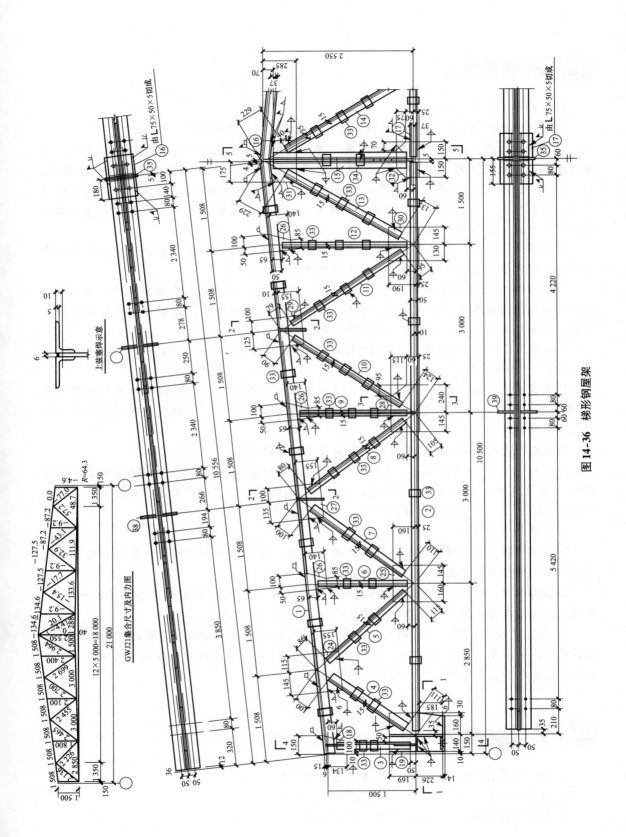

图 14-36 梯形钢屋架

拓展提高

钢结构设计图包含的内容

(1)钢结构设计制图分为钢结构设计图和钢结构施工详图两阶段。

钢结构设计图：是提供制造厂编制施工详图的依据。深度及内容应完整但不冗余。在设计图中，对于设计依据、荷载资料(包括地震作用)、技术数据、材料选用及材质要求、设计要求(包括制造和安装、焊缝质量检验的等级、涂装及运输等)、结构布置、构件截面选用以及结构的主要节点构造等均应表示清楚，以利于施工详图的顺利编制，并能正确体现设计的意图。主要材料应列表表示。

钢结构施工详图：又称加工图或放样图等。深度须能满足车间直接制造加工，不完全相同的另构件单元须单独绘制表达，并应附有详尽的材料表。

(2)钢结构设计图应由具有设计资质的设计单位完成，设计图的内容和深度应满足编制钢结构施工详图的要求；钢结构施工详图(即加工制作图)一般应由具有钢结构专项设计资质的加工制作单位完成，也可由具有该项资质的其他单位完成。

注：若设计合同未指明要求设计钢结构施工详图，则钢结构设计内容仅为钢结构设计图。

(3)钢结构设计图。

1)设计说明：设计依据、荷载资料、项目类别、工程概况、所用钢材牌号和质量等级(必要时提出物理、力学性能和化学成分要求)及连接件的型号、规格、焊缝质量等级、防腐及防火措施。

2)基础平面及详图应表达钢柱与下部混凝土构件的连接构造详图。

3)结构平面(包括各层楼面、屋面)布置图应注明定位关系、标高、构件(可布置单线绘制)的位置及编号、节点详图索引号等；必要时应绘制檩条、墙梁布置图和关键剖面图；空间网架应绘制上、下弦杆和关键剖面图。

4)构件与节点详图。

①简单的钢梁、柱可用统一详图和列表法表示，注明构件钢材牌号、尺寸、规格、加劲肋做法，连接节点详图，施工、安装要求。

②格构式梁、柱、支撑应绘出平、剖面(必要时加立面)与定位尺寸、总尺寸、分尺寸、分尺寸，注明单构件型号、规格，组装节点和其他构件连接详图。

(4)钢结构施工详图。根据钢结构设计图编制组成结构构件的每个零件的放大图，标准细部尺寸、材质要求、加工精度、工艺流程要求、焊缝质量等级等，宜对零件进行编号；并考虑运输和安装能力确定构件的分段和拼装节点。

拓展实训

1. 钢柱为等截面拼接，HW452×417 表示什么？
2. 钢梁为等截面拼接，HN500×200 表示什么？
3. 钢结构屋架施工图识读，如图 14-37 所示。

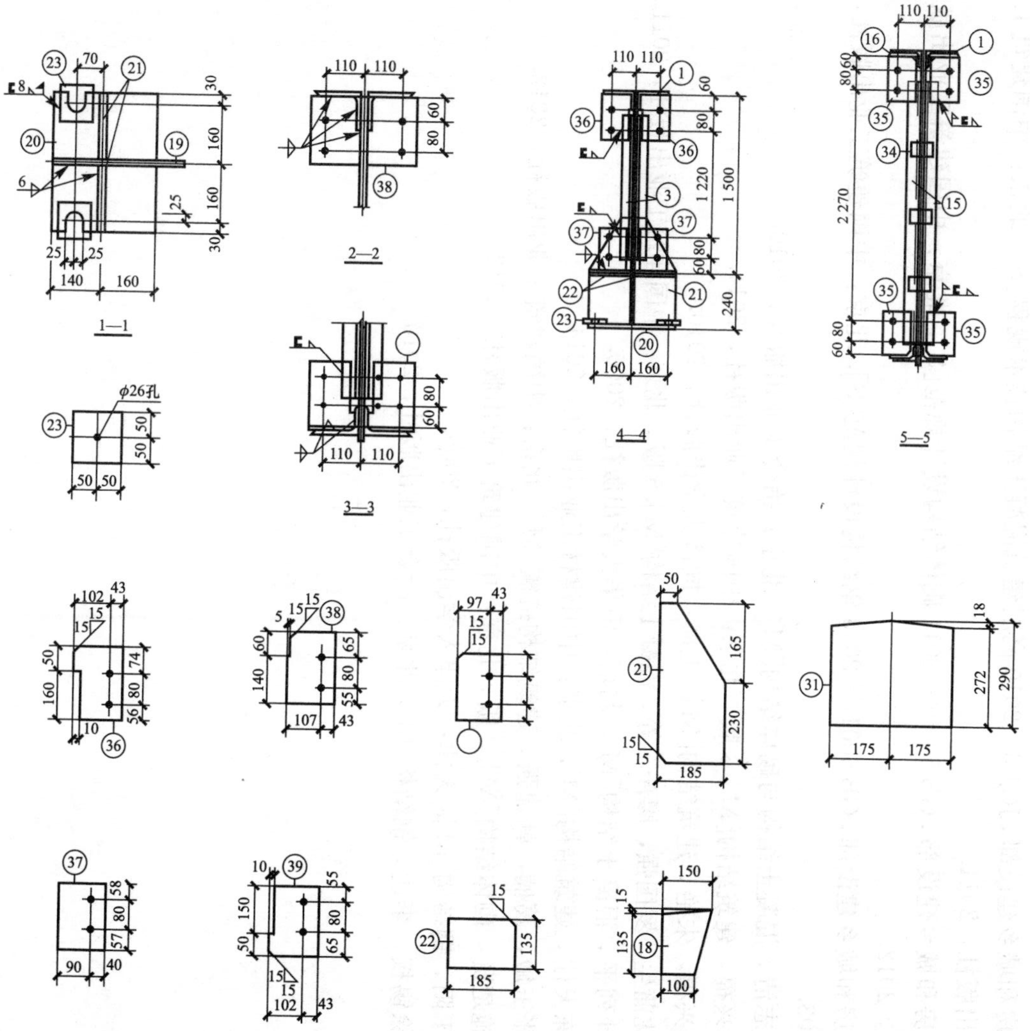

材料表

构件编号	零件件号	断面	长度/mm	数量 正	数量 反	重量/kg 每个	重量/kg 共计	合计
GWJ21	1	∟75×50×5	10 540	2	2	50.7	203	956
	2	∟75×50×5	10 310		4	49.6	198	
	3	∟56×5	1 390		4	5.9	24	
	4	∟56×5	1 925		4	8.2	33	
	5	∟50×5	2 025		4	7.6	31	
	6	∟50×5	1 675		4	6.3	25	
	7	∟50×5	2 255		4	8.5	34	
	8	∟50×5	2 270		4	8.6	34	
	9	∟50×5	1 975		4	7.4	30	
	10	∟50×5	2 495		4	9.4	38	
	11	∟50×5	2 525		4	9.5	38	
	12	∟50×5	2 275		4	8.6	34	
	13	∟56×5	2 600		2	11.0	22	
	14	∟56×5	2 600		2	11.0	22	
	15	∟56×5	2 420		2	10.3	21	
	16	∟75×50×5	360		2	1.7	3	
	17	∟75×50×5	310		2	1.5	3	
	18	—150×6	155		2	1.1	2	
	19	—330×14	380		2	8.2	16	
	20	—300×14	395		2	12.5	25	
	21	—185×18	395		4	4.6	18	
	22	—185×6	185		4	1.1	4	
	23	—100×14	100		4	1.1	4	
	24	—160×6	260		2	2.0	4	
	25	—160×6	150		6	2.7	6	
	26	—145×6	235		6	1.0	6	
	27	—160×6	385		4	1.8	4	
	28	—200×6	225		2	3.6	3	
	29	—160×6	275		2	1.7	6	
	30	—215×6	350		2	2.8	2	
	31	—290×6	300		1	4.8	18	
	32	—160×6	90		78	2.3	2	
	33	—60×6	80		1	0.2	5	
	34	—60×6	195		5	0.3	4	
	35	—140×6	210		4	1.3	5	
	36	—145×6	195		4	1.4	5	
	37	—130×6	195		4	1.2	5	
	38	—150×6	200		8	1.4	11	
	39	—145×6	200		4	1.4	5	

附注：
1.未注明的角焊缝焊脚尺寸为5mm。
2.未注明长度的焊缝不小于70mm，一律满焊。
3.未注明的螺栓位M16，孔为φ17。

图14-37 钢结构层构架施工图

参 考 文 献

[1] 住房和城乡建设部.GB 50010—2010 混凝土结构设计规范(2015 年版)[S]. 北京：中国建筑工业出版社，2011.

[2] 住房和城乡建设部.GB 50009—2012 建筑结构荷载规范[S]. 北京：中国建筑工业出版社，2012.

[3] 住房和城乡建设部.GB 50011—2010 建筑抗震设计规范[S]. 北京：中国建筑工业出版社，2010.

[4] 住房和城乡建设部.JGJ 3—2010 高层建筑混凝土结构技术规程[S]. 北京：中国建筑工业出版社，2011.

[5] 住房和城乡建设部.GB 50003—2011 砌体结构设计规范[S]. 北京：中国建筑工业出版社，2012.

[6] 住房和城乡建设部.GB 50017—2003 钢结构设计规范[S]. 北京：中国建筑工业出版社，2003.

[7] 王志清．混凝土结构与砌体结构[M]. 北京：冶金工业出版社，2010.

[8] 胡兴福．建筑结构[M].3 版．北京：中国建筑工业出版社，2014.

[9] 胡兴福，朱艳．建筑结构[M]. 上海：同济大学出版社，2010.

[10] 沈蒲生，罗国强，廖莎，等．混凝土结构[M].5 版．北京：中国建筑工业出版社，2011.

[11] 叶列平．混凝土结构[M]. 北京：清华大学出版社，2000.

[12] 陈天柱．建筑结构[M]. 北京：中国建材工业出版社，2014.

[13] 张玉敏，葛楠，韩建强．建筑结构抗震[M]. 北京：中国建筑工业出版社，2012.

[14] 施楚贤．砌体结构[M].3 版．北京：中国建筑工业出版社，2012.

[15] 丁阳．钢结构[M]. 天津：天津大学出版社，2005.

[16] 徐锡权，李达．钢结构[M]. 北京：冶金工业出版社，2010.